V

5147

ALBUM

DU

COURS DE MÉTALLURGIE

PROFESSÉ

A L'ÉCOLE CENTRALE DES ARTS ET MANUFACTURES

PARIS — TYPOGRAPHIE A. HENNUYER, RUE D'ARCET, 7.

ALBUM

DU

COURS DE MÉTALLURGIE

PROFESSÉ

A L'ÉCOLE CENTRALE DES ARTS ET MANUFACTURES

PAR S. JORDAN

INGÉNIEUR-PROFESSEUR

LISTE DES PLANCHES

ALBUM

DU

COURS DE MÉTALLURGIE

PROFESSÉ

A L'ÉCOLE CENTRALE DES ARTS ET MANUFACTURES

PAR S. JORDAN

INGÉNIEUR D'USINES MÉTALLURGIQUES
PROFESSEUR A L'ÉCOLE CENTRALE DES ARTS ET MANUFACTURES,
PRÉSIDENT DE LA SOCIÉTÉ DES INGÉNIEURS CIVILS

140 PLANCHES COTÉES ET A L'ÉCHELLE

AVEC LA LETTRE EN FRANÇAIS ET EN ANGLAIS

ET UN VOLUME DE TEXTE

PARIS

LIBRAIRIE POLYTECHNIQUE DE J. BAUDRY, ÉDITEUR

RUE DES SAINTS-PÈRES, 15

LIÉGE, MÊME MAISON

—

1874

FABRICATION DU CHARBON DE BOIS.

Pl. I.

Fig. 1, 2, 3. Carbonisation du bois en meules circulaires.
Charcoal-burning in round piles.

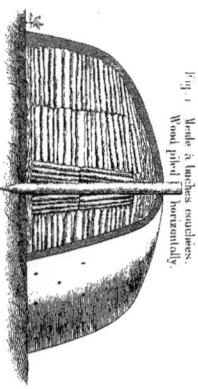

Fig. 1. Meule à bûches couchées.
Wood piled horizontally.

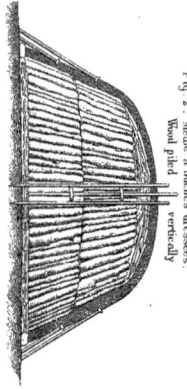

Fig. 2. Meule à bûches dressées.
Wood piled vertically.

Fig. 3. Meule à bûches dressées.
Wood piled vertically.

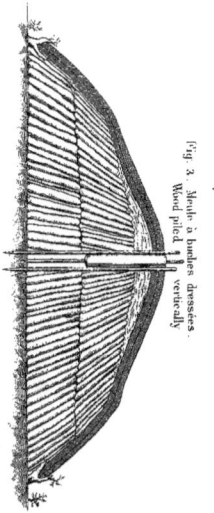

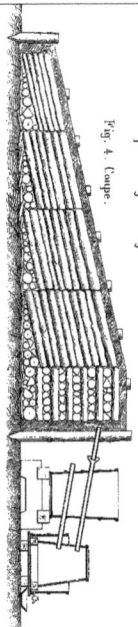

Fig. 4, 5, 6, 7, 8. Carbonisation du bois en tas rectangulaires.
Charcoal-burning in rectangular piles.

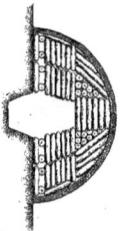

Fig. 4. Coupe.

Fig. 5. Plan.

Tas à bûches en long.
Wood piled longitudinally.

Fig. 6. Coupe.

Fig. 7. Élévation.

Fig. 8. Plan.

Tas à bûches en travers.
Wood piled transversally.

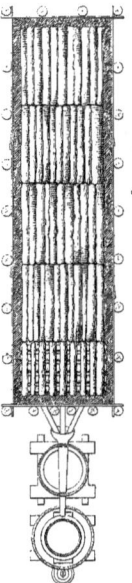

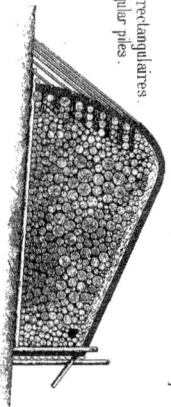

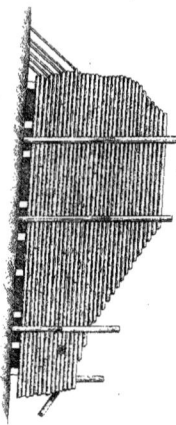

Fig. 11. Coupe transversale.

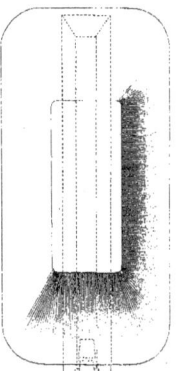

Fig. 9, 10, 11. Fabrication du charbon roux par le procédé Échâment.
Manufacture of red charcoal by Échament's process.

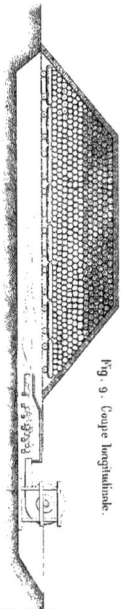

Fig. 9. Coupe longitudinale.

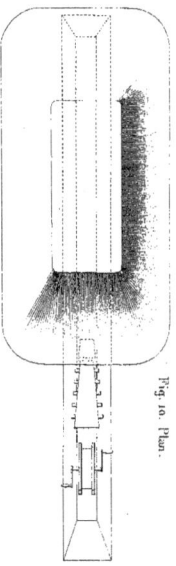

Fig. 10. Plan.

MANUFACTURE OF CHARCOAL.

Échelle à 1 mètre.

S. JORDAN. MÉTALLURGIE.

DESSICATION ET TORRÉFACTION DU BOIS ET DE LA TOURBE.

Fig. 1, 2, 3. Four à ligneux de Lippitzbach. (Carinthie.)
Oven for torrefying wood in Lippitzbach. (Carinthia.)

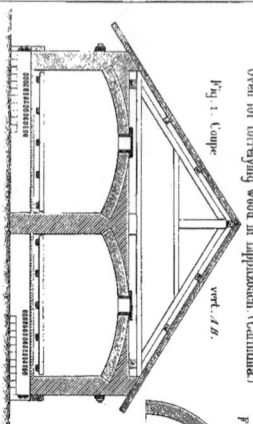

Fig. 1. Coupe.

Fig. 2. Élévation et Coupe verticale C.D.

Fig. 3. Coupe horizontale E.F.

Fig. 3. Coupe I.J.

Fig. 2. Coupe vert. A.B.

Fig. 4, 5, 6, 7, 8. Four à dessécher le bois et la tourbe à Lessjöfors. (Suède.)
Oven for drying wood and peat in Lessjöfors. (Sweden.)

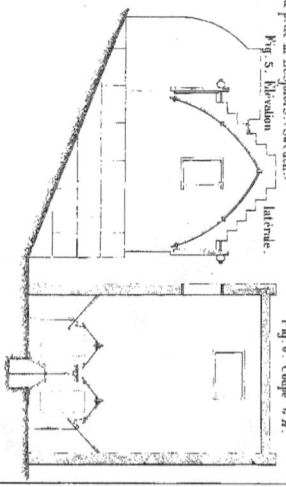

Fig. 4. Élévation principale.

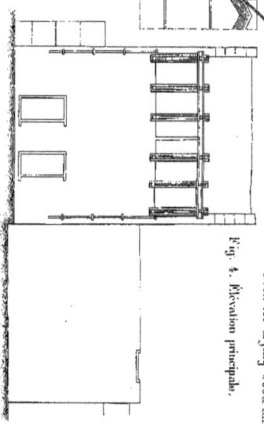

Fig. 5. Élévation latérale.

Fig. 6. Coupe G.H.

Fig. 7. Plan.

Fig. 9. Coupe M.N.

Fig. 9, 10. Étuves à ligneux de Villotte. (France.)
Drying stores for wood in Villotte. (France.)

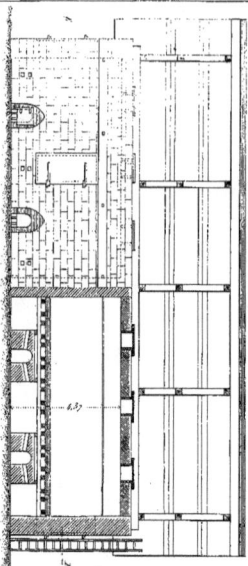

Fig. 10. Coupe horizontale.

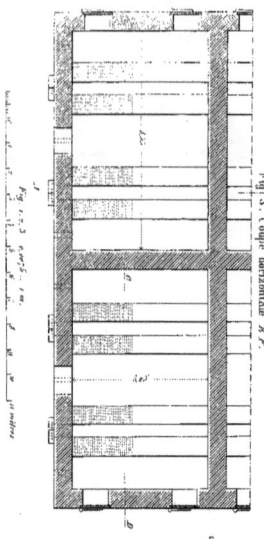

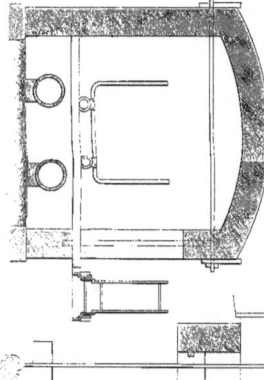

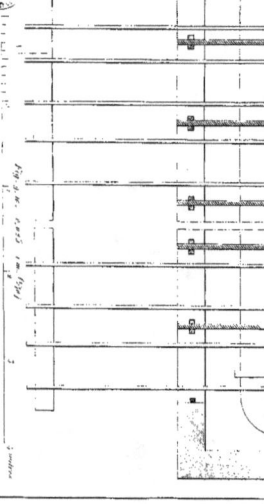

DRYING AND TORREFYING OF WOOD AND PEAT.

ANCIENS PROCÉDÉS DE FABRICATION DU COKE.

PL. III.

Fig. 1,2. L'carbonisation de la houille en morceaux par le procédé des meules
Coking large coals in circular piles

Fig. 1. Coupe. I.B.

Fig. 2. Plan.

Fig. 3,4,5. L'carbonisation de la houille menue par le procédé des tas rectangulaires.
Coking small coals in long piles

Fig. 3. Élévation et coupe.

Fig. 4. Coupe transv.le

Fig. 5. Plan.

Fig. 6,7,8,9. Ancien four à coke français, dit de Dauzinage
Old french coke oven

Fig. 6. Élévation.

Fig. 7. Coupe vert.le r.v.

Fig. 8. Coupe horizontale t'.t'.

Fig. 9. Coupe C.D.

Fig. 10,11,12,13. Ancien four à coke ovale, à deux portes, l'hise de Gard
Old french oval coke oven with two doors

Fig. 10. Élévation.

Fig. 11. Coupe.

Fig. 12. Coupe horizontale A.B.

Fig. 13. Coupe verticale.

Fig. 14,15. Four ouvert ou bêche à coke.
Open kiln for coking.

OLD PROCESSES FOR COKING COAL.

FOURS A COKE ET A GAZ. SYSTÈME PAUWELS ET DUBOCHET.

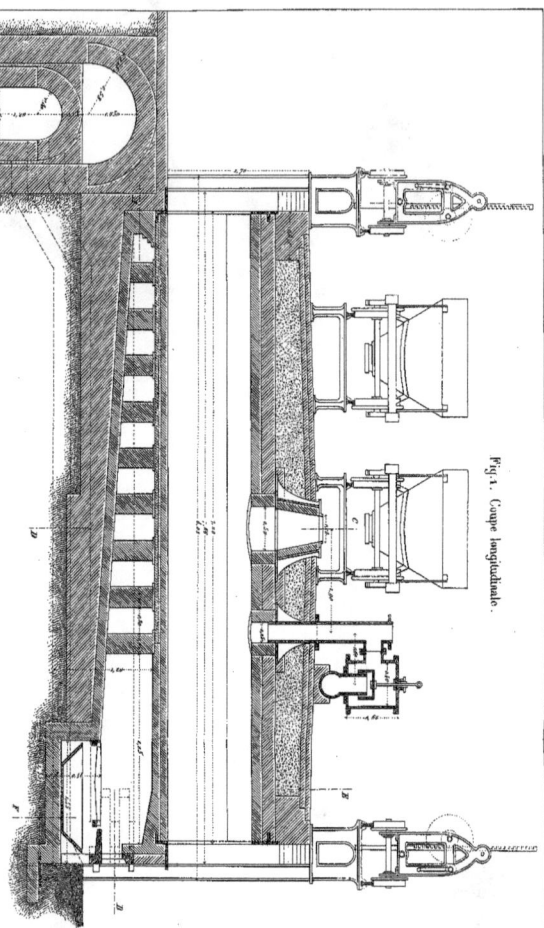

Fig. 1. Coupe longitudinale.

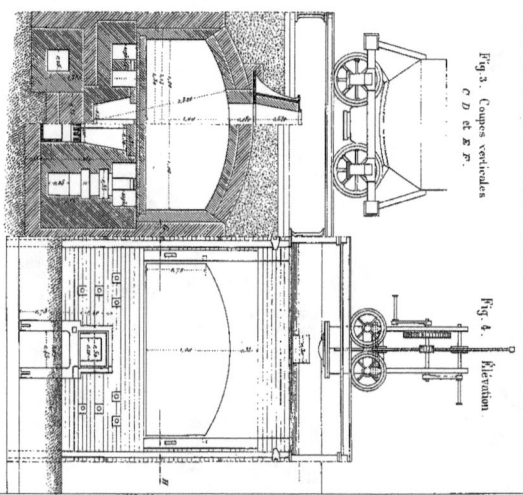

Fig. 2. Coupe horizontale AB.

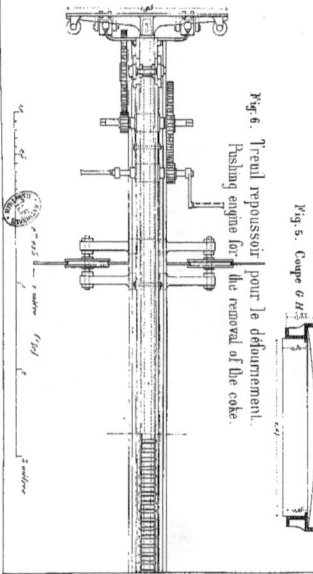

Fig. 3. Coupes verticales CD et EF.

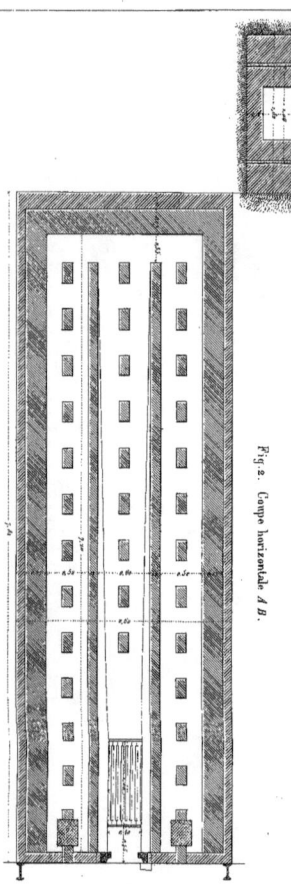

Fig. 4. Élevation.

Fig. 5. Coupe GH.

Fig. 6. Treuil repoussoir pour le défournement.
Pushing engine for the removal of the coke.

PAUWELS AND DUBOCHET'S COKE AND GAS OVENS.

PL. IV.

Fig. 4. Coupe EF.

Fig. 3. Coupe CD.

Fours à coke Système Talabot.
Talabot's coke oven.

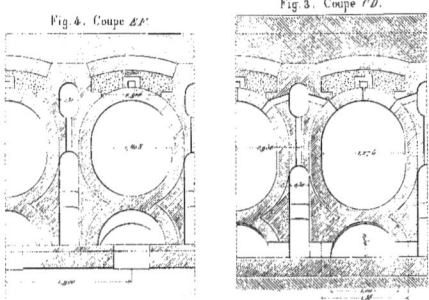

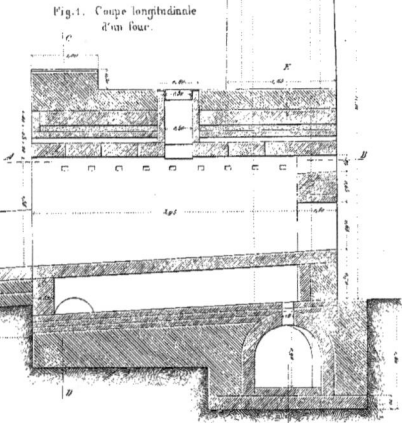

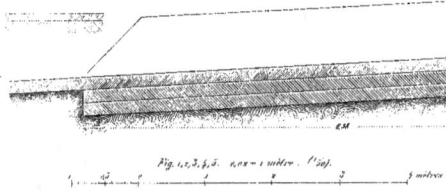

Fig. 1. Coupe longitudinale d'un four.

Fig. 1, 2, 3, 4, 5. 0,02 = 1 mètre. 1'inf.

Fig. 5. Coupe longitudinale GH.

Fig. 2. Coupe horizontale AB.

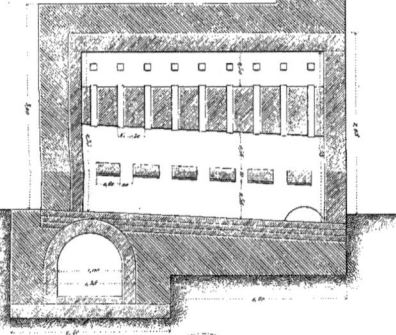

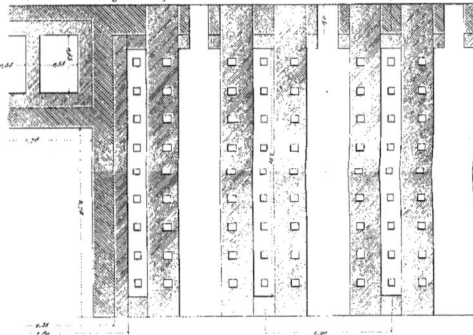

Treuil repoussoir à deux têtes et à vapeur.
Double headed pushing engine for coke removing by steam.

Fig. 6. Élévation.

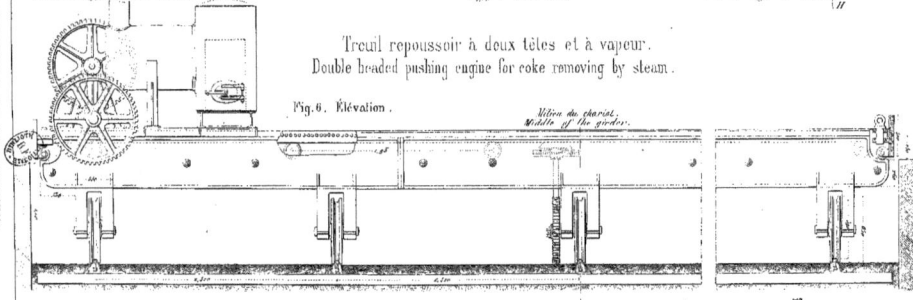

Milieu du chariot.
Middle of the girders.

Fig. 7. Plan.

Fig. 8. Coupe transversale.

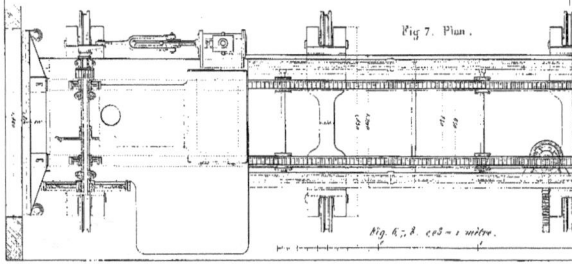

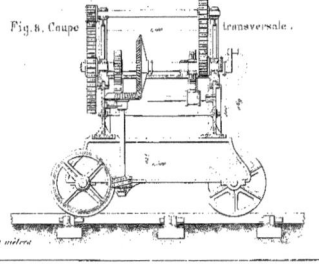

Fig. 6, 7, 8. 0,05 = 1 mètre.

PL. V.

TREUIL REPOUSSOIR A VAPEUR OU DEFOURNEUSE POUR FOURS A COKE. SYSTÈME DETHOMBAY.

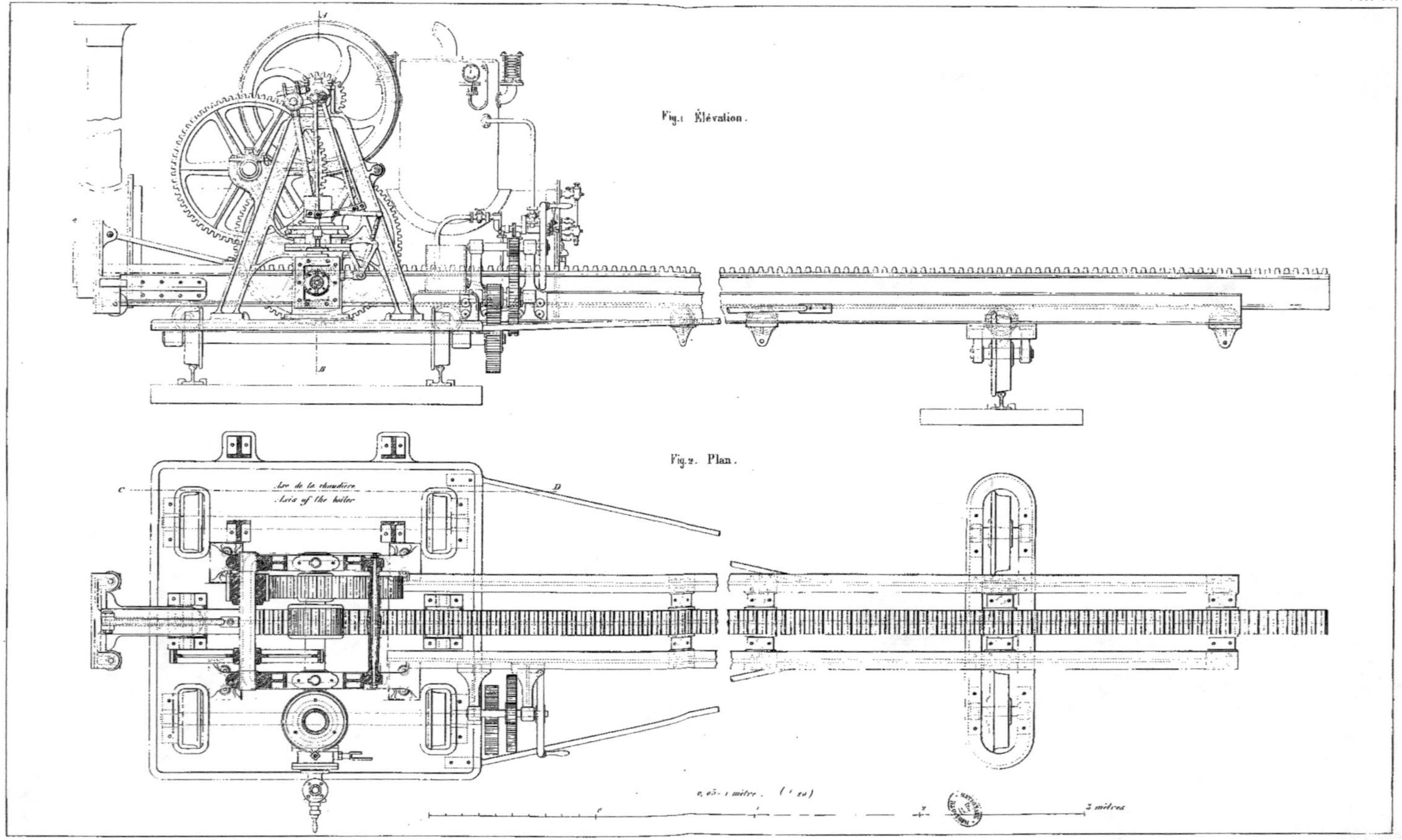
Fig. 1 Élévation.
Fig. 2. Plan.
Axe de la chaudière
Axis of the boiler
C
D
B
0,05 = 1 mètre. (1/20)
0
1
2
3 mètres

STEAM PUSHING ENGINE FOR COKE OVENS. DETHOMBAY'S SYSTEM.

FOURS A COKE. SYSTÈME SMET — DÉFOURNEUSE DICTIONBAY.

Fig. 4. Other furnace of door and door plate.

Fig. 1. Coupe transversale $HNOPQR$.

Fig. 3. Autérieure de porte et de chassis.

Fig. 2. Coupe horizontale $ABCD$.

Fig. 5. Coupe longitudinale CD. Pl. VI.

Fig. 6. Coupe transversale AB.

Fig. 7. Élévation de l'arrière train et du mécanisme de translation.
Rear-wheels and mechanism for lateral translation.

FOURS A COKE, SYSTÈME SMET MODIFIÉ PAR M. BÜTTGENBACH.

Coupe E F.

Coupe A B.

Coupe G H.

Coupe I K.

Coupe P Q.

Coupe N O.

Fig. 1.

Fig. 2.

Élévation.

Plan.

Fig. 3. Coupe verticale AB.

Fig. 4. Coupe verticale C D.

Fig. 5. Armature et porte de four.
Iron binding and door frame.

Fig. 6. Coupe a b.

Fig. 7. Coupe c d.

Fig. 8. Coupe e f.

Fig. 9. Trémie pour le chargement.
Charging hopper.

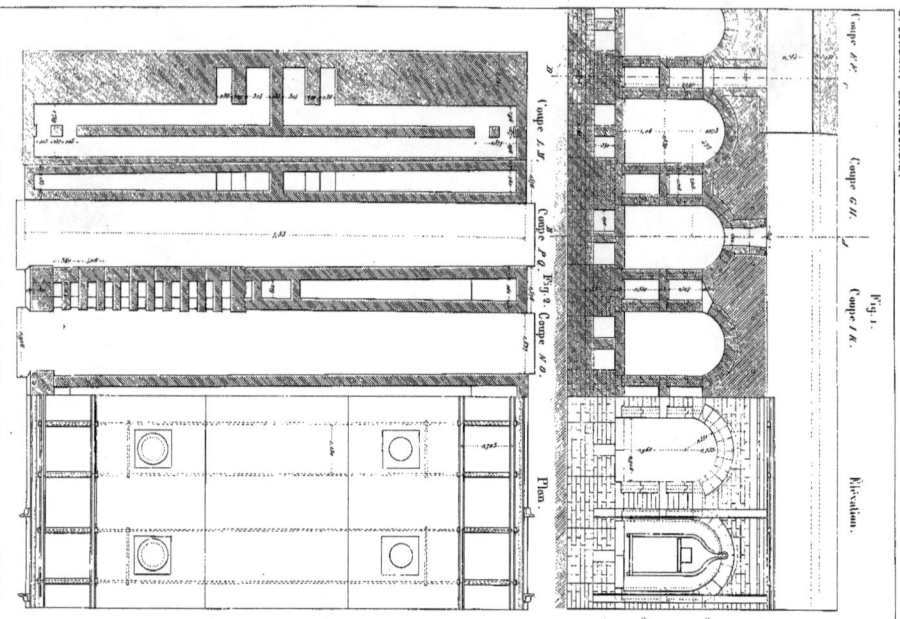

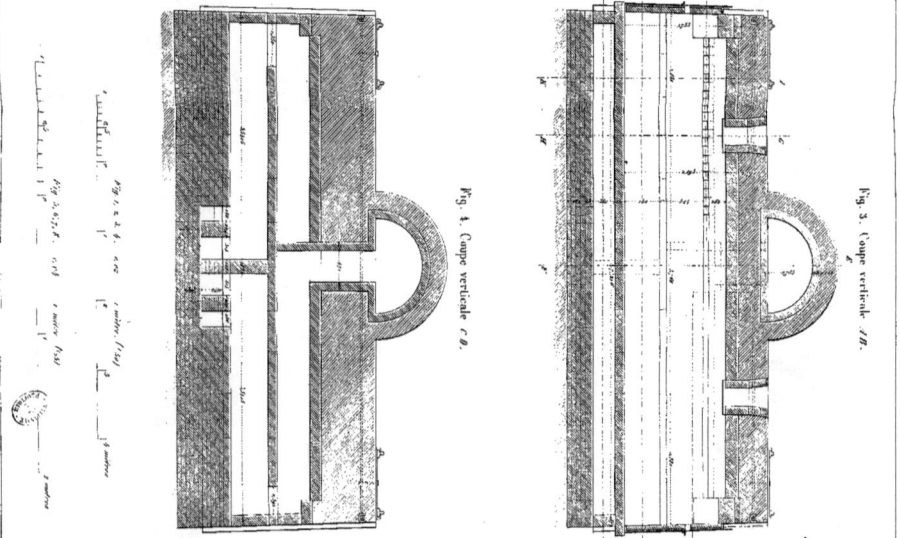

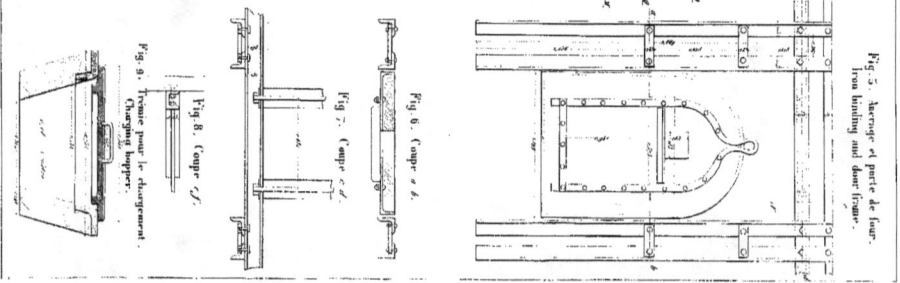

SMET'S COKE OVENS AS CONSTRUCTED BY M. BÜTTGENBACH.

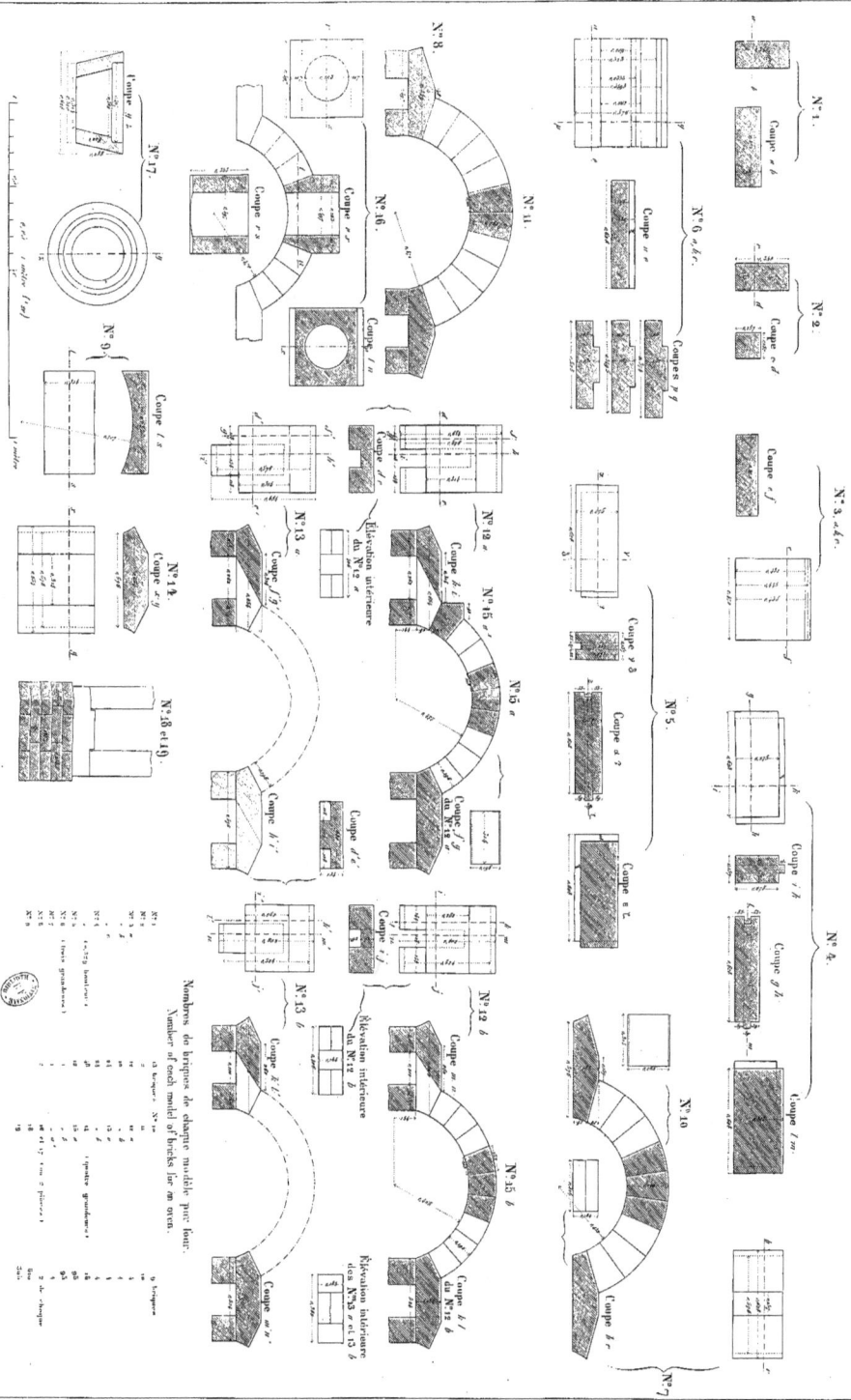

FOURS A COKE, SYSTÈME SMET, MODIFIÉ PAR M. BUTTGENBACH.

SMET'S COKE OVENS, AS CONSTRUCTED BY M. BUTTGENBACH.

PL. IX.

Fig. 1. Coupe transversale *A B*.

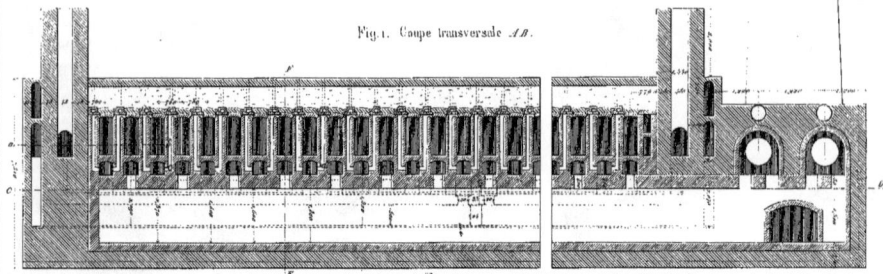

Fig. 2. Coupe horizontale *a b c d*.

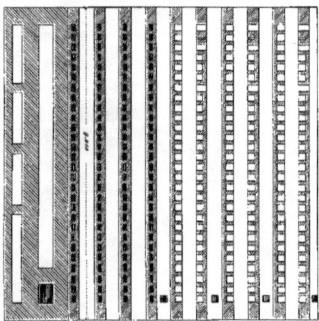

Fig 6. Détail. (⅓)

Fig. 3. Coupe horizontale *C D*.

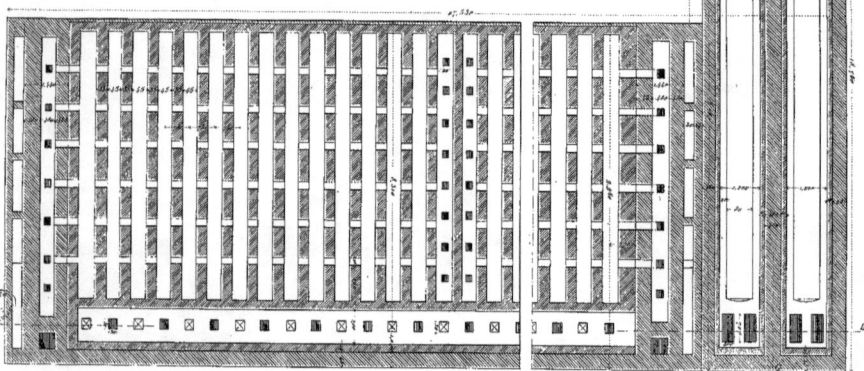

Fig. 4. Coupe longitudinale *E F*.

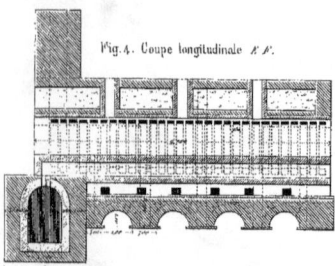

Fig. 5. Coupe longitudinale *G H I K*.

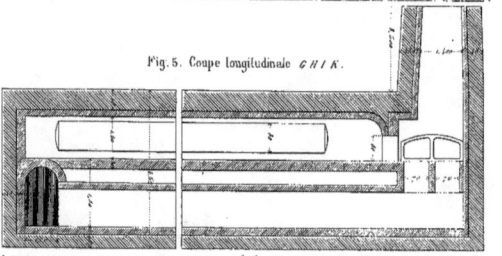

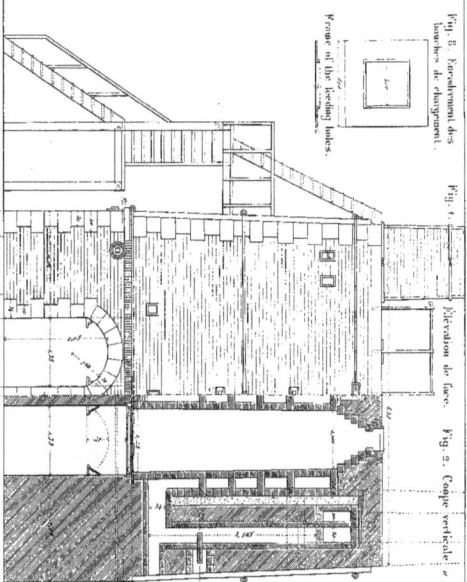
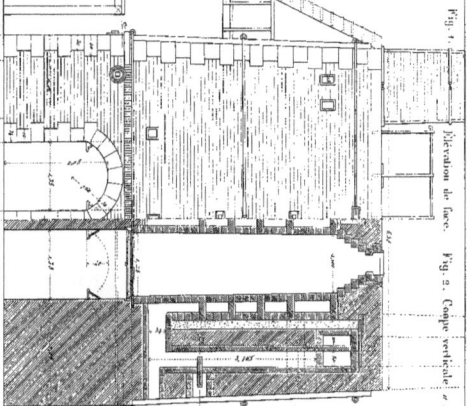

Fig. 1. Élévation de face.

Fig. 2. Coupe verticale ab.

Fig. 3. Coupe verticale gh.

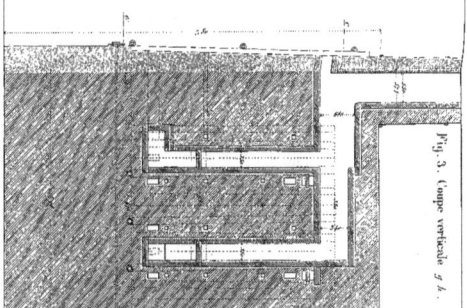

Fig. 4. Élévation latérale.

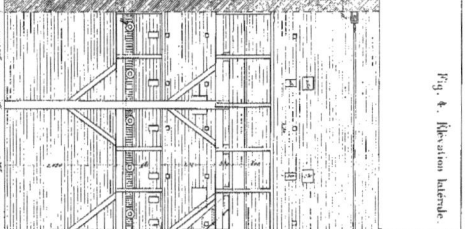

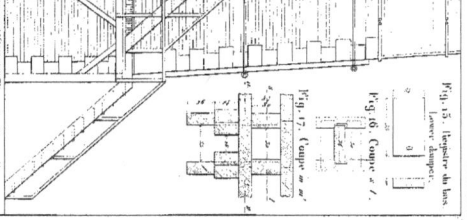

Fig. 15. Registre du bois.
Lever for the bois.

Fig. 16. Coupe mn.

Fig. 17. Coupe op.

Fig. 18. Coupe d'une porte.
Section of a bottom door.

Fig. 19. Poutre.
Gir der.

Fig. 20. Plaque d'avel.
Stopping plate.

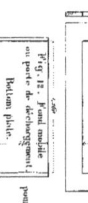
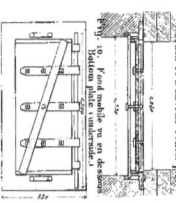

Fig. 8. Enrobement des bouches de chargement.
Frame of the feeding holes.

Fig. 9. Coupe verticale d'un fond mobile.
Section of a movable bottom plate.

Fig. 10. Fond mobile vu en dessous.
Bottom plate (underside.)

Fig. 11. Cadre d'un fond mobile.
Frame of a bottom plate.

Fig. 12. Fond mobile ou porte de déchargement.
Bottom plate.

Fig. 13. Clef et layons pour l'ouverture des portes de déchargement.
Key and yoke for the opening of the bottom plate or discharging doors.

Fig. 7. Vue en dessus.

Fig. 14. Levier de la clef.
Lever for the key.

Fig. 5. Coupe horizontale ef.

Fig. 6. Coupe horizontale cd.

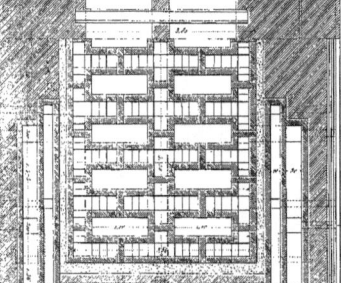

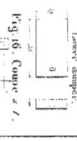
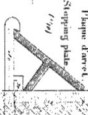

Fig. 1. Coupe verticale par le grand axe d'un compartiment.
Section by the great axis of a retort.

Wagon de chargement.
Feeding waggon.

Fig. 2. Coupe verticale par le petit axe.
Section by the small axis of a retort.

Fig. 12. Grilles provisoires pour la mise en feu.

Fig. 13. Garniture des carneaux de nettoyage.

Fig. 3. Porte d'un carneau de nettoyage.
Door of cleaning flue.

Fig. 4. Cadre de la porte.
Frame of the door.

Fig. 5. Porte et cadre de la porte.

Fig. 6. Porte et cadre de la porte pour régistre inférieur.
Door and door frame for damper.

Fig. 7. Porte.— Door plate.

Fig. 8. Cadre.— Door frame.

Fig. 9. Garniture en fonte pour l'entrée des évents ou regards.
Cast iron frame for the ventholes.

Fig. 10. Masque en bois.
Wood shield for the men.

Fig. 11. Chapeau en fer blanc.
Sheet iron hat for the men.

APPOLT'S COKE OVENS. (18 RETORTS.)

Fig. 1, 2 et 10. 0.05 = 1 m. (1:20)

Fig. 11, 12, 13. 0.05 = 1 m. (1:20)

Fig. 3, 4, 5, 6, 7, 8, 9. 0.20 = 1 m. (1:5)

1 metre

Pl. XII.

Fig. 1. **Déversoir pour le coke.**
Quay for the discharging of the coke waggon.

Fig. 1, 11, 13. à 0,025 1 m. P. 40.

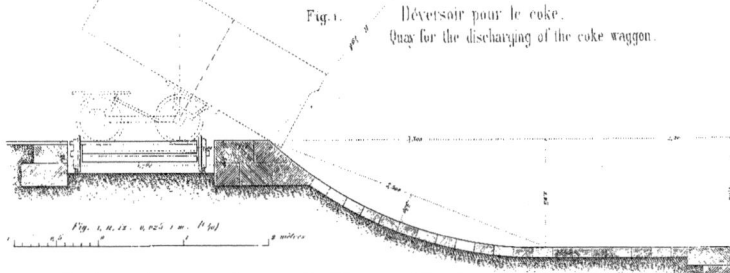

Truck pour le transport du wagon du défournement du coke.
Truck for the coke waggon.

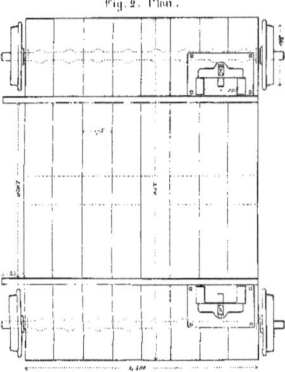

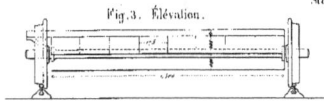

Fig. 2. Plan.

Fig. 3. Élévation.

Fig. 4. Coupe transversale.

Fig. 5. Coupe longitudinale.

Fig. 6. Essieu. Axle tree.

Fig. 13. Fer à cheval pour caler les roues.
Stopper for the wheels on the truck.

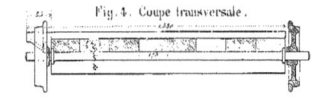

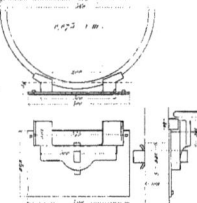

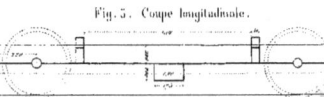

0,025 1 m.

Wagon de chargement pour le poussier de coke.
Charging tub for the coke dust.
Fig. 14. Élévation latérale.

Wagon de défournement pour le coke.
Waggon for receiving the coke.

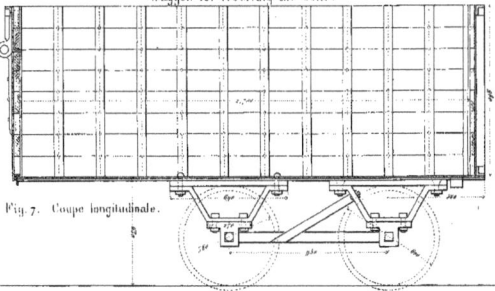

Fig. 7. Coupe longitudinale.

Fig. 17. Registre.
Damper.

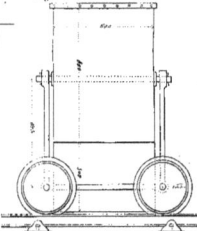

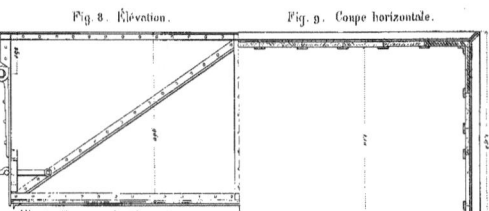

Fig. 15. Élévation de face.

Fig. 8. Élévation.

Fig. 9. Coupe horizontale.

Fig. 16. Plan.

Fig. 10. Traverse reliant les essieux.
Cross piece for the axletrees.

Fig. 11. Levier pour basculer le wagon.
Lever for swinging the coke wagon.

Fig. 12. Levier pour ouvrir la porte du wagon.
Lever for the opening of the door.

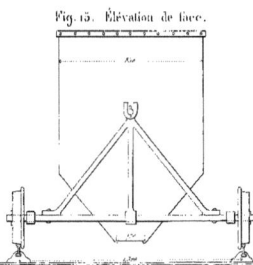

Fig. 1, 2, 3, 4, 5, 6, 7, 8, 9, 10, 12, 15, 16, 17. à 0,01 1 m. P. 20.

PL. XIII.

HAUTS FOURNEAUX AU CHARBON DE BOIS.

Fig. 10, 11. Haut fourneau léger. (Moselle.)
Slender blast furnace. (Moselle)

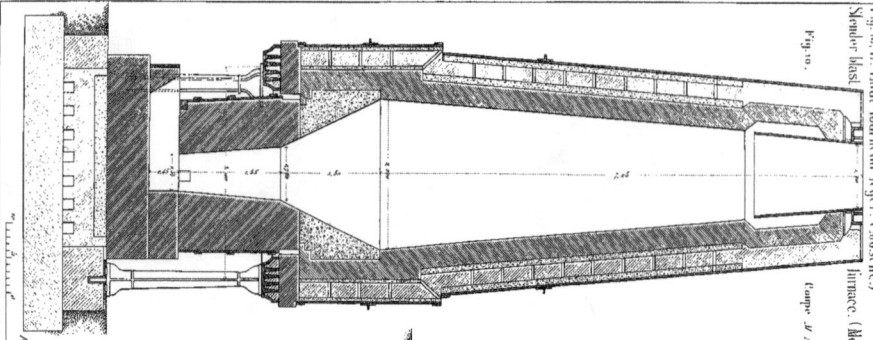

Fig. 10. Coupe M N.

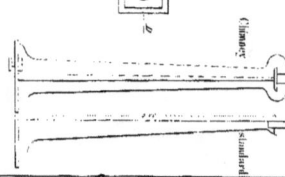

Fig. 11. Plan au niveau des tuyères.

CHARCOAL BLAST FURNACES.

Fig. 1 à 9. Ancien haut fourneau de Banca. (Pyrénées)
Old blast furnace at Banca. (Pyrénées)

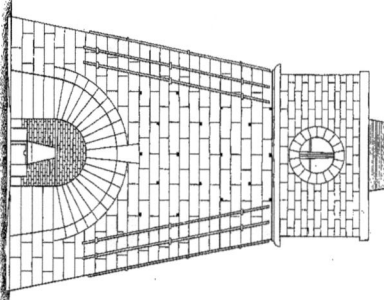

Fig. 1. Élévation.

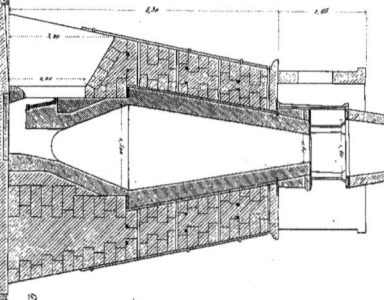

Fig. 2. Coupe A B.

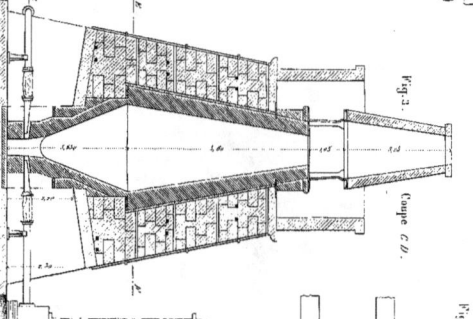

Fig. 3. Coupe C D.

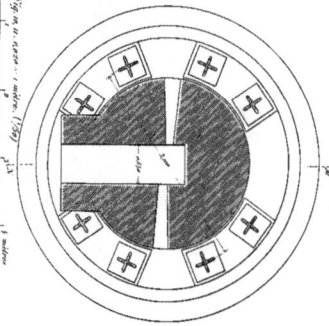

Fig. 5. Creuset et ouvrage. Hearth.

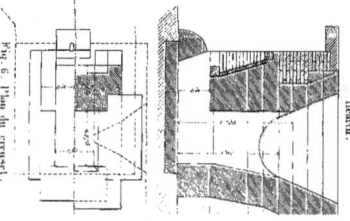

Fig. 6. Plan du creuset.

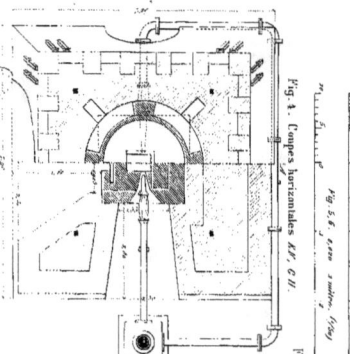

Fig. 4. Coupes horizontales EF, GH.

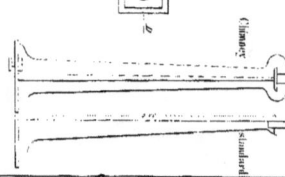

Fig. 7. Montant de la cheminée.

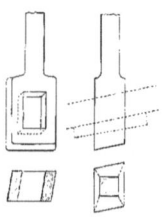

Fig. 8. Tirant d'armature. Binders.

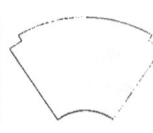

Fig. 9. Taque du gueulard. Throat plate.

HAUT FOURNEAU AU COKE. SYSTÈME BELGE. — USINE DE RUHRORT. (WESTPHALIE.)

COKE BLAST FURNACE. BELGIAN SYSTEM. — RUHRORT IRON WORKS. (WESTPHALIA.)

Fig. 1. Coupe verticale A B.

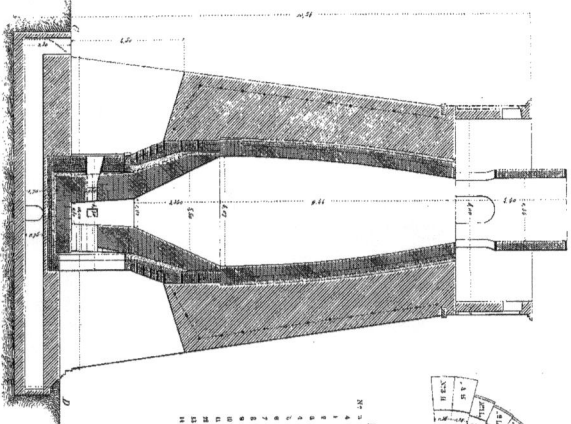

Fig. 2. Coupe horizontale C D.

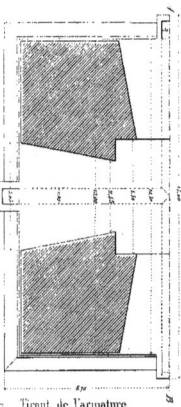

Fig. 7. Tirant de l'armature.
Bracing rods.

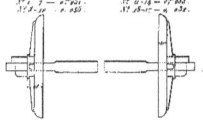

Diamètre des tirants.
Diameter of the rods.

Fig. 5 & 6. Briques des étalages.
Bricks of the boshes.

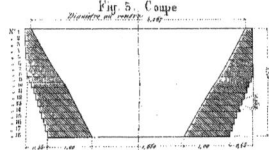

Fig. 5. Coupe.

Fig. 6. Plan.

Nombre de briques des étalages.
Number of the bricks of the boshes.

en tout 544 Briques.
544 Bricks.

Fig. 3, 4. Briques de la cuve.
Bricks of the stack.

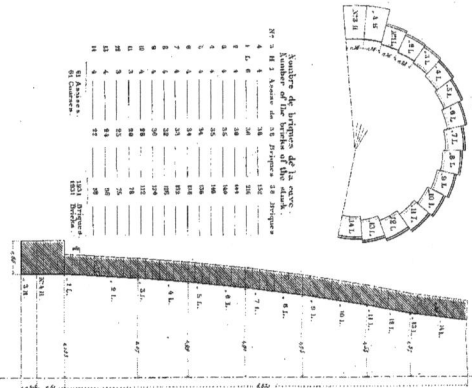

Fig. 4. Plan.

Fig. 3. Coupe.

Nombre de briques de la cuve.
Number of the bricks of the stack.

Fig. 8, 9, 10, 11, 12, 13, 14, 15. Appareil du creuset, et de l'ouvrage.
Dressing of the hearth and bottom.

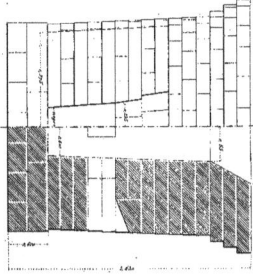

Fig. 8. Élévation et coupe E F.

Fig. 9. Coupe G H.

Fig. 10. Assises Nos 1, 2.
Course Nos 1, 2.

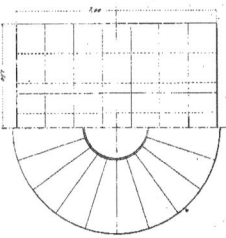

Fig. 11. Assise No 19.
Course No 19.

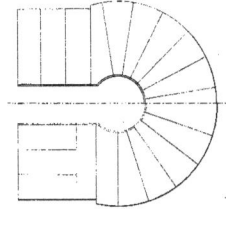

Fig. 12. Assise No 3.
Course No 3.

Fig. 13. Assise No 4.
Course No 4.

Fig. 14. Assise No 6.
Course No 6.

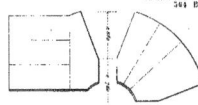

Fig. 15. Assise No 7.
Course No 7.

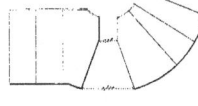

Les figures 16 à 20 font suite à la planche XV.
Fig. 16 to 20 are connected with plate XV.

Fig. 18.
Assise N.º 10.
Course N.º 10.

Fig. 19.
Assise N.º 11.
Course N.º 11.

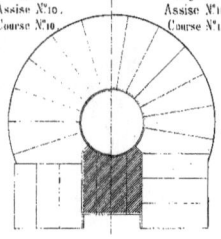

Fig. 1. Coupe verticale A B.

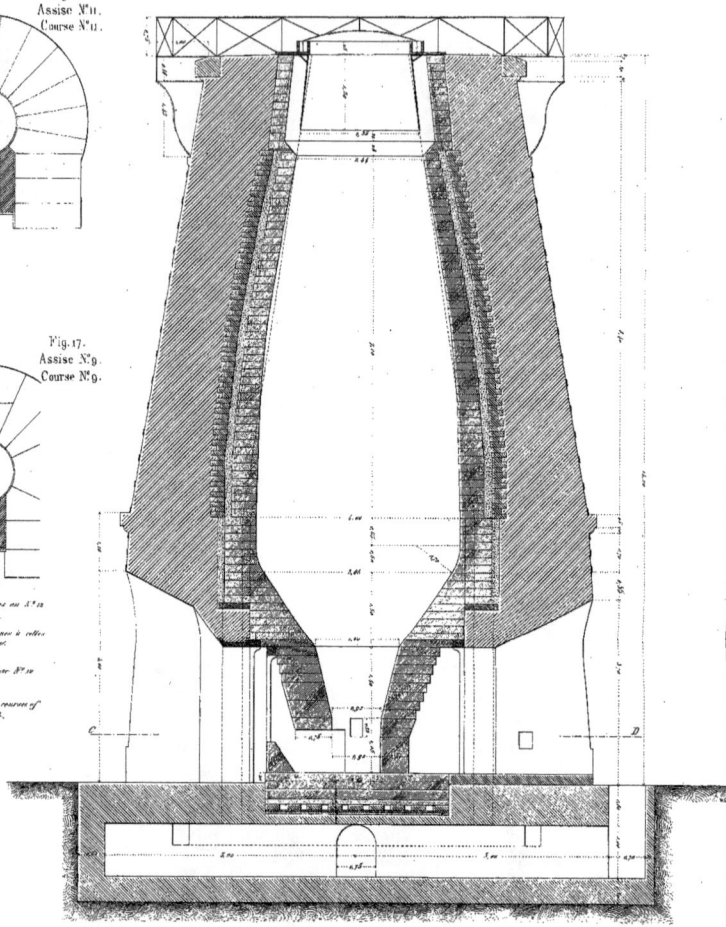

Fig. 16.
Assise N.º 8.
Course N.º 8.

Fig. 17.
Assise N.º 9.
Course N.º 9.

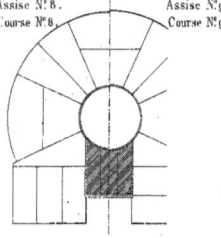

Les assises N.ºs 13 et 14 sont analogues au N.º 12
et renferment 20 briques chacune.

Les assises N.ºs 15, 16, 17 sont analogues à celles
des culasses — 23 briques chacune.

Courses N.ºs 13 and 14 are like course N.º 12
20 bricks in each.

Courses N.ºs 15, 16, 17 are like the courses of
the boshes — 23 bricks in each.

Fig. 20.
Brique de la fausse chemise.
Brick for the double lining.

La fausse chemise se compose de 85 assises
de 65 à 88 briques chacune, ce qui fait
5810 briques en tout.

The double lining is made in 85 courses,
65 to 88 bricks in each course,
5810 bricks in the whole.

Fig. 2. Coupe horizontale C D.

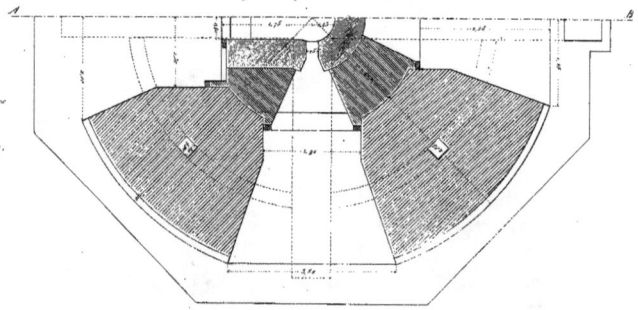

Fig. 1, 2. 0,015 : 1 mètre.

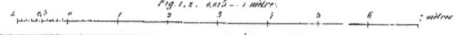

Fig. 1. Coupe verticale A B.

Fig. 3. Coupe horizontale C D.

Fig. 2. Élévation sur l'emboucheure de travail.
View on the tapping side.

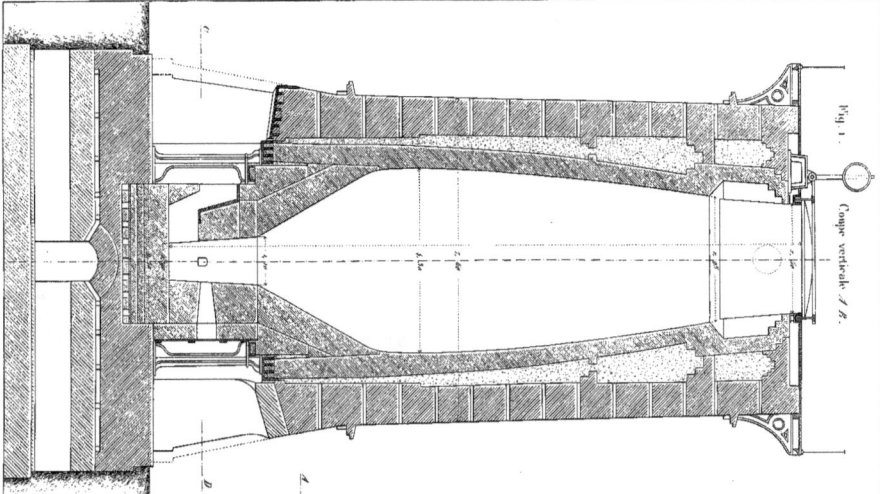

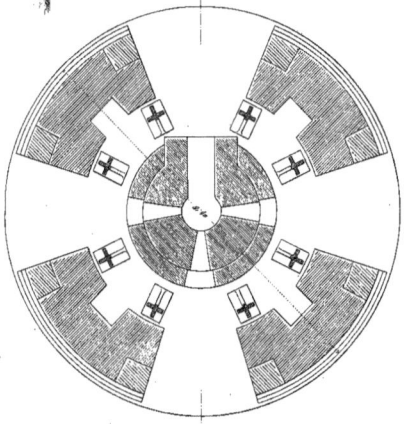

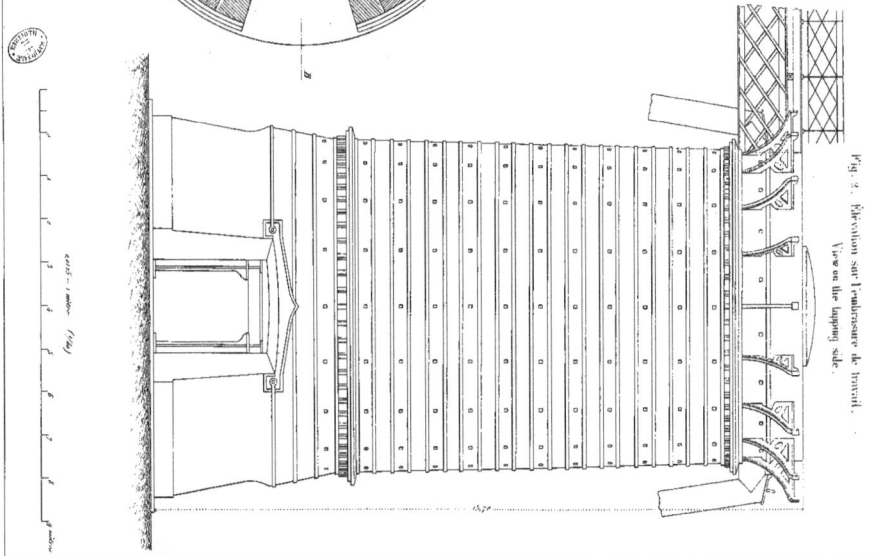

COKE BLAST FURNACE, THOMAS AND LAURENS' SYSTEM. (ARS ON THE MOSELLE IRON WORKS.)

Fig. 1. Coupe verticale *A B*.

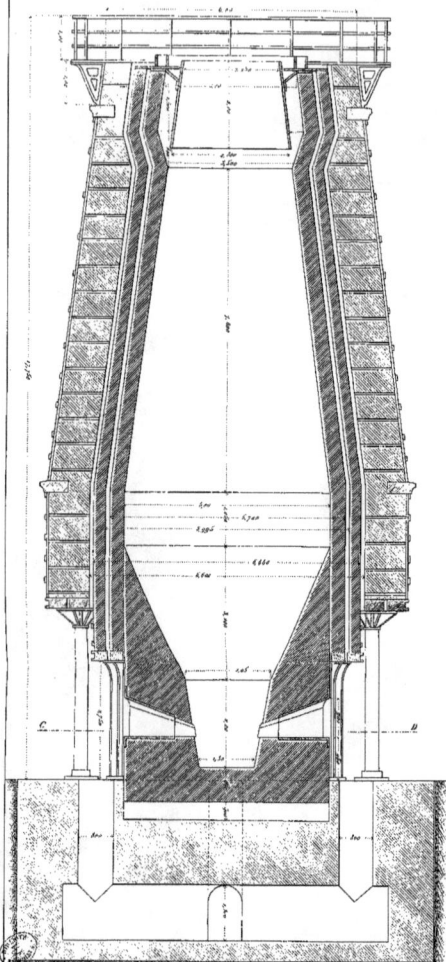

Fig. 2. Élévation sur la face de travail.

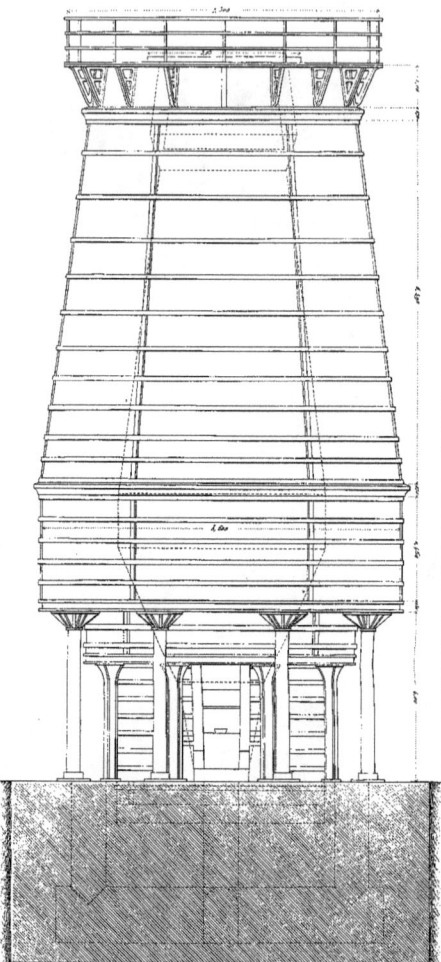

HAUT FOURNEAU AU COKE SUR DOUBLE COLONNADE EN FONTE. (CREUSOT)

COKE BLAST FURNACE WITH DOUBLE CAST IRON COLONNADE. (CREUSOT IRON WORKS.)

Fig. 3. Coupe horizontale *C D*.

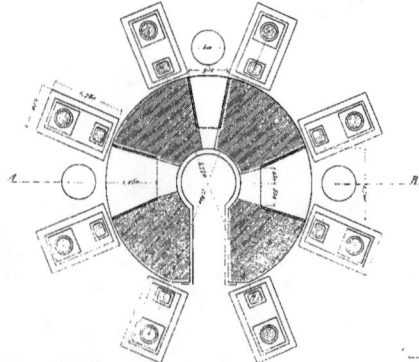

Fig. 4. Élévation sur une embrasure de tuyère.
View of a tuyere hole.

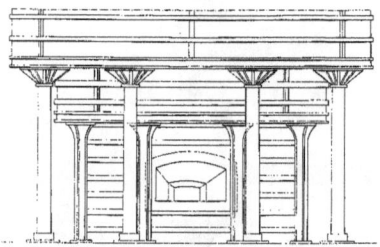

0.0125 = 1 mètre. (1/80.)

HAUT FOURNEAU AU COKE SUR CADRES-COLONNES EN FONTE AVEC PRISE DE GAZ CENTRALE. (FRANCE.)

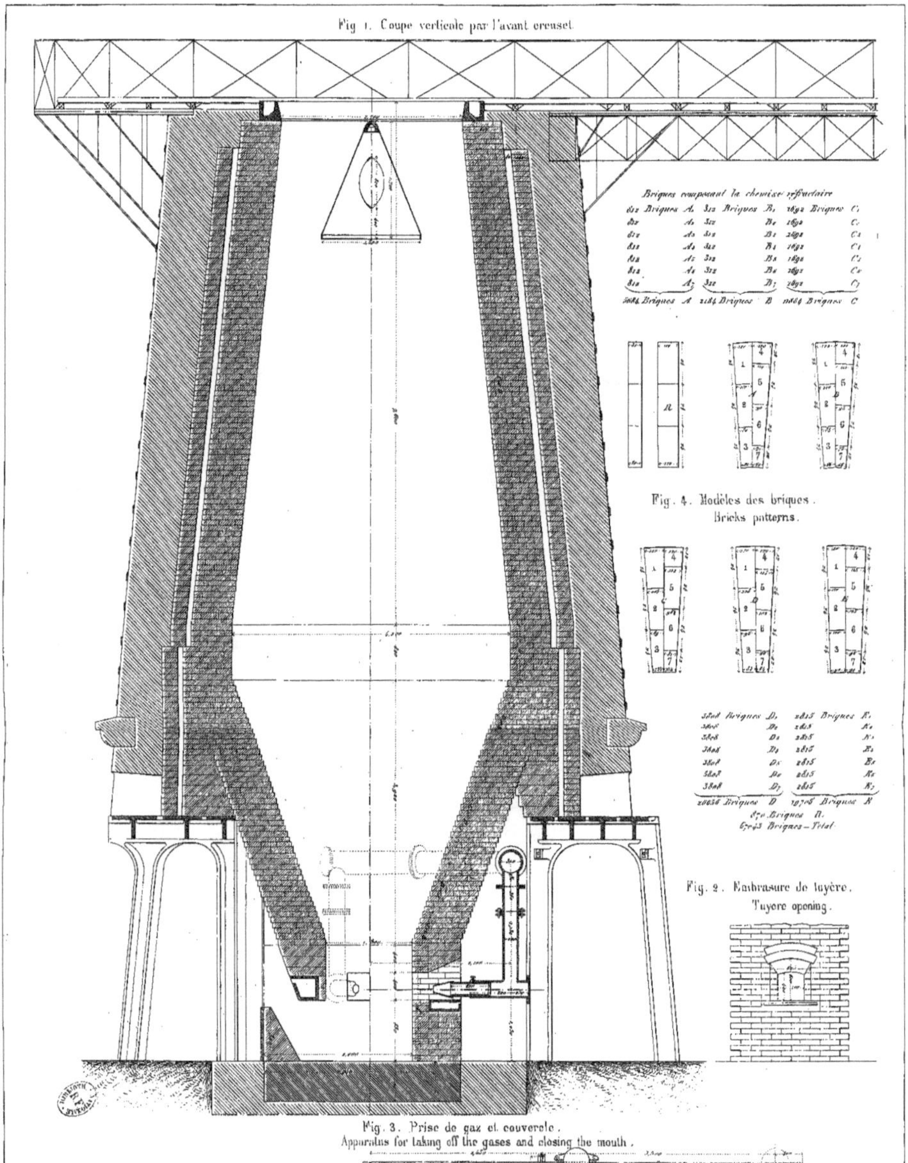

COKE BLAST FURNACE WITH CAST IRON FOOT-FRAME AND CENTRALE GAS-COLLECTOR. (FRANCE.)

Fig. 1. Coupe verticale par l'avant creuset.

Briques composant la chemise réfractaire.

des Briques A.	3	Briques B.	1892	Briques C.	
do	A₁	312	B₁	1692	C₁
do	A₂	312	B₂	1692	C₂
do	A₃	312	B₃	1692	C₃
do	A₄	312	B₄	1692	C₄
do	A₅	312	B₅	1692	C₅
do	A₆	312	B₆	1692	C₆
do	A₇	312	B₇	1692	C₇
2184 Briques A		2184 Briques B		1884 Briques C	

Fig. 4. Modèles des briques.
Bricks patterns.

3108 Briques D.		2815 Briques E.	
3108	D₁	2815	E₁
3108	D₂	2815	E₂
3108	D₃	2815	E₃
3108	D₄	2815	E₄
3108	D₅	2815	E₅
3108	D₆	2815	E₆
3108	D₇	2815	E₇
20656 Briques D		19706 Briques E	

870 Briques R.
6703 Briques—Total.

Fig. 2. Embrasure de tuyère.
Tuyère opening.

Fig. 3. Prise de gaz et couvercle.
Apparatus for taking off the gases and closing the mouth.

Fig. 3bis. Plan du balancier.
Beam.

0, 02 1 mètre. (1/50)

PL. XIX.

HAUT FOURNEAU AU MÉLANGE DE COKE ET DE HOUILLE. (ANGLETERRE. STAFFORDSHIRE.) SANS PRISE DE GAZ.

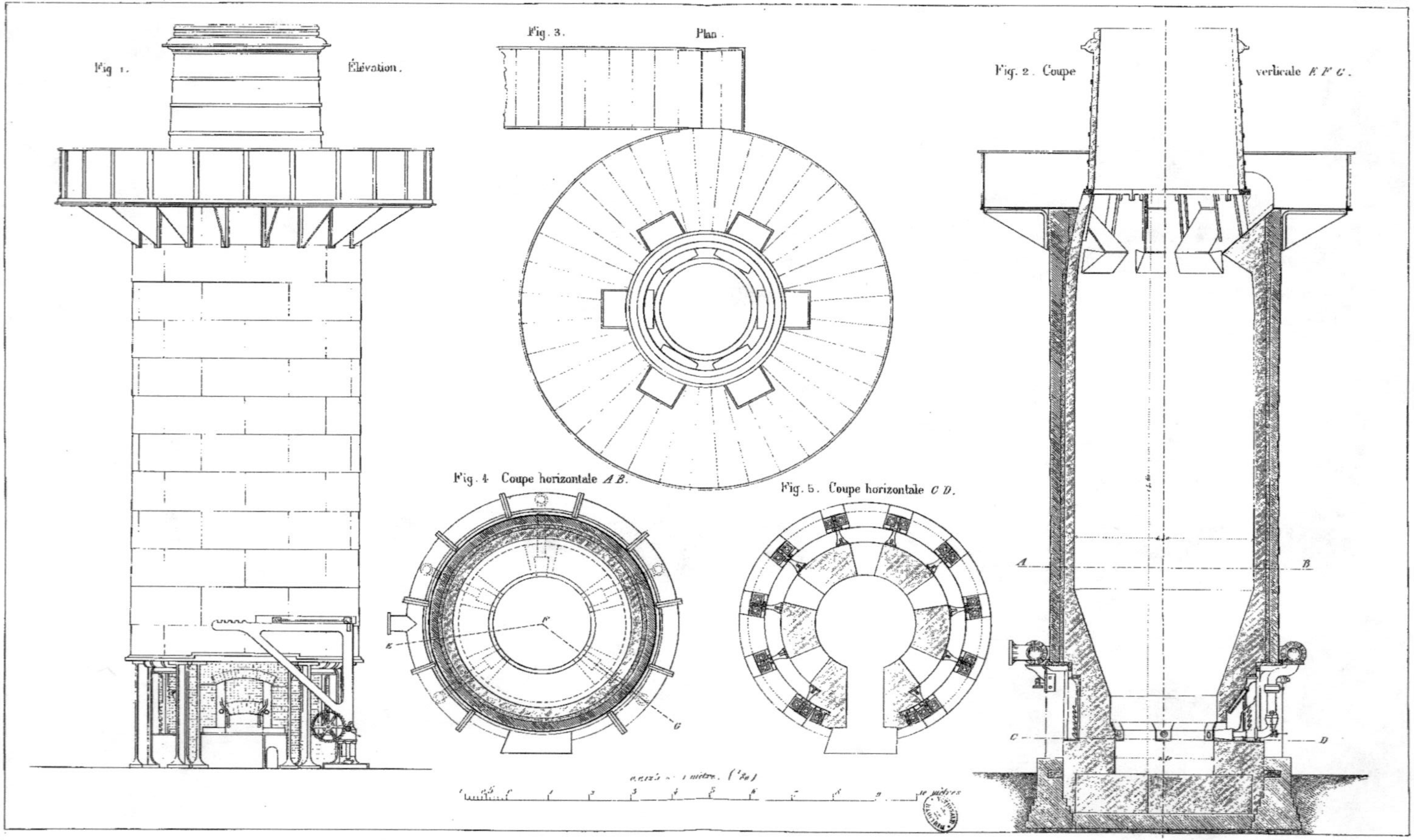

Fig. 1. Élévation.
Fig. 3. Plan.
Fig. 2. Coupe verticale E F G.
Fig. 4. Coupe horizontale A B.
Fig. 5. Coupe horizontale C D.
A
B
C
D
E
F
G
1 2 3 4 5 6 7 8 9 10 mètres

COKE AND RAW COAL BLAST FURNACE WITHOUT GAS TAKING OFF APPARATUS. (STAFFORDSHIRE.)

Usine d'Oberhausen.   Oberhausen ironworks.

Fig. 1. Coupe verticale   A B C D E.

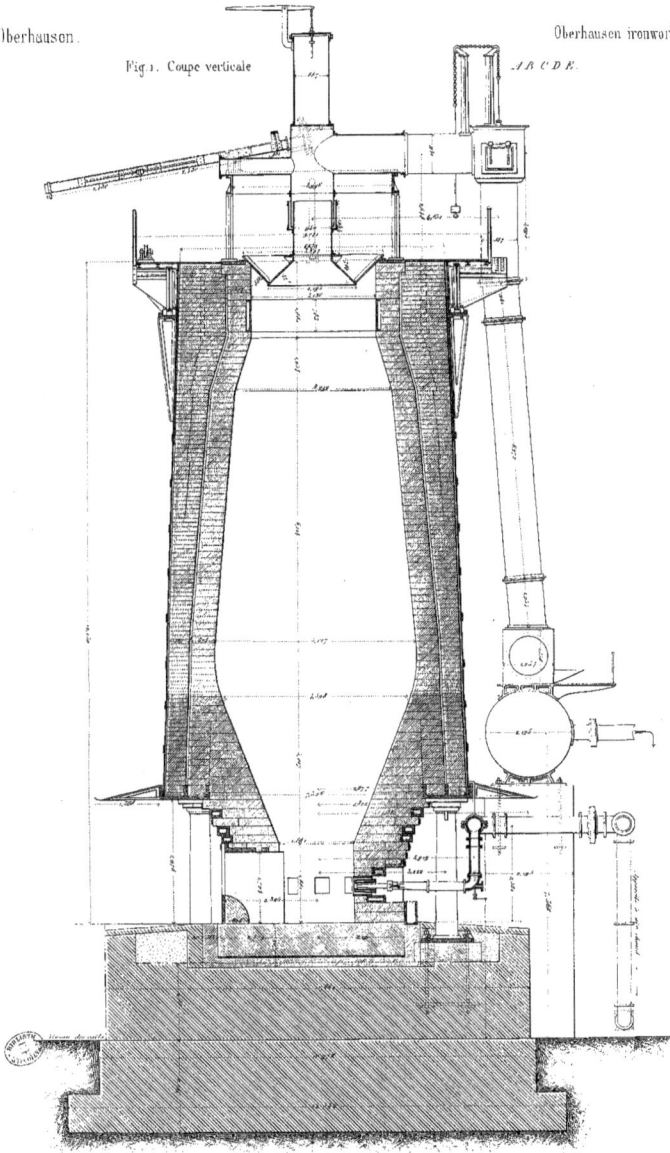

Fig. 2. Coupe horizontale.

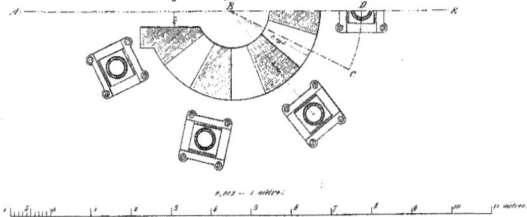

Fig. 1. Haut fourneau N.º 3 de l'usine de St Louis.(¹⁄₅₀)
N.º 3 furnace (St Louis iron works.)

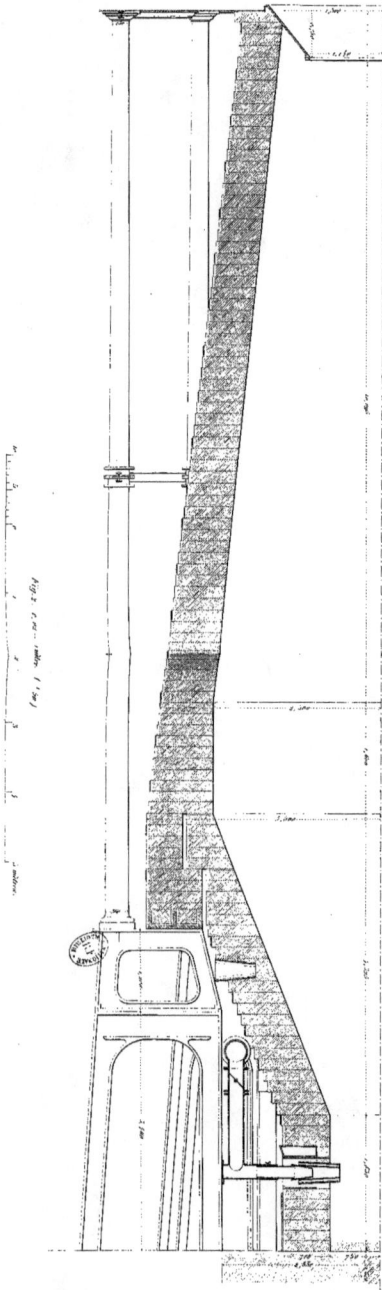

Fig. 2. Haut fourneau N.º 2 de l'usine de Neuss.
N.º 2 furnace (Neuss iron works.)

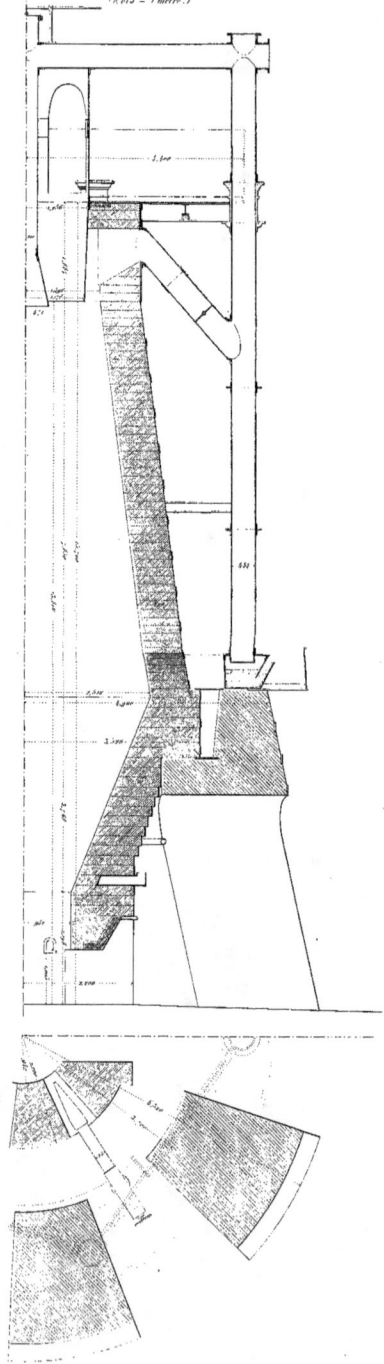

BUTTGENBACH'S COKE BLAST FURNACES.

Fig. 1. Coupe verticale par l'avant creuset.
Vertical section by the fore hearth.

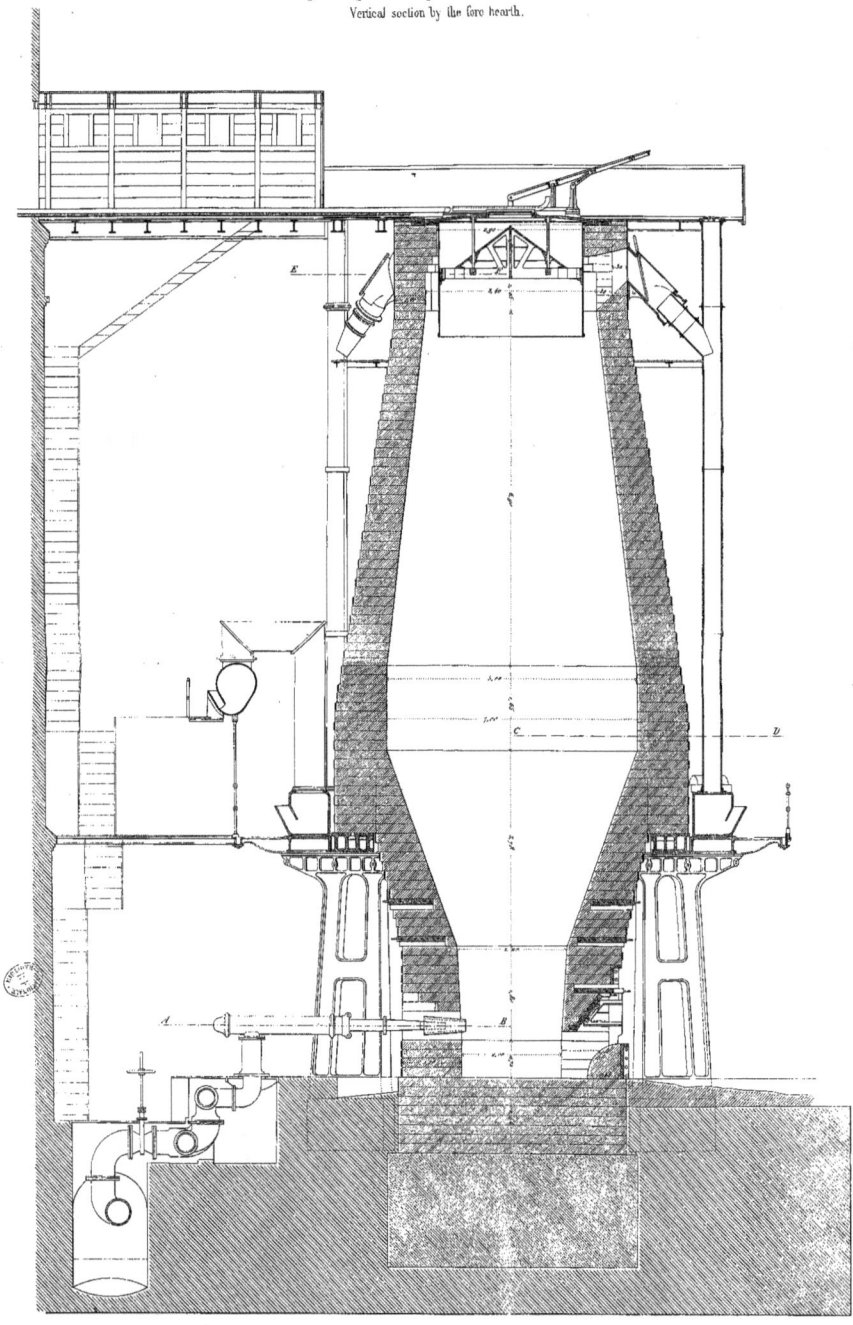

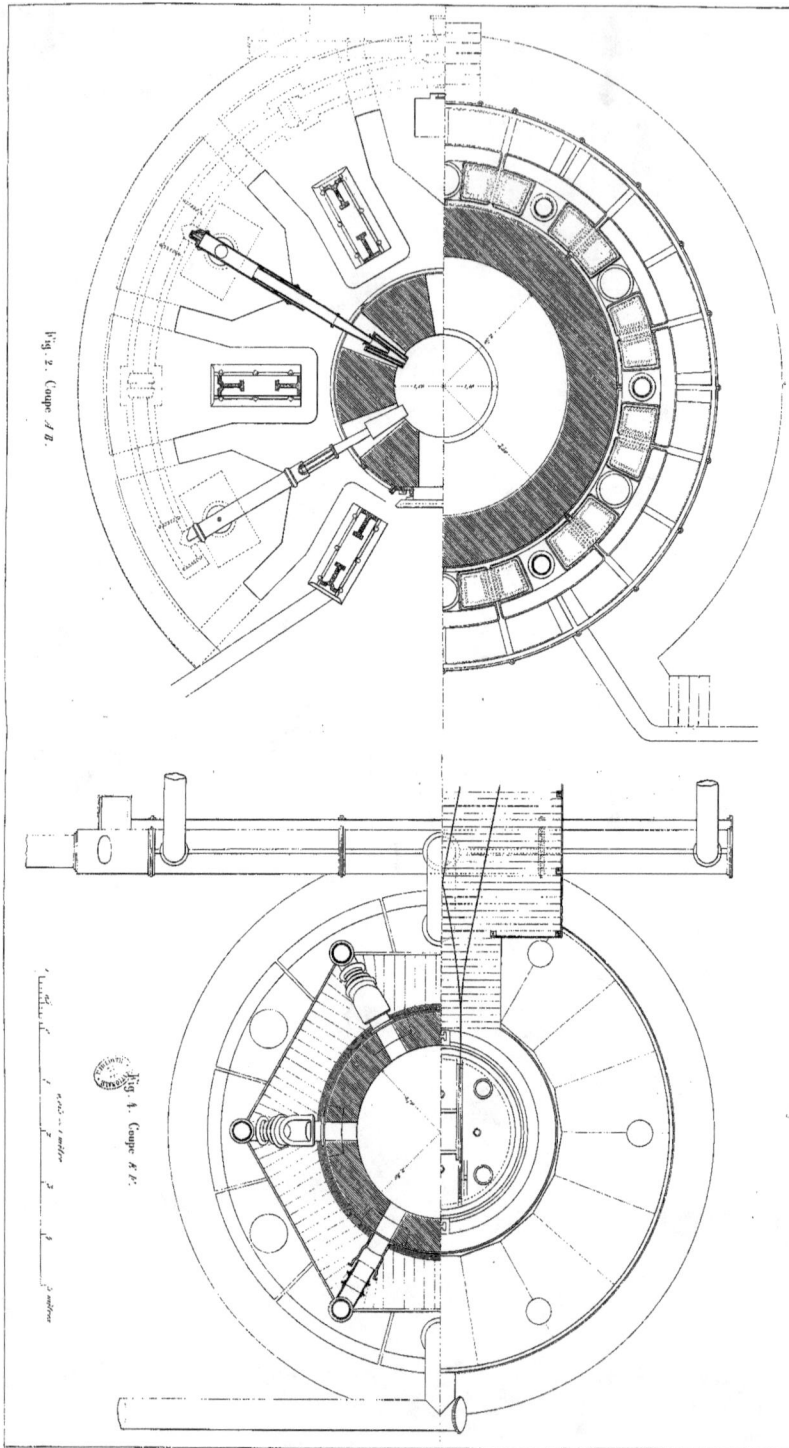

HAUT FOURNEAU AU COKE, SYSTÈME BÜTTGENBACH, SUR CADRES COLONNES EN FONTE AVEC APPAREIL CHARGEPAUD. (USINE D'ANZIN.)

COKE BLAST FURNACE, BÜTTGENBACH'S SYSTEM, WITH CAST-IRON FOOT FRAME AND CHADEPEAUD'S CHARGING APPARATUS. (ANZIN IRON WORKS.)

Fig. 3. Coupe C D.

Fig. 2. Coupe A B.

Fig. 5. Plan du gueulard.

Fig. 4. Coupe E F.

Fig. 1. Coupe verticale *A B C*.

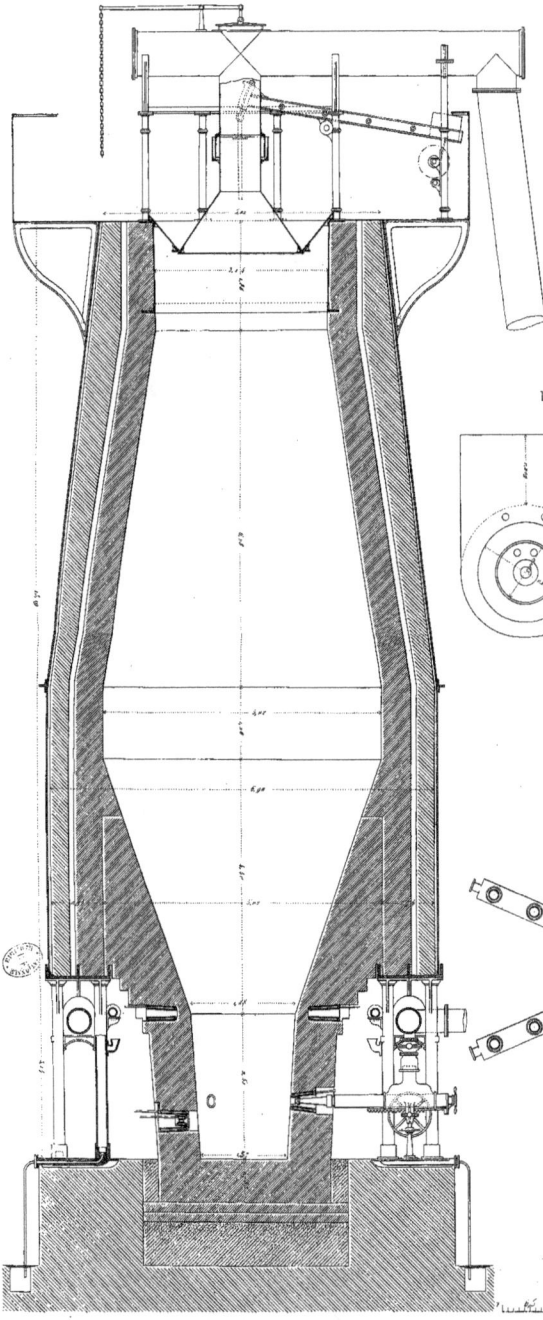

Haut fourneau au coke de l'usine de
Mulheim sur Rhin,
sans avant creuset et avec tuyère à laitiers,
système Lurmann,
modifié par M. Gericke.

Coke blast furnace,
Mulheim on Rhine iron works,
without fore hearth and
with Lurmann's slag tuyere,
as modified by Herr Gericke.

Fig. 3. Tuyère à laitiers. (⅛)
Slag tuyere.

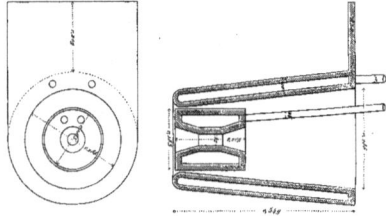

Fig. 2. Coupe horizontale.

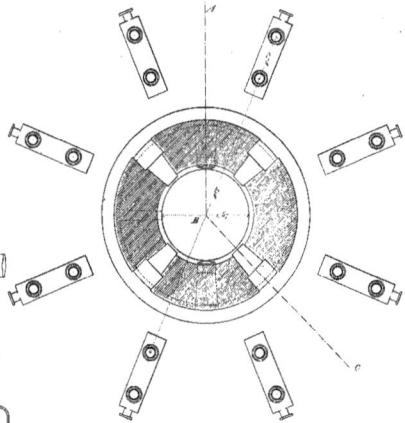

Fig. 1. 2. ¹⁄₆₀.

Pl. XXV.

APPAREILS DE CHARGEMENT ET DE PRISE DES GAZ.

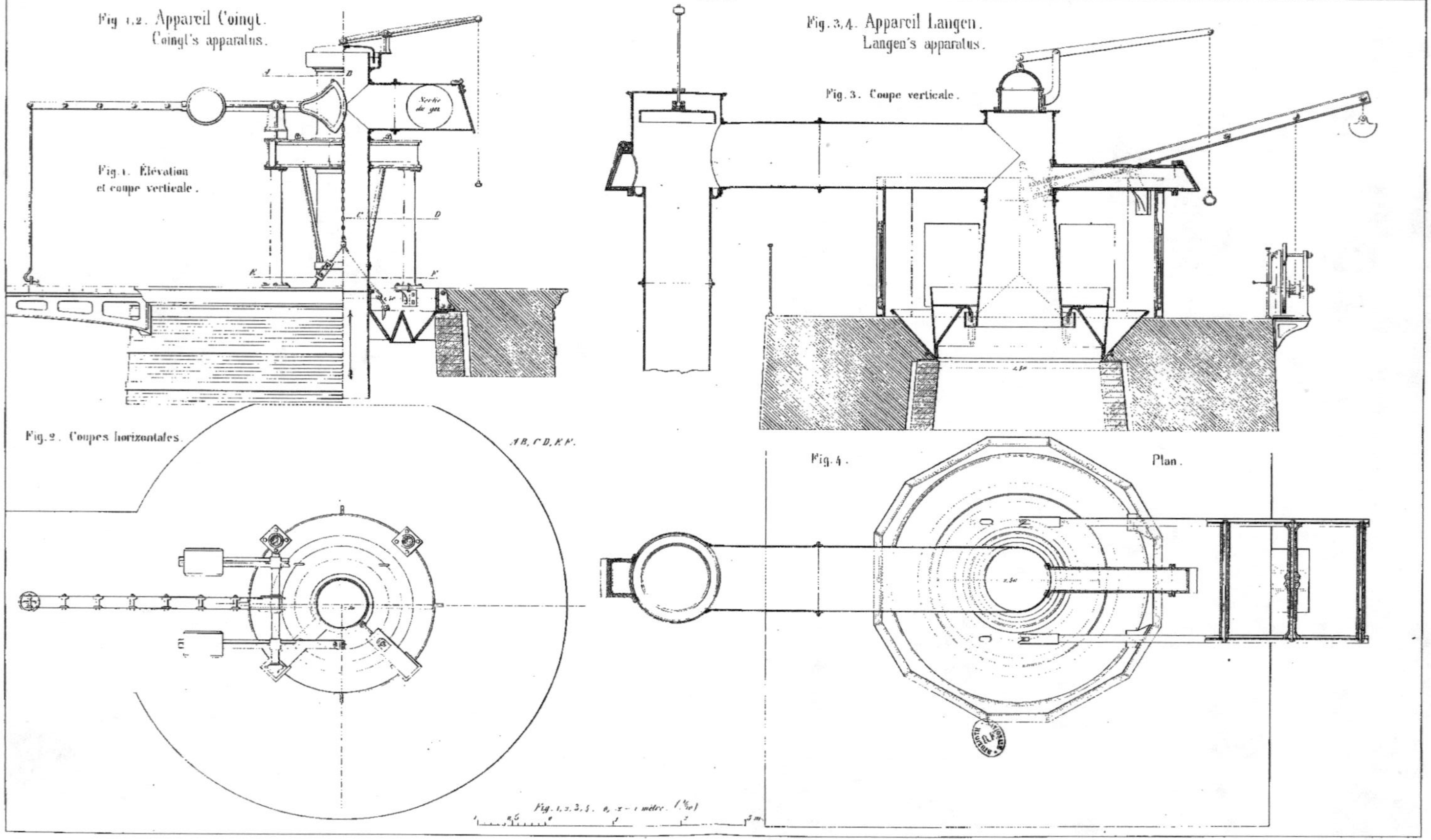
Fig. 1, 2. Appareil Coingt.
Coingt's apparatus.
Fig. 1. Élévation et coupe verticale.
Sortie du gaz
Fig. 2. Coupes horizontales.
A B, C D, E F.
Fig. 3, 4. Appareil Langen.
Langen's apparatus.
Fig. 3. Coupe verticale.
Fig. 4.
Plan.
Fig. 1, 2, 3, 4. 0,02 = 1 mètre. (1/50)
3 m.

APPARATUS FOR CHARGING MATERIALS AND FOR TAKING OFF THE GASES.

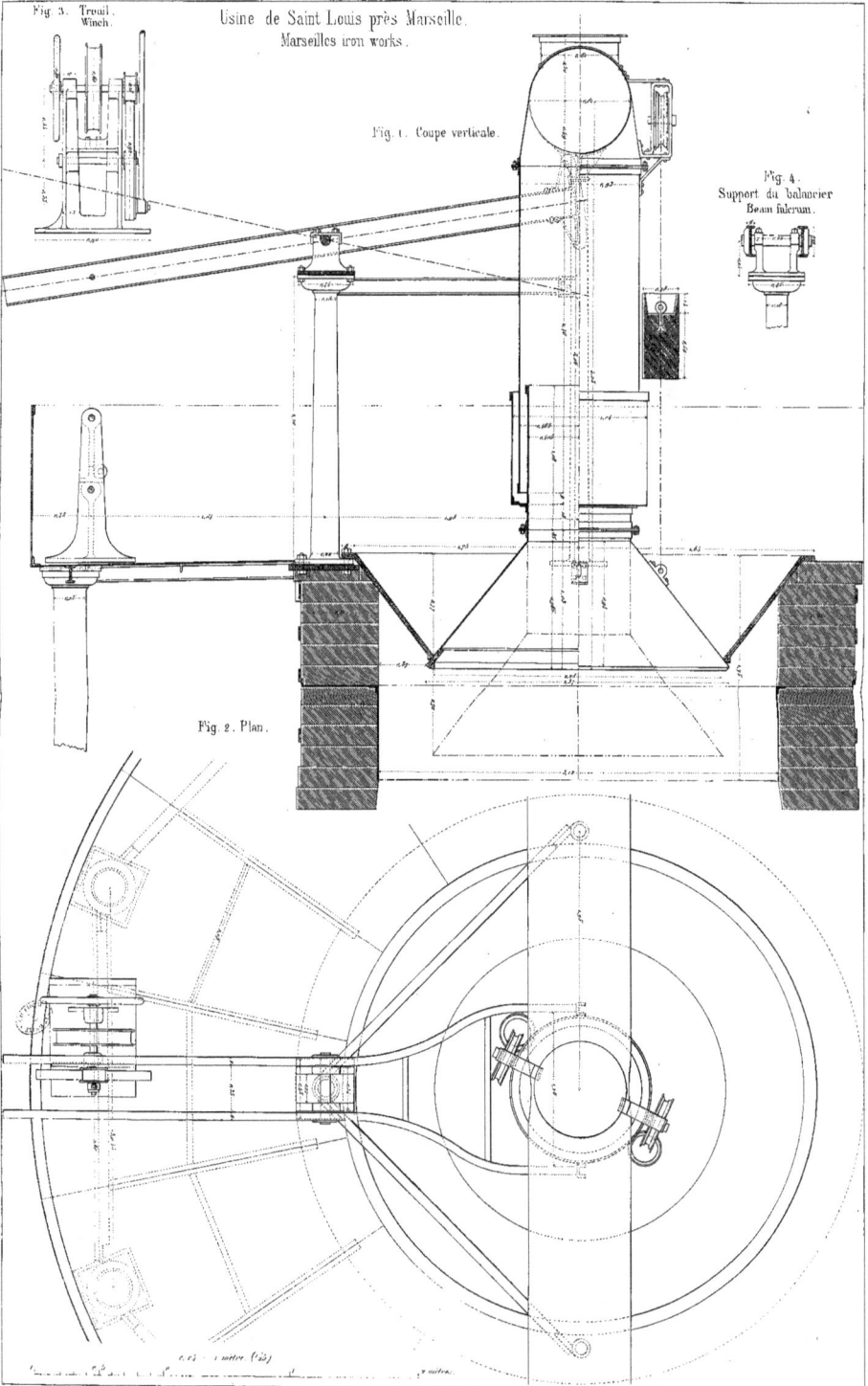

Fig. 3. Treuil.
Winch.

Usine de Saint Louis près Marseille.
Marseilles iron works.

Fig. 1. Coupe verticale.

Fig. 4.
Support du balancier
Beam fulcrum.

Fig. 2. Plan.

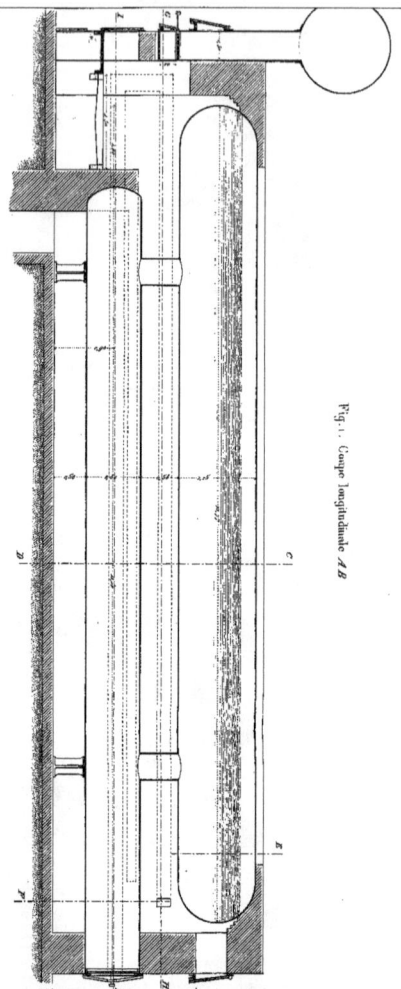

Fig. 1. Coupe longitudinale A B

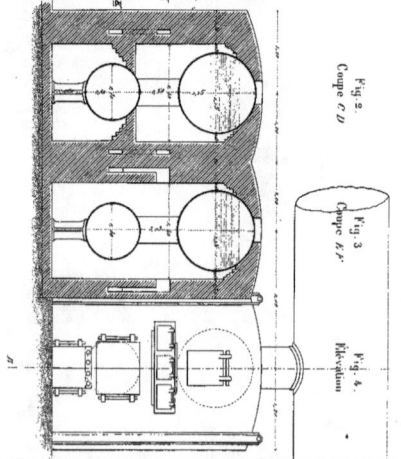

Fig. 2. Coupe C D

Fig. 3. Coupe E F

Fig. 4. Élévation

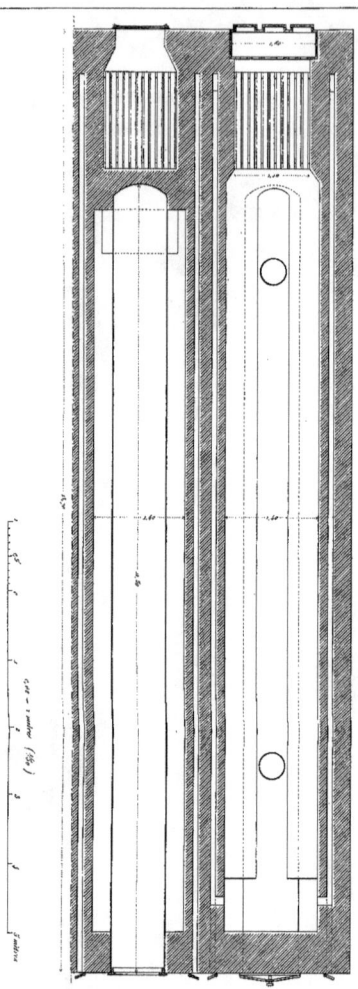

Fig. 5. Coupes horizontales C H I K

STEAM BOILERS HEATED BY THE FURNACES GASES. (CREUSOT'S BLAST FURNACES.)

Corps de chaudière	Main boiler
Longueur — Length	
Diamètre — Diameter	
Surface de chauffe — Heated surface	
Réchauffeur — Companion boiler	
Longueur — Length	
Diamètre — Diameter	
Surface de chauffe — Heated surface	
Capacité totale en plan d'eau — Bulk of warm water	
Surface de chauffe totale — Total heated surface	
Puissance en chevaux vapeur — Horse power	
Surface de chauffe pour force de cheval — Heated surface for each horse power	

CHAUDIÈRES CHAUFFÉES PAR LES GAZ. (HAUTS FOURNEAUX DE TERRENOIRE ET BESSÈGES.)

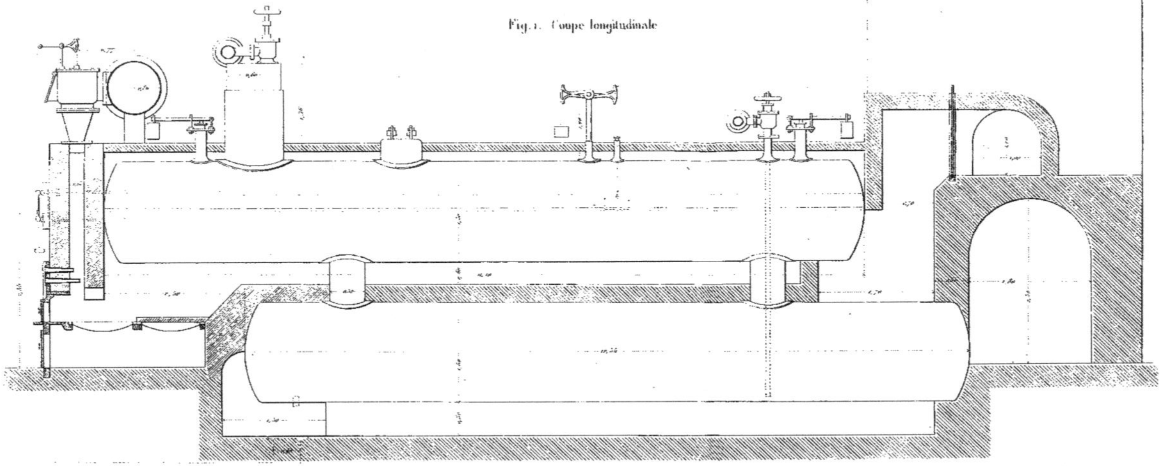

Fig. 1. Coupe longitudinale

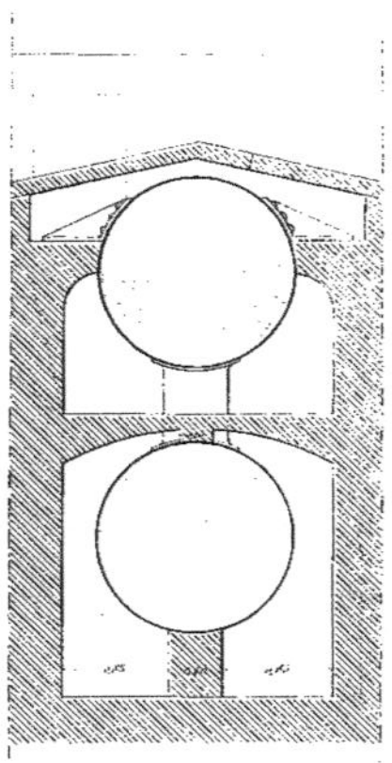

Fig. 2. Coupe transversale

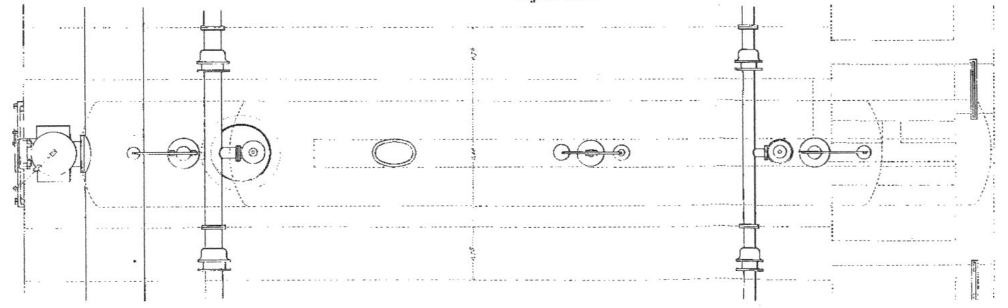

Fig. 3. Plan.

Surface de chauffe Area of heated surface	70m².50
Surface de la grille Area of fire-grate	2m².40
Volume occupé par la vapeur Bulk of steam	3m³.700
Volume occupé par l'eau Bulk of water	30m³.360
Section des carneaux autour des chaudières Transverse area of flues	1m².360
Section de la cheminée (pour 5 chaudières) Area of the chimney (for 5 boilers)	1m².00
Hauteur de la cheminée Height of the stack	37m.60
Section du tuyau collecteur des gaz Transverse area of the main gas pipe	0m².50
Section de l'arrivée du gaz sur la grille Area of the gas burners	0m².15

0.02 p. mètre (1/50)

STEAM BOILERS HEATED BY THE FURNACE GASES. (TERRENOIRE AND BESSEGES BLAST FURNACES.)

Fig.1. Coupe longitudinale.

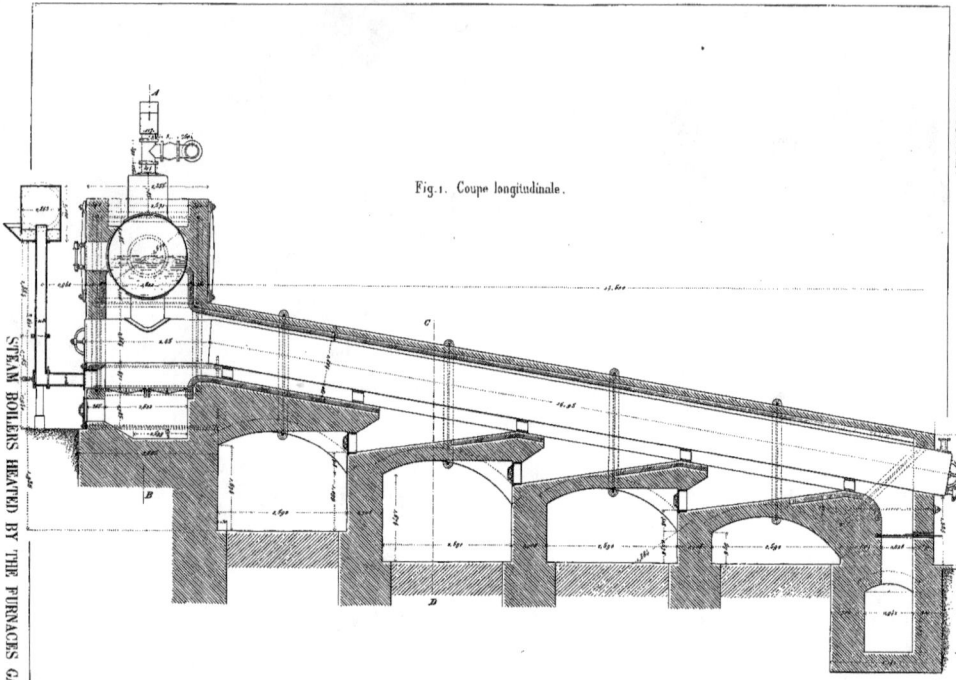

Fig.2. Coupe horizontale.

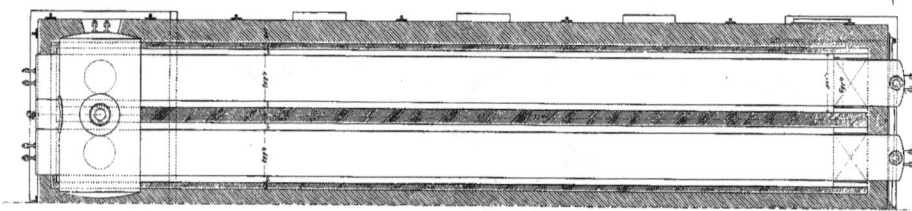

Fig.3. Coupe verticale *A B*.   Fig.4. Élévation.

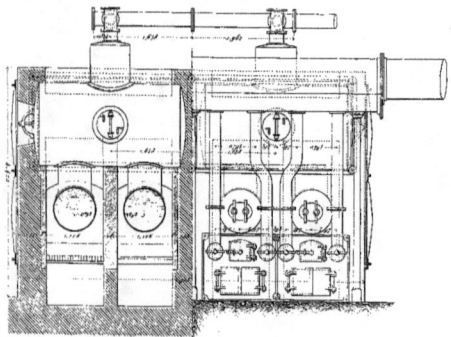

Fig.5. Coupe verticale *C D*.

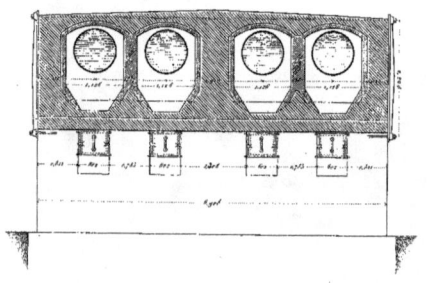

Fig. 1. Élévation et coupes partielles.

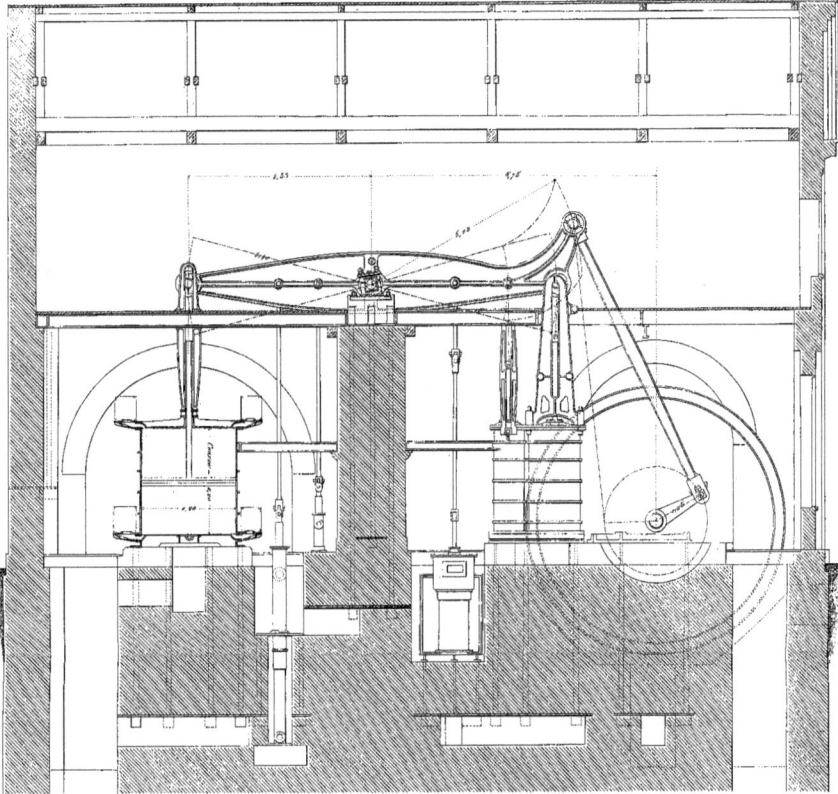

Fig. 2. Plan des fondations.

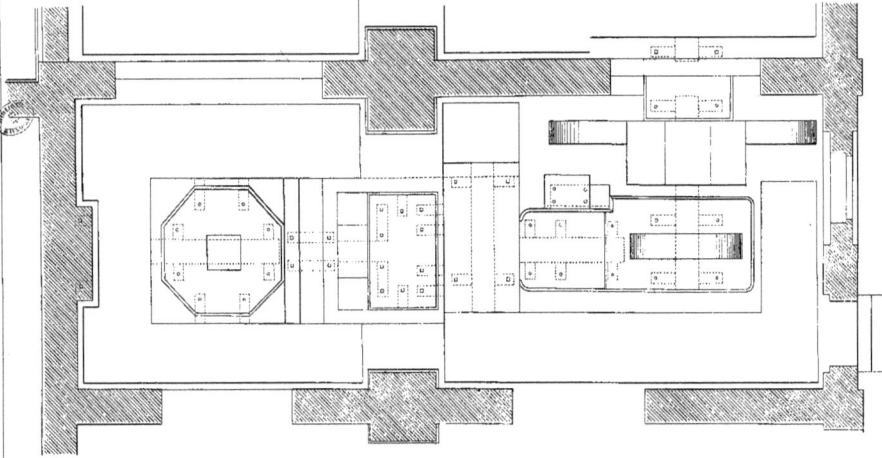

HORSEHEAD BEAM BLOWING ENGINE. (LOWER RHINE IRON WORKS, DUISBURG, WESTPHALIA.)

Fig. 1. Coupe verticale suivant l'axe de l'arbre des volants.

Fig. 2. Élévation.

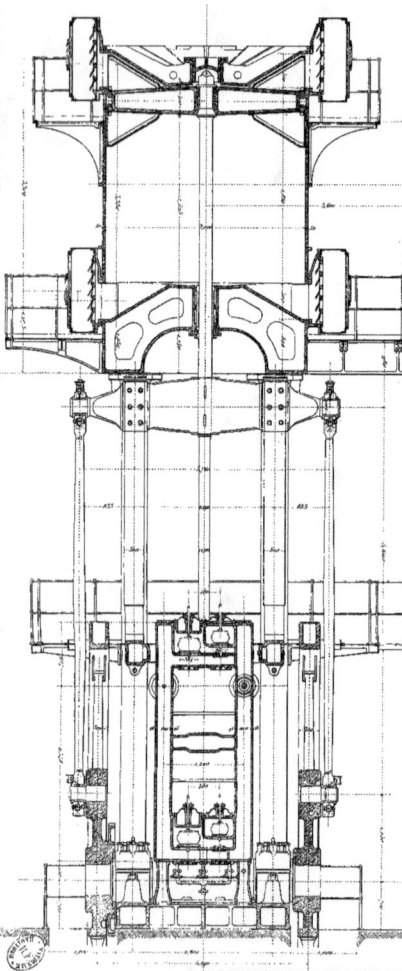

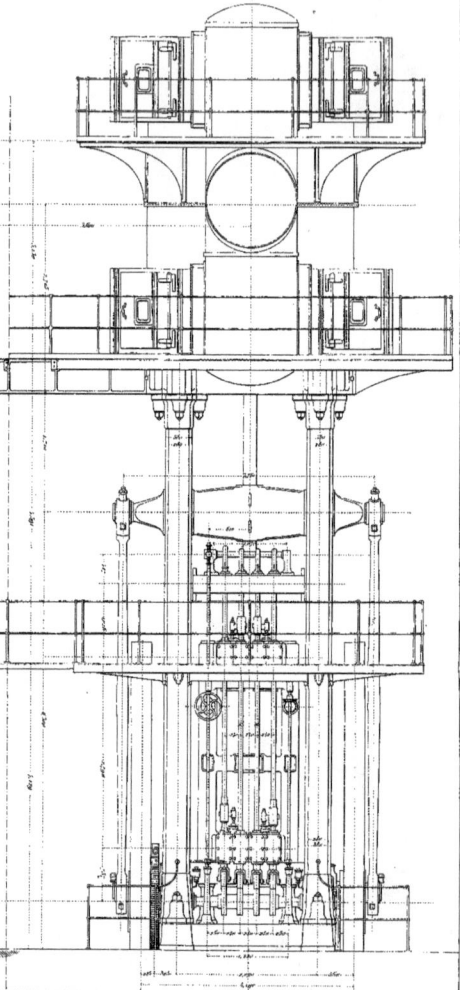

Fig. 3. Coupe horizontale du cylindre soufflant.

Fig. 4. Coupe   horizontale.

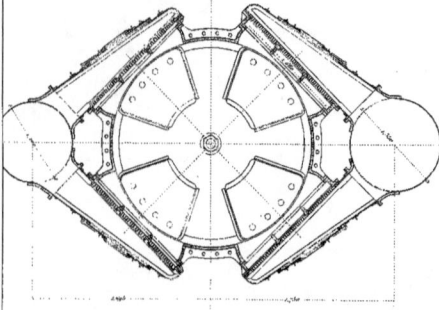

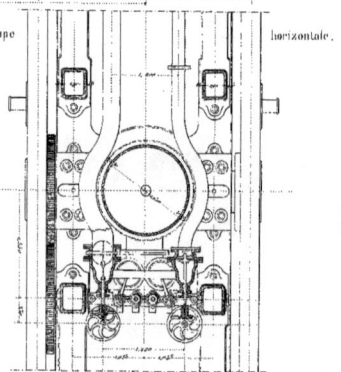

Fig. 1. Coupe verticale.

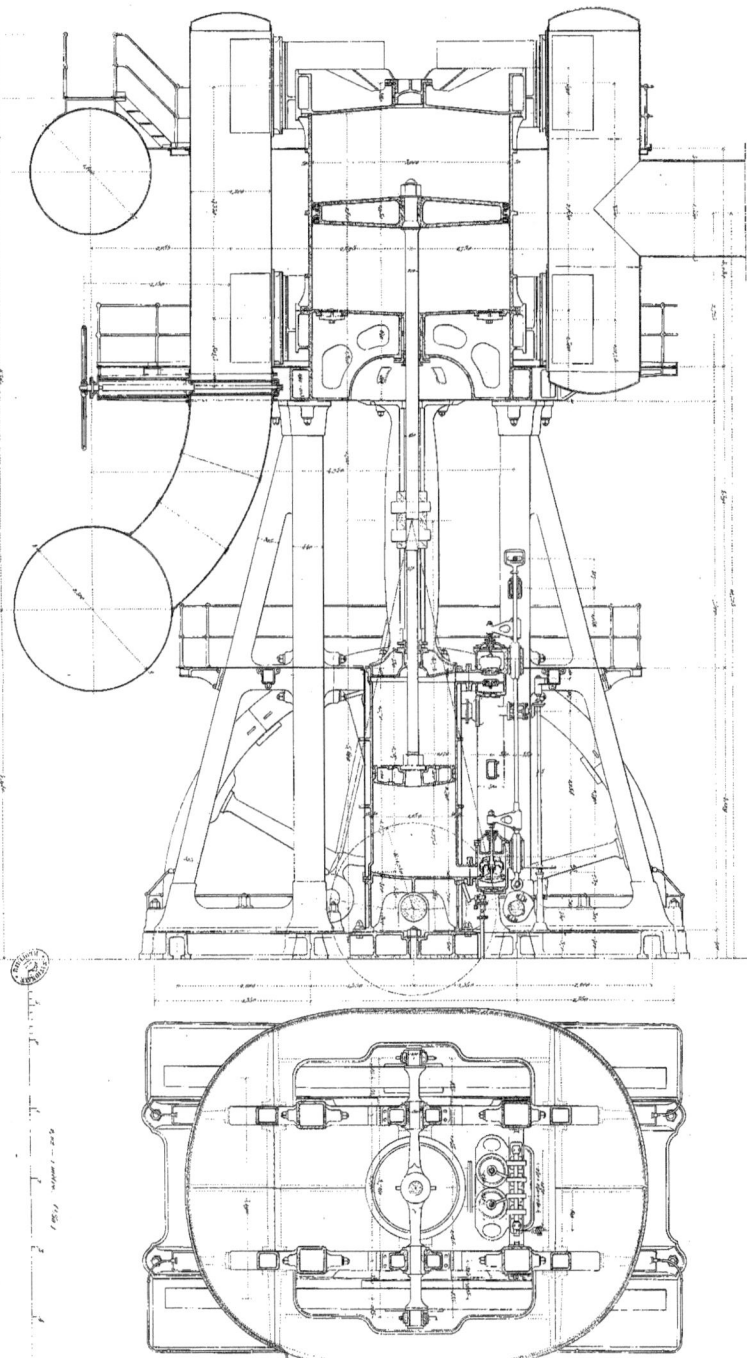

Fig. 2. Coupe horizontale.

VERTICAL, DIRECT-ACTING BLOWING ENGINE, WITH VERTICAL FLAP-VALVES. (CREUSOT IRON WORKS.)

MACHINE SOUFFLANTE HORIZONTALE A ACTION DIRECTE ET A CLAPETS. (M.M. FARCOT ET SES FILS, CONSTRUCTEURS.)

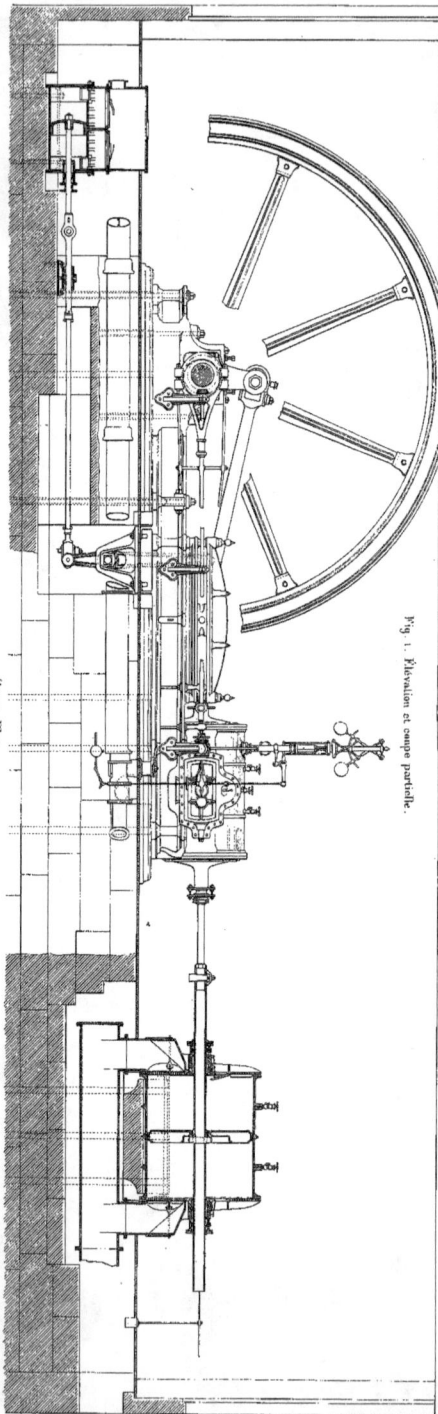

Fig. 1. Élevation et coupe partielle.

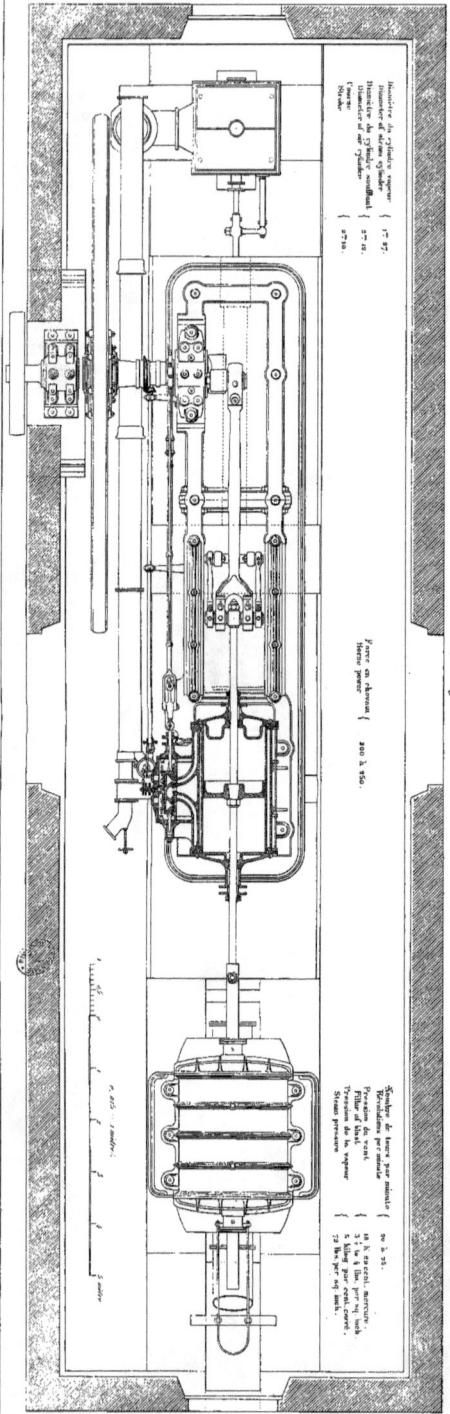

Fig. 2. Plan.

HORIZONTAL DIRECT ACTING BLOWING ENGINE, WITH FLAP-VALVES, BY M.M. FARCOT AND SONS, PARIS.

MACHINE SOUFFLANTE HORIZONTALE A TIROIR, SYSTÈME THOMAS ET LAURENS.

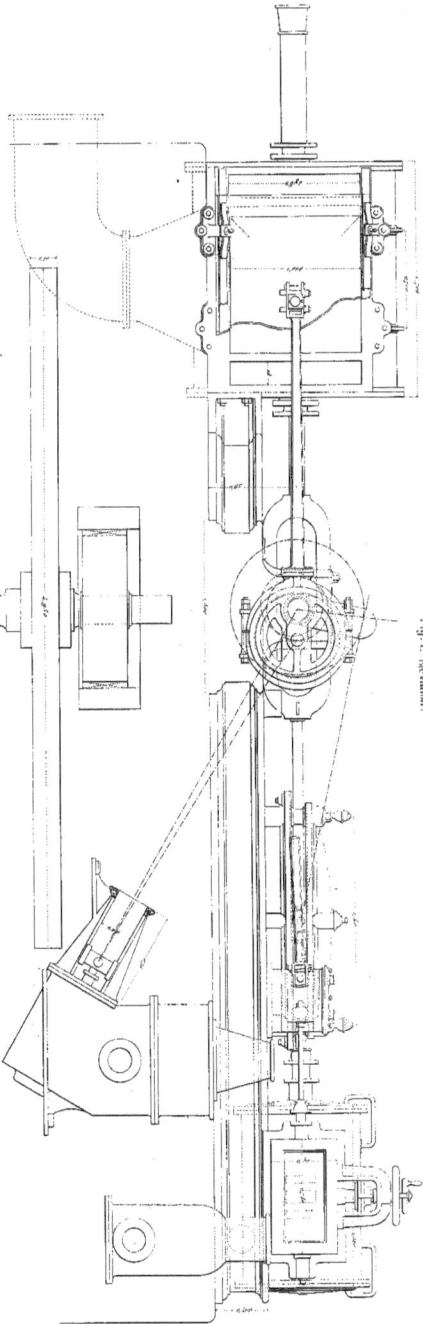

Fig. 1. Élévation.

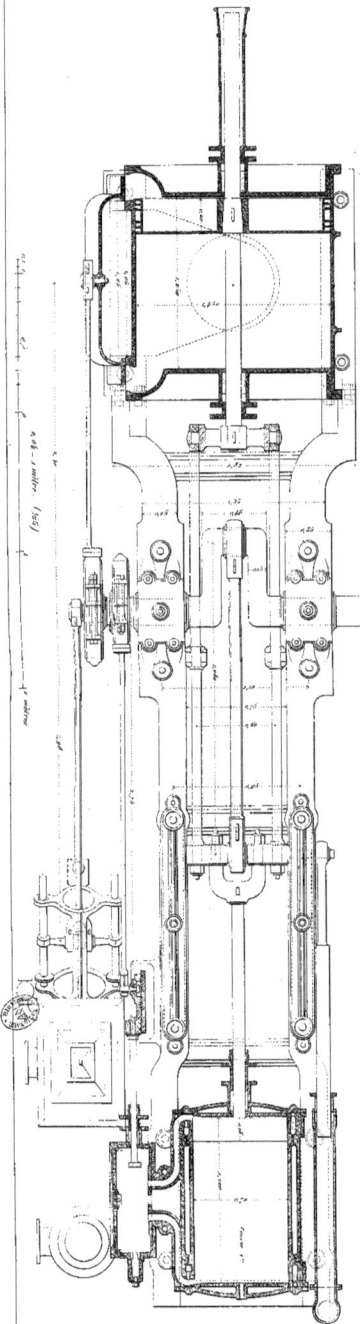

Fig. 2. Plan et coupes.

HORIZONTAL BLOWING ENGINE WITH WIND SLIDE VALVE, THOMAS AND LAURENS'S SYSTEM.

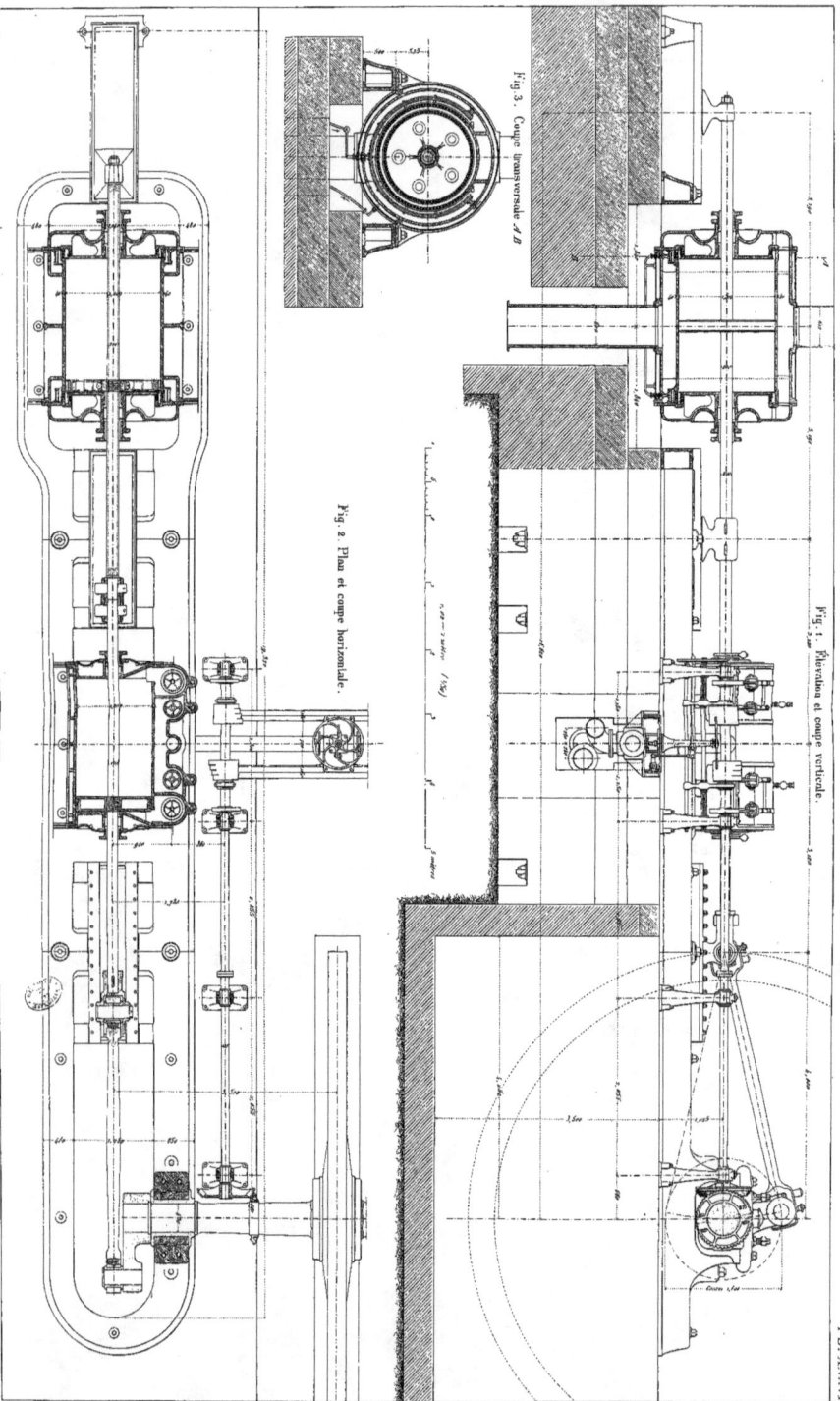

Fig. 3. Coupe transversale _A B_

Fig. 1. Élévation et coupe verticale.

Fig. 2. Plan et coupe horizontale.

HORIZONTAL BLOWING ENGINE, BESSEMER SYSTEM. (CREUSOT IRON WORKS.)

S. JORDAN MÉTALLURGIE.

APPAREIL A AIR CHAUD A TUYAUX HORIZONTAUX, TYPE ALLEMAND.

PL. XXXVII.

Fig. 1. Coupe longitudinale

Fig. 2. Coupe transversale

Fig. 3. Élévation latérale

Fig. 4. Coupe horizontale G H.

Fig. 5. Coupe horizontale E F.

Fig. 6. Coupes horizontales J B C D.

HOT AIR OVENS WITH HORIZONTAL PIPES. (WESTPHALIAN BLAST FURNACES.)

S. JORDAN. MÉTALLURGIE.

APPAREIL A AIR CHAUD, SYSTÈME THOMAS ET LAURENS.

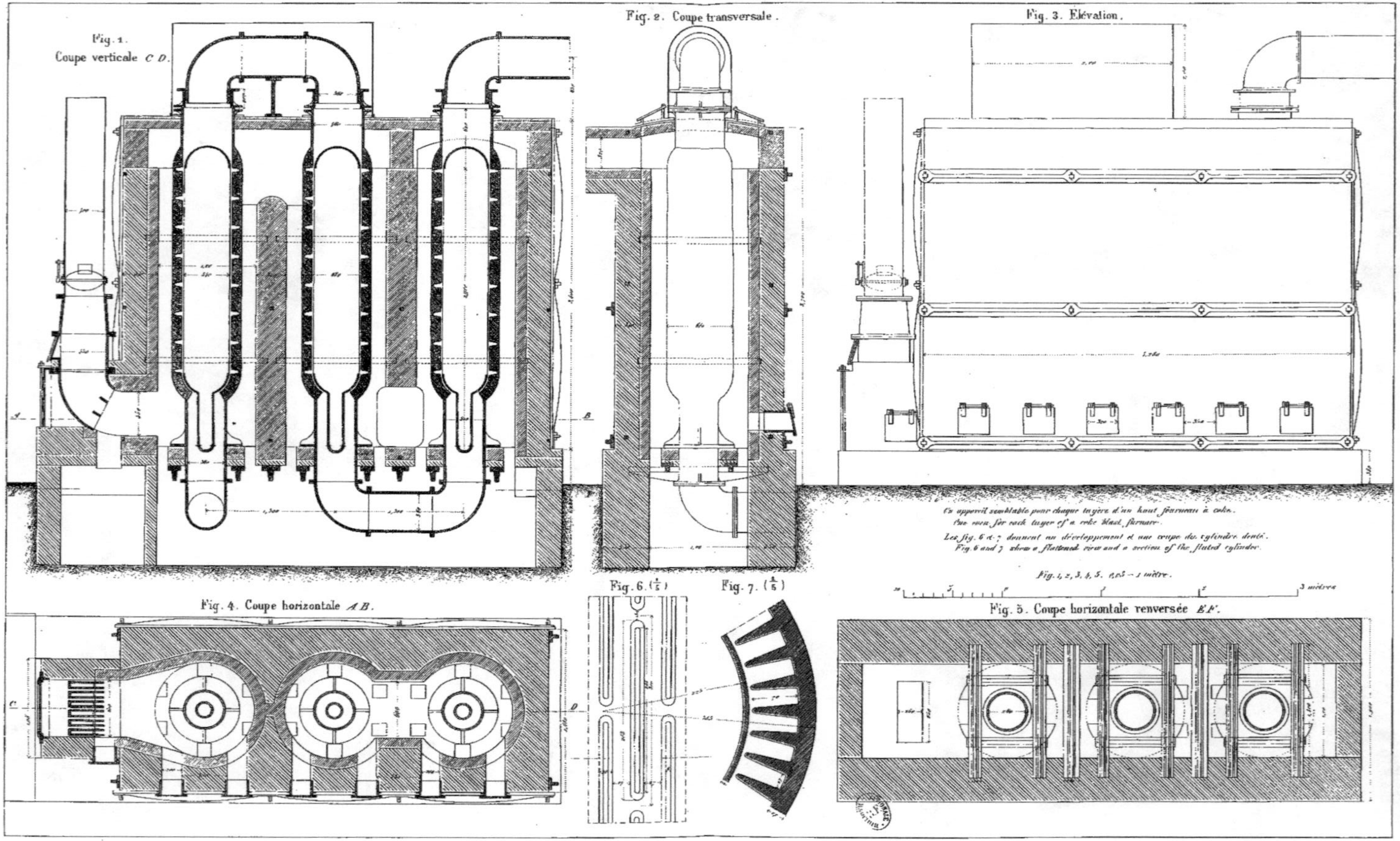

PL. XXXVIII.

Fig. 1.
Coupe verticale C D.

Fig. 4. Coupe horizontale A B.

Fig. 2. Coupe transversale.

Fig. 6. (⅒)

Fig. 7. (⅒)

Fig. 3. Élévation.

Fig. 5. Coupe horizontale renversée E F.

THOMAS AND LAURENS' HOT AIR OVEN.

Cet appareil est destiné pour chauffer le vent d'un haut fourneau à coke.
Les uns, fig. 1, 2, 3, donnent un développement à une double enveloppe.
Les fig. 4, 5, donnent un développement à une seconde enveloppe.
Fig. 6 et 7, show a flattened view and a section of the flued cylinder.

Fig. 1. Élévation et Coupe *A B C D.*

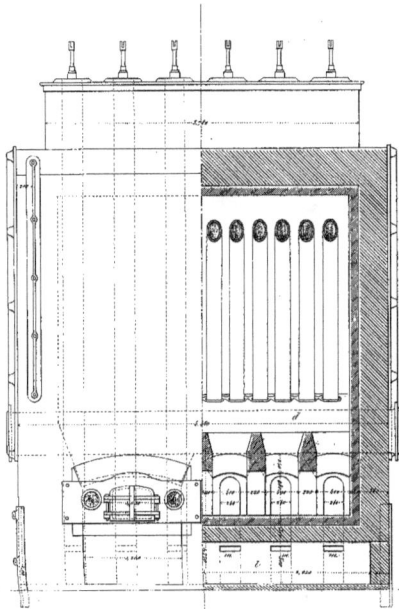

Fig. 2. Coupe transversale

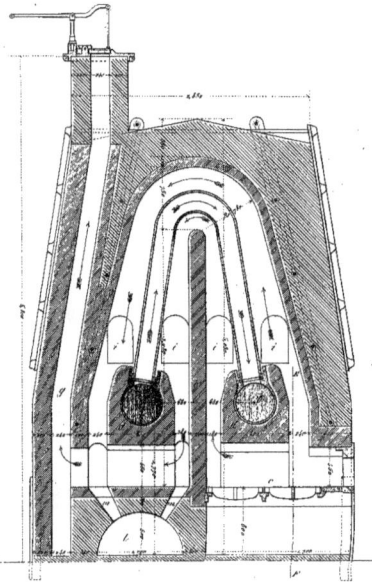

Fig. 4. Plan.

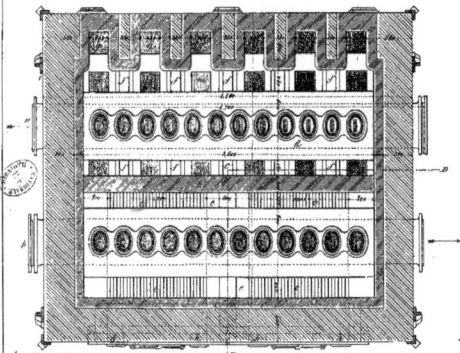

Fig. 3. Coupe verticale *E F.*

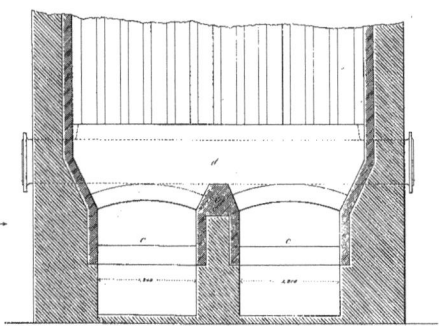

WURGLER AND DETHOMBAY'S HOT AIR SYPHON PIPES OVEN WITH DIFFERENTIAL PIPES.

a	Tuyau d'entrée de l'air froid.
	Inlet pipe for cold blast.
b	Tuyau de sortie de l'air chaud.
	Exit pipe for hot blast.
c	Foyer.
	Fire place.
d	Maçonnerie enveloppant les tuyaux *a* et *b*
	Brick work surrounding the pipes *a* and *b*
e	Mur de retour.
	Bearing wall.
f	Mur de division et de soutènement.
	Partition walls.
g	Cheminée.
	Stack.
h	Mur reliant les maçonneries et formant cloison pour le retour des gaz.
	Transverse wall.
i	Portes de nettoyage.
	Cleaning doors.
k	Orifices pour l'entrée des gaz dans les foyers.
	Inlet holes for the furnace gases.
l	Chambre à poussière et cendres.
	Dust and ashes room.
m	Carneau de communication entre l'appareil et la chambre *l*
	Flue between the oven and the room *l*

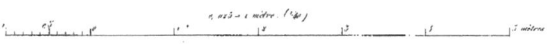

0. 025 = 1 mètre. (¹⁄₄₀)

APPAREIL A AIR CHAUD A PISTOLETS.

Pl. XI.

Fig. 1. Coupe longitudinale A B.

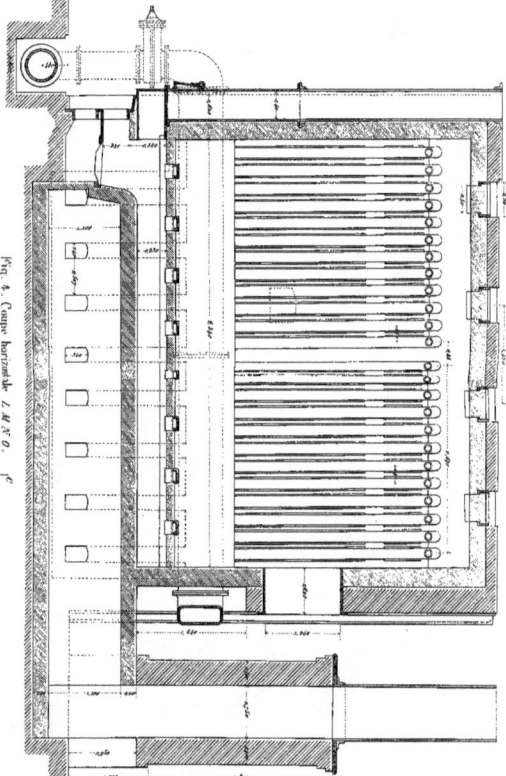

Fig. 2. Coupe transversale C D E F.

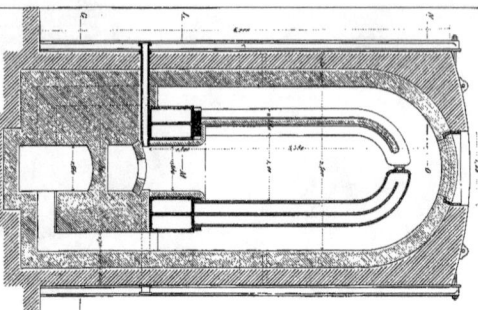

Fig. 3. Coupe horizontale G H.

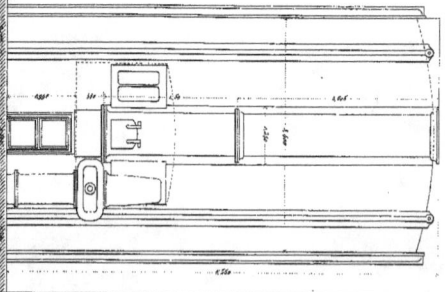

Fig. 4. Coupe horizontale I J K L N O.

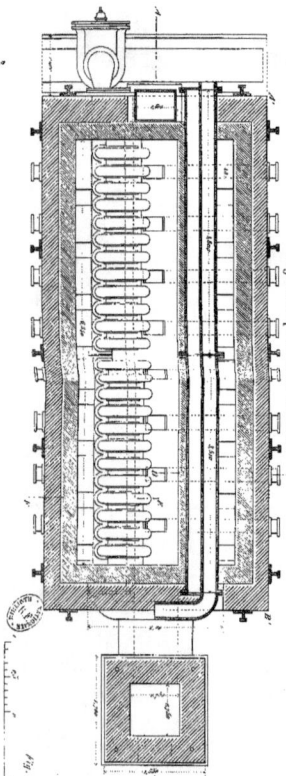

Fig. 5. Élévation de face.

Fig. 6. Détail d'une armature.

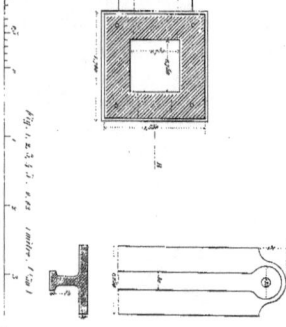

HOT AIR PISTOL-PIPES OVEN.

APPAREIL A AIR CHAUD A CORNUES VERTICALES CLOISONNÉES.

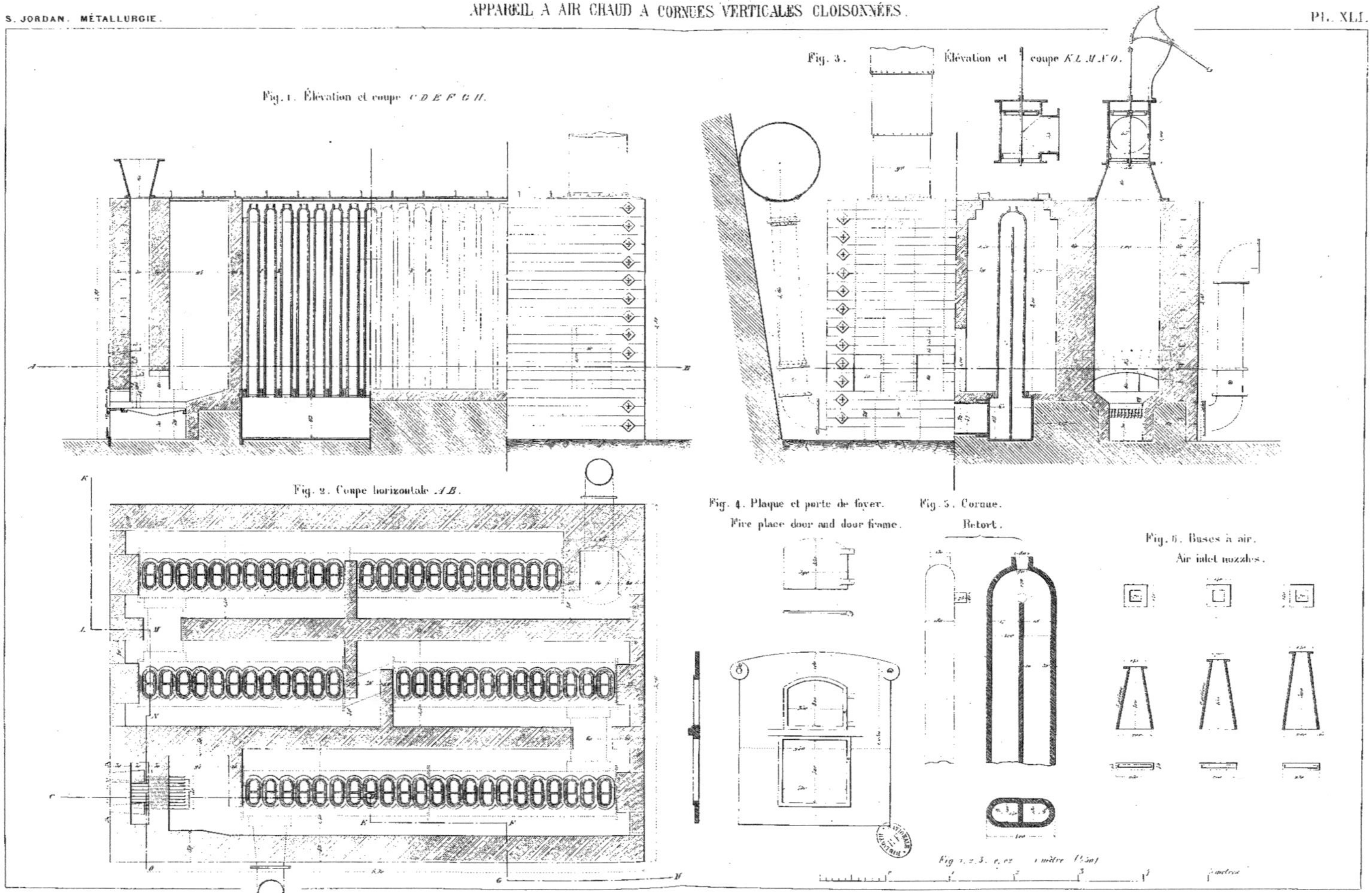

Fig. 1. Élévation et coupe $x\,b\,c\,d\,e\,f\,g\,h$.

Fig. 2. Coupe horizontale AB.

Fig. 3. Élévation et coupe $k\,L\,m\,n\,o$.

Fig. 4. Plaque et porte de foyer.
Fire place door and door frame.

Fig. 5. Cornue.
Retort.

Fig. 6. Buses à air.
Air inlet nozzles.

HOT AIR OVEN WITH VERTICAL RETORTS AND SOCKET PIPES.

Fig. 1. Coupe verticale *A B*.

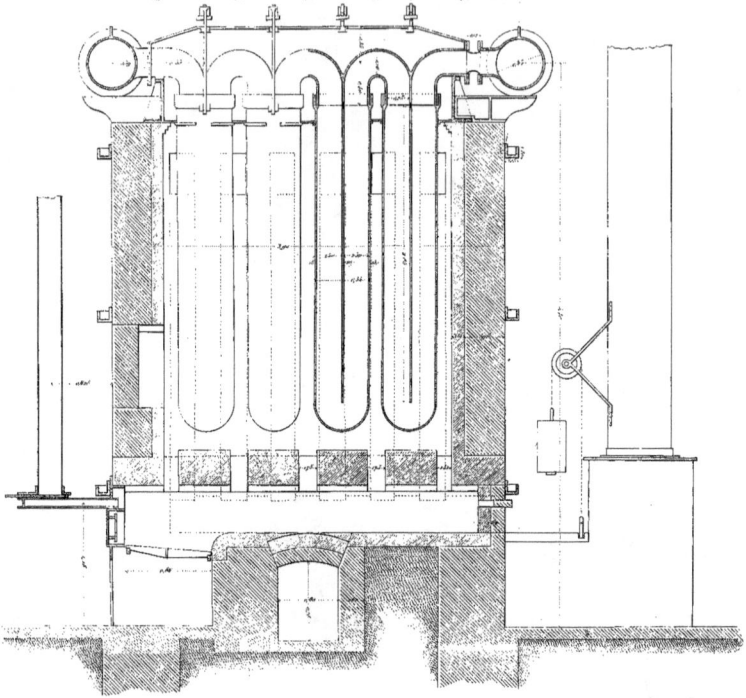

Fig. 2. Plan et Coupe horizontale.

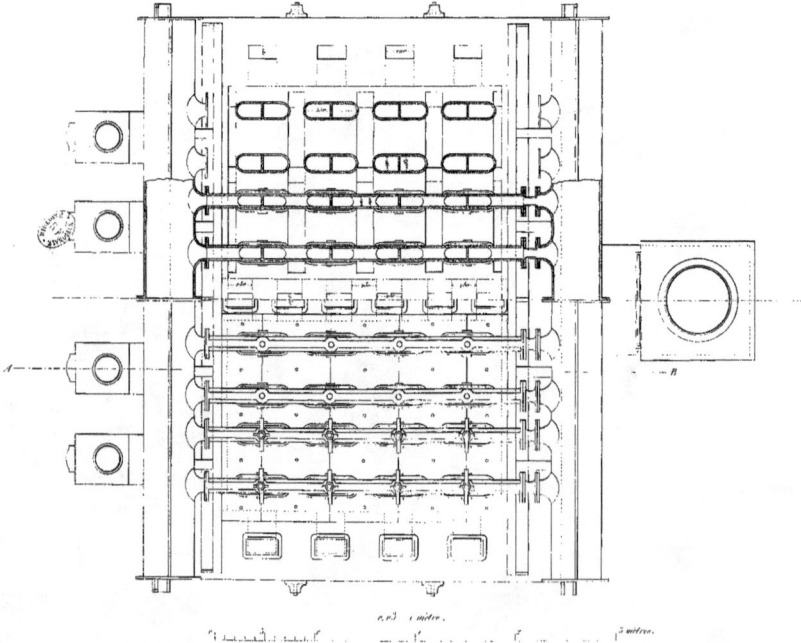

APPAREIL À AIR CHAUD À CORNUES SUSPENDUES — USINE DE GEORG MARIEN HÜETTE. (HANOVRE.)

Fig. 3. Élévation du côté des foyers.
Fig. 4. Coupe verticale C D.
Fig. 5. Coupe horizontale G H.
Fig. 6. Coupe horizontale E F.

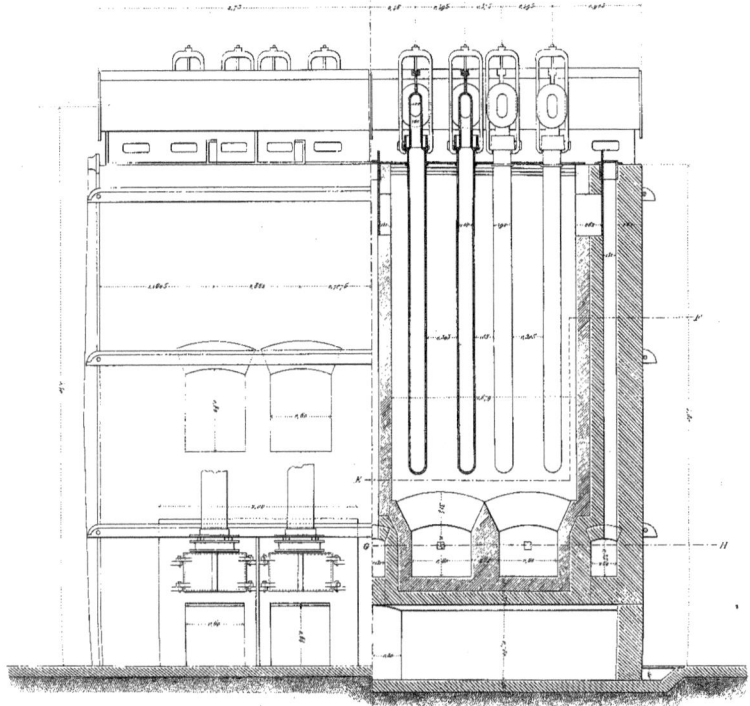

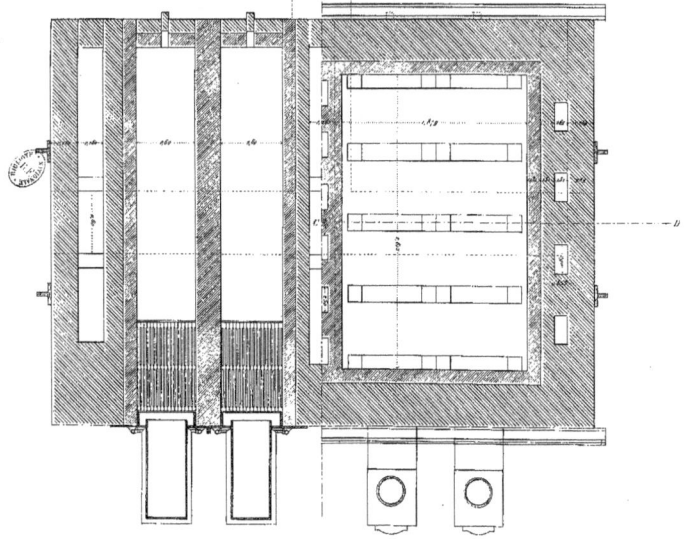

PL. XLIII.

APPAREILS A AIR CHAUD EN MATÉRIAUX RÉFRACTAIRES A CHAUFFAGE ALTERNATIF.

Pl. XLIV.

Fig. 7, 8, 9. Appareils Whitwell. (Usine de Consell.)
Whitwell's Stoves. (Consell iron works.)

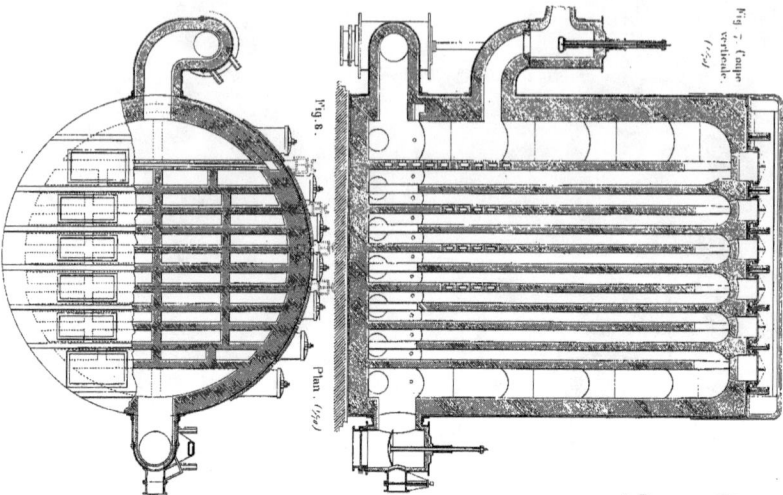

Fig. 7. Coupe verticale.

Fig. 8.

Plan.

Fig. 5, 6. Valve à air chaud.
Hot blast valve.

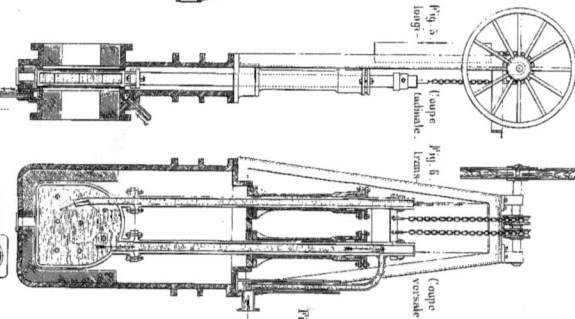

Fig. 5. Coupe longitudinale.

Fig. 6. Coupe transversale.

Fig. 1, 2, 3, 4, 5, 6. Appareil Cowper. (Usine d'Ormesby.)
Cowper's stove. (Ormesby iron works.)

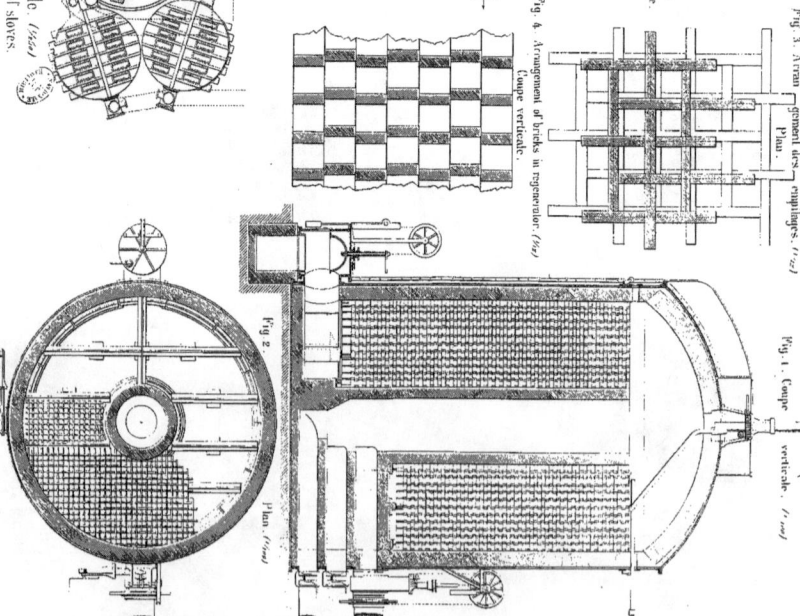

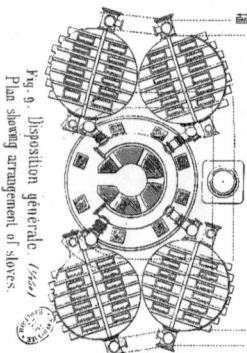

Fig. 3. Arrangement des empilages.
Plan.

Fig. 4. Arrangement of bricks in regenerator.
Coupe verticale.

Fig. 1. Coupe verticale.

Fig. 9. Disposition générale.
Plan showing arrangement of stoves.

REGENERATIVE FIRE BRICKS HOT BLAST STOVES.

Fig. 2.

Plan.

Fig. 15.
Tuyère en fer creux.
Spiral wrought iron tuyère.

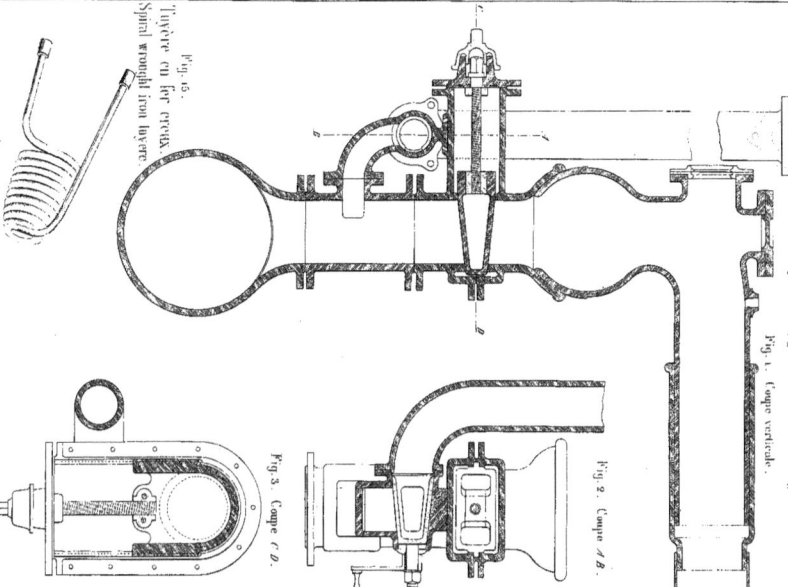

Fig. 1, 2, 3. Porte-vent télescopique à genou. (Creusot.)
Telescopic blast pipe with ball and socket joint. (Creusot.)

Fig. 1. Coupe verticale.

Fig. 2. Coupe A B.

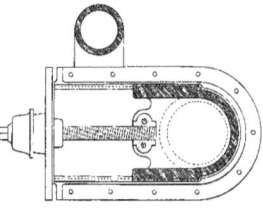

Fig. 3. Coupe c D.

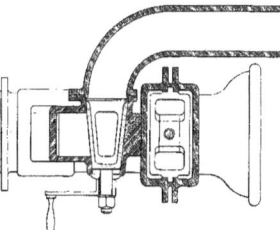

Fig. 4, 5, 6, 7. Porte-vent télescopique à genou. (Dorlaus.)
Telescopic blast pipe with ball and socket joint. (Dorlaus.)

Fig. 4. Coupe longitudinale.

Fig. 5. Élévation latérale.

Fig. 6. Collier.

Fig. 7. Plan.

Fig. 8, 9. Ancien porte-vent avec à soupape à siège.
Old blast pipe with spindle valve.

Fig. 8. Coupe.

Fig. 9. Plan.

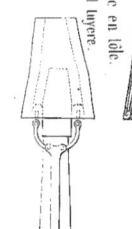

Tuyère en tôle.
Sheet tuyère.

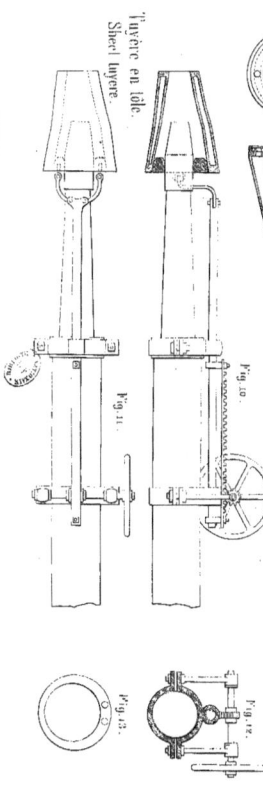

Fig. 10.

Fig. 11.

Fig. 13.

Fig. 14. Tuyère en fonte.
Cast-iron tuyère.

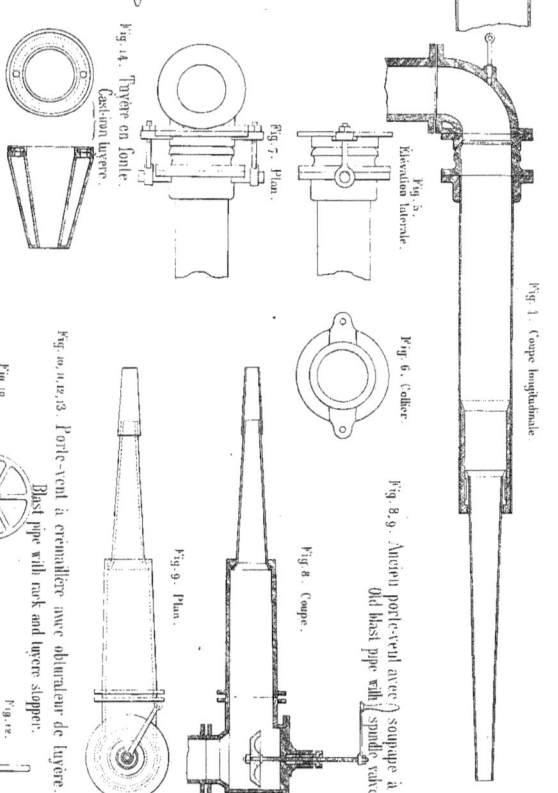

Fig. 10, 11, 12, 13. Porte-vent à crémaillère avec obturateur de tuyère.
Blast pipe with rack and tuyère stopper.

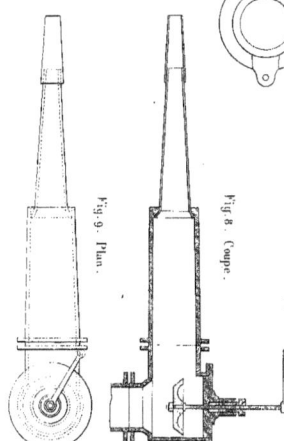

Fig. 12.

Fig. 13.

Pl. XLVI.

Fig. 1, 2, 3, 4, 5. Porte vent à joint télescopique et à crémaillère. (Belgique.)
Blast pipe with telescope joint and rack (Belgium).

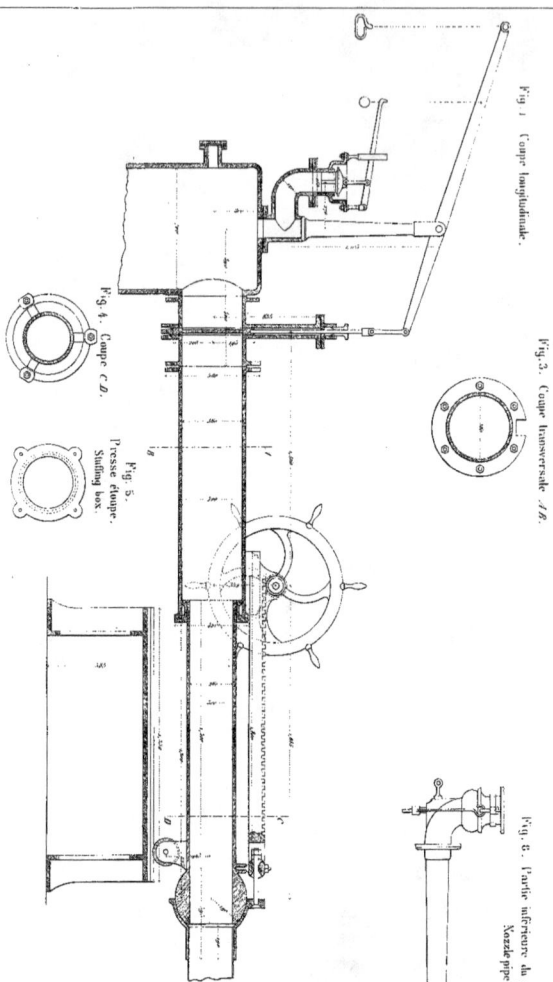

Fig. 1. Coupe longitudinale.

Fig. 3. Coupe transversale. *A B.*

Fig. 4. Coupe *C D.*

Fig. 5. Presse étoupe.
Stuffing box.

Fig. 2. Plan.

Fig. 6, 7, 8, 9. Porte vent à double arcade tournante et à genou (France.)
Blast pipe with double goose neck and ball and socket joint.

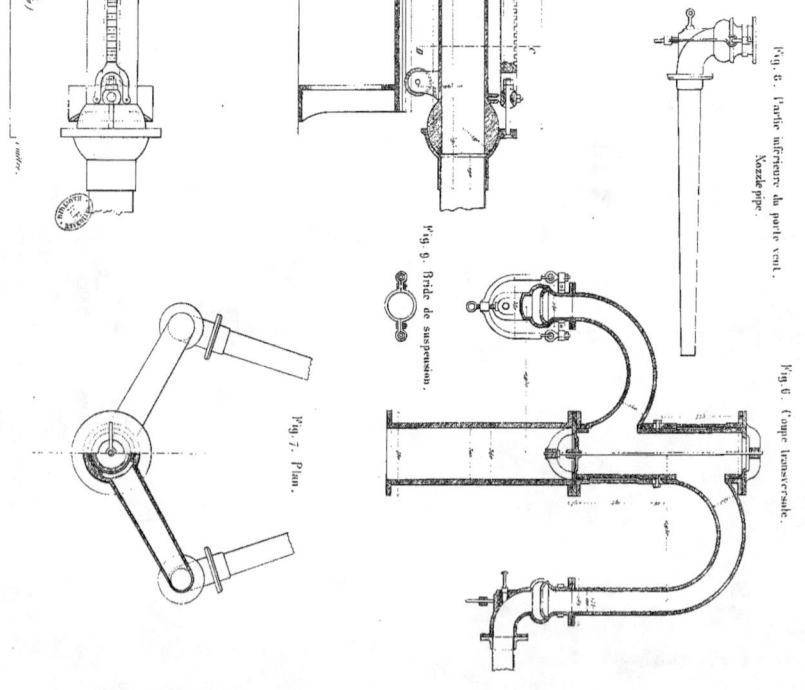

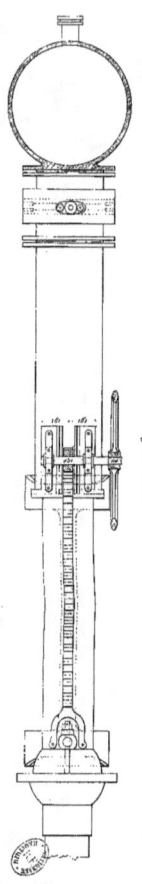

Fig. 8. Partie inférieure du porte vent.
Nozzle pipe.

Fig. 6. Coupe transversale.

Fig. 7. Plan.

Fig. 9. Bride de suspension.

BLAST PIPES.

PORTE VENT POUR CONDUITES AÉRIENNES. (WESTPHALIE.)

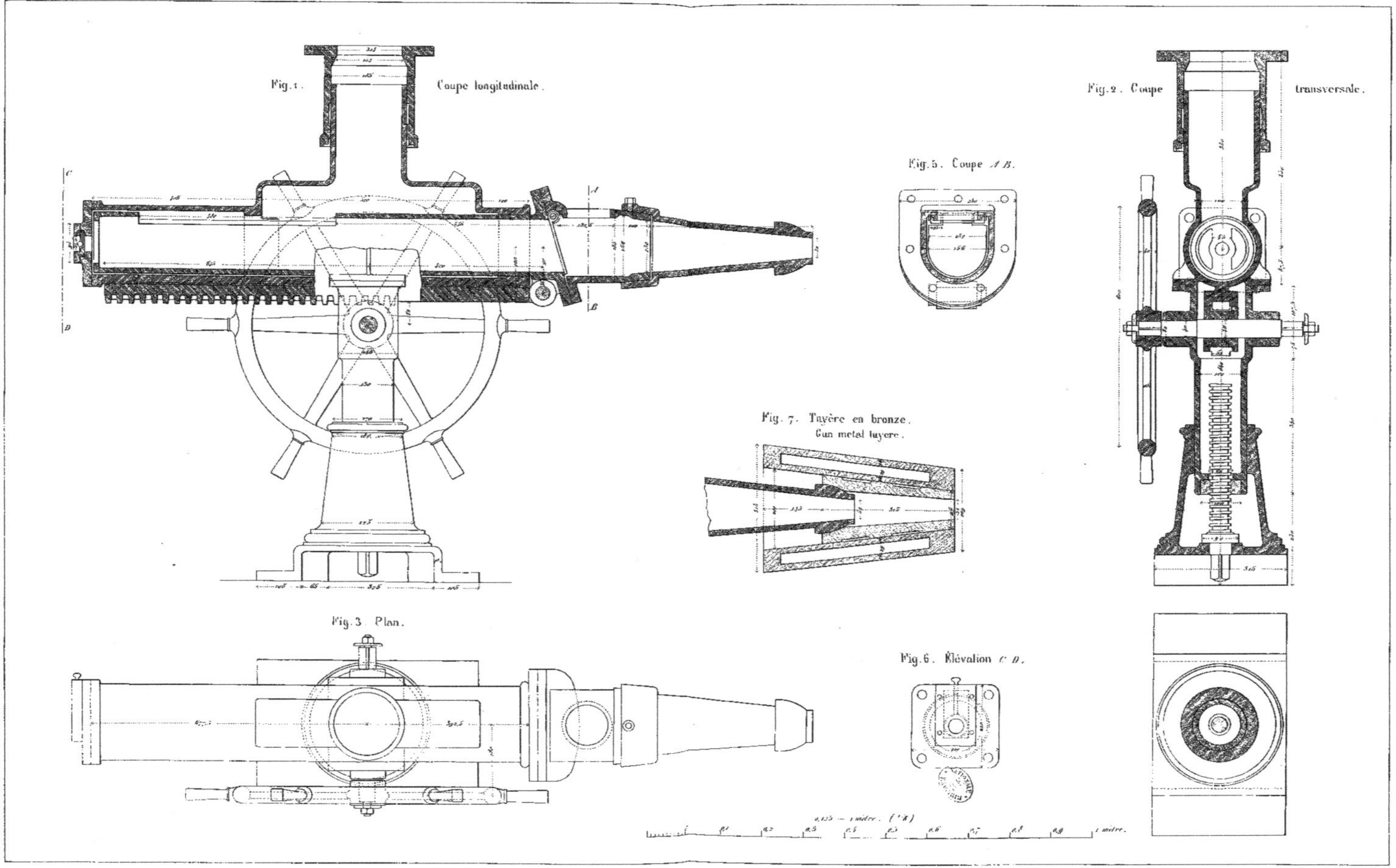
Fig. 1. Coupe longitudinale.
Fig. 2. Coupe transversale.
Fig. 3. Plan.
Fig. 5. Coupe A B.
Fig. 6. Élévation C D.
Fig. 7. Tuyère en bronze.
Gun metal tuyere.
0,125 = 1 mètre. (1/8)
1 mètre.

BLAST-PIPE FOR SUSPENDED BLAST MAIN. (WESTPHALIA.)

Établ.t d'impr. J. Beaudoin, à Liège.

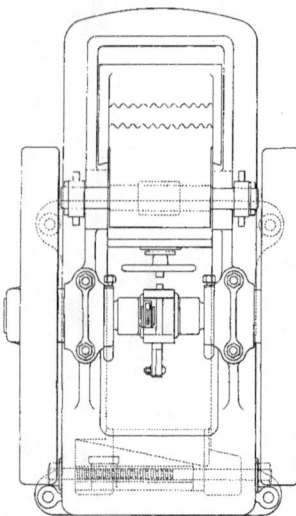

Fig. 1, 2. Concasseur Blake pour les minerais (0,05 : 1 mètre)
Blake's ore breaker.

Fig. 1. Coupe verticale.

Fig. 2. Plan.

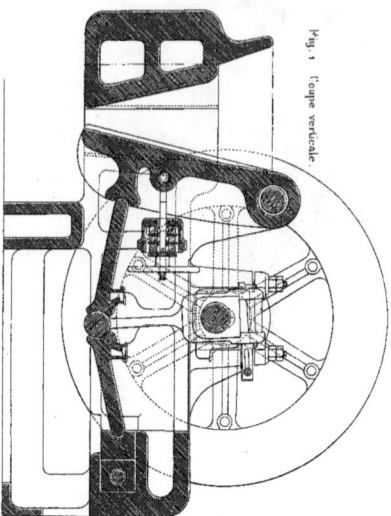

Fig. 3, 4. Brouette anglaise pour le minerai (1/15)
English charging barrow for the ore.

Fig. 3. Élévation latérale.

Fig. 4. Vue de bout.

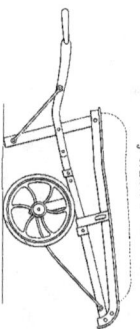

Fig. 5, 6. Brouette anglaise pour le coke. (1/15)
English charging barrow for the fuel.

Fig. 5. Élévation latérale.

Fig. 6. Plan.

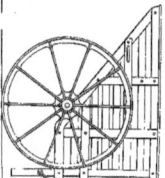

Fig. 7, 8. Wagonnet à bascule. (1/10)
Tipping charging waggon.

Fig. 7. Coupe en long.

Fig. 8. Coupe en travers.

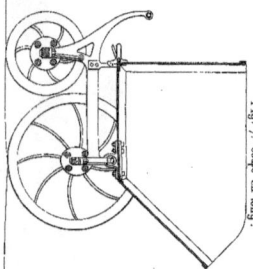

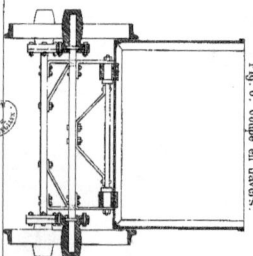

Fig. 9, 10, 11, 12. Wagon de chargement circulaire (1/30)
Circular charging waggon.

Fig. 9. Plan.

Fig. 10. Élévation postérieure.

Fig. 11. Élévation latérale.

Fig. 12. Coupe / A B.

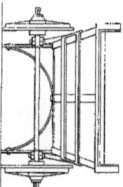

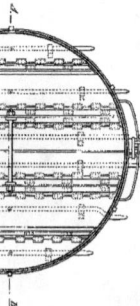

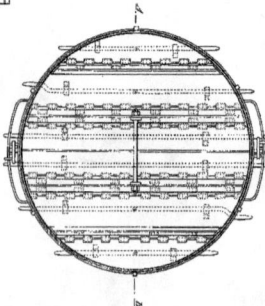

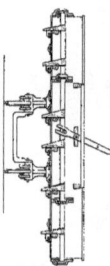

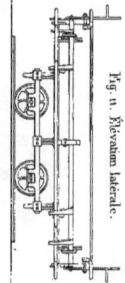

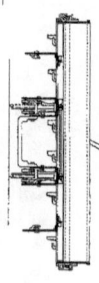

FOURS DE GRILLAGE POUR LES MINERAIS DE FER.

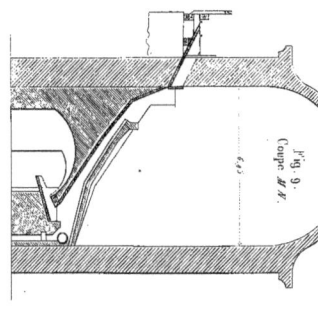

Fig. 9,10,11. Four Moser,
au gaz des mine-
rais menus (Styrie.)
Moser's kiln for
calcining the small
ores with furnace
gases. (Styria.)

Fig. 11. Plan.

Fig. 10. Coupe.

Fig. 9.
Coupe M N.

Fig. 9.
Coupe O P.

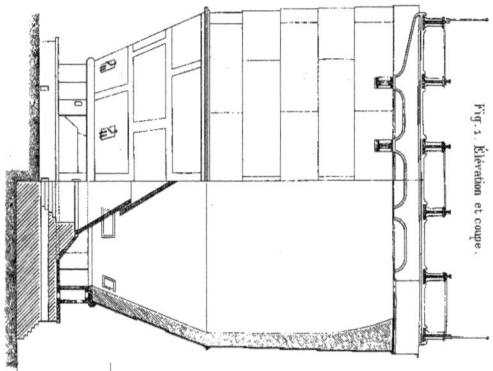

Fig. 1,2. Four Gjers employé pour
les minerais oolithiques du Cleveland.
Gjers' calcining kiln
for Cleveland ores.

Fig. 1. Élévation et coupe.

Fig. 2. Plan.

Fig. 6,7,8. Four de Dannemora, (Suède.)
pour le grillage au gaz de haut fourneau.
Kiln at Dannemora (Sweden) for calcining
magnetic ores with furnace gases.

Fig. 6. Élévation et coupe A B.

Fig. 7. Coupe B C.

Fig. 8. Coupe horizontale D E et F G.

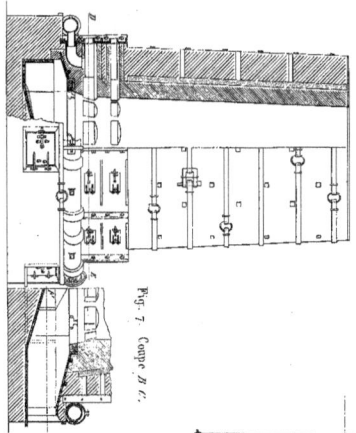

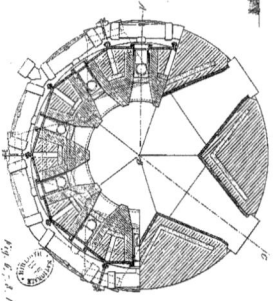

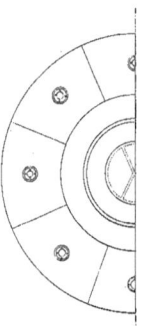

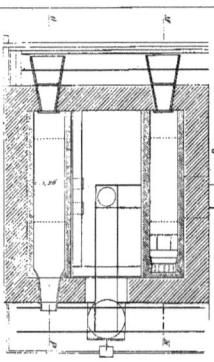

Fig. 1, 2 échelle 1 mètre.

Fig. 3, 4, 5. 1 m².

Fig. 6, 7, 8. 1 m².

Fig. 9, 10, 11 échelle 1 mètre. 1,25.

Fig. 3,4,5. Four Borrie (Cleveland.)
Borrie's calcining kiln

Fig. 4.
Coupe horizontale.

Fig. 3. Coupe verticale.

Fig. 5. Plan.

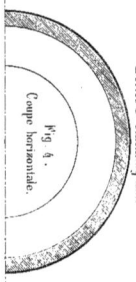

CALCINING KILNS FOR IRON ORES.

DÉTAILS ET OUTILLAGE DES HAUTS FOURNEAUX EN ANGLETERRE.

Pl. 1.

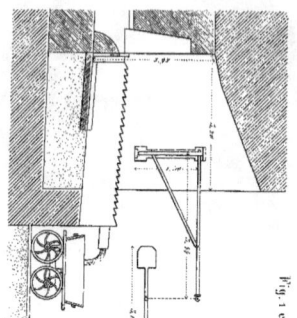

Fig. 1 et 2. Disposition pour la coulée de la fonte et des laitiers
montrant d'un côté de la plaque de gentilhomme les rigoles
à laitiers et les wagons qui transportent ceux-ci au ressaer
et de l'autre côté la rigole de coulée et le chantier des gueusets.

Cinder fall, showing on one side of the
cinderplate the cinder gutters and links and
the railway leading to the cinder yard and, on
the other side, metal gutter and pig bed.

Fig. 1. Coupe verticale.

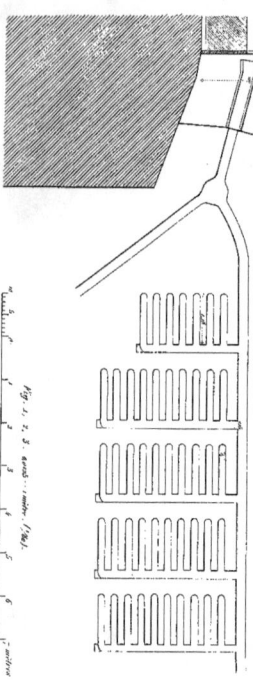

Fig. 2. Plan.

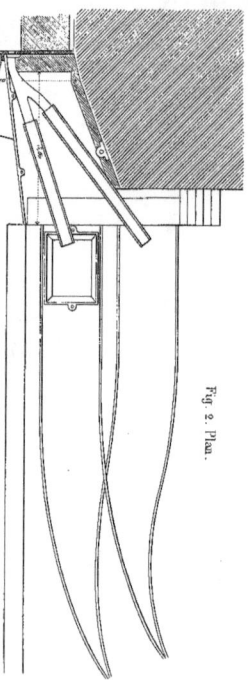

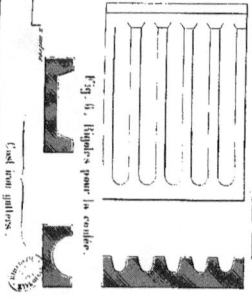

Fig. 6. Rigoles pour la coulée.
Cast iron gutters.

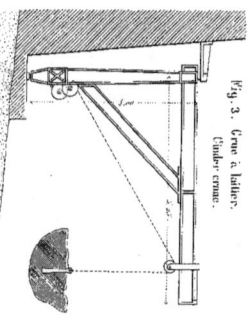

Fig. 5. Lingotières pour gueusets.
Cast iron pig moulds.

Fig. 3. Crue à laitier.
Cinder crane.

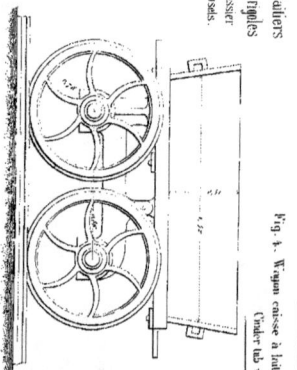

Fig. 4. Wagon caisse à laitiers à parois amovibles.
Cinder tub with loose sides.

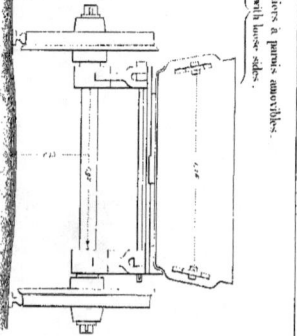

Fig. 7. Outils des fondeurs.
Furnace keeper's tools.

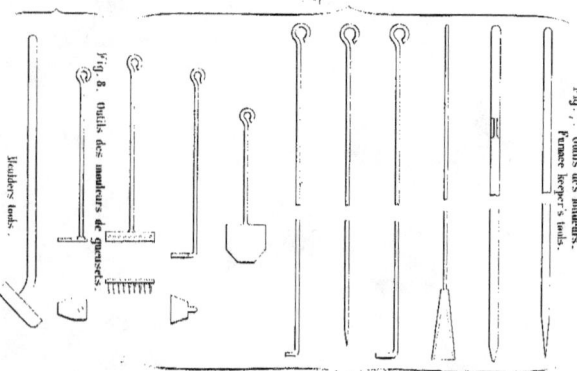

Fig. 8. Outils des mouleurs de gueusets.
Moulders tools.

DÉTAILS OF WELSH BLAST FURNACES.

Disposition à l'usine de Saint Louis près Marseille.
Arrangement to Saint Louis iron works near Marseilles.

Élévation à 4ᵐ.15 des charges par suite d'augmentation de hauteur d'un haut fourneau.
Materials to be lifted 4ᵐ.15 in consequence of increase in the height of the furnaces.

Fig. 1. Coupe du monte charges et élévation de la machine à vapeur.
Section of the hoist and view of the steam engine.

Fig. 2. Élévation latérale
de la machine à vapeur.
Lateral view
of the steam engine.

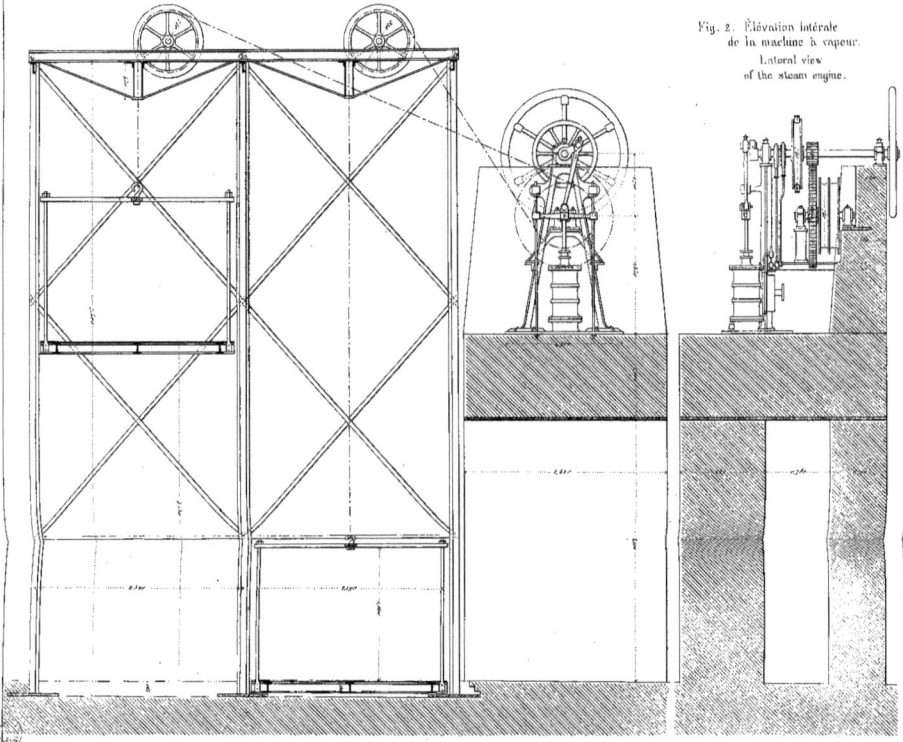

Fig. 3. Plan.

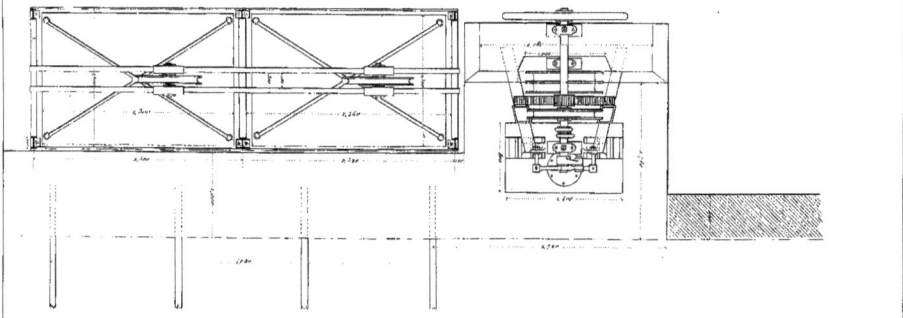

Pl. LI.

Fig. 1.   Coupe *A B*.   Fig. 2.   Coupe *C D*.

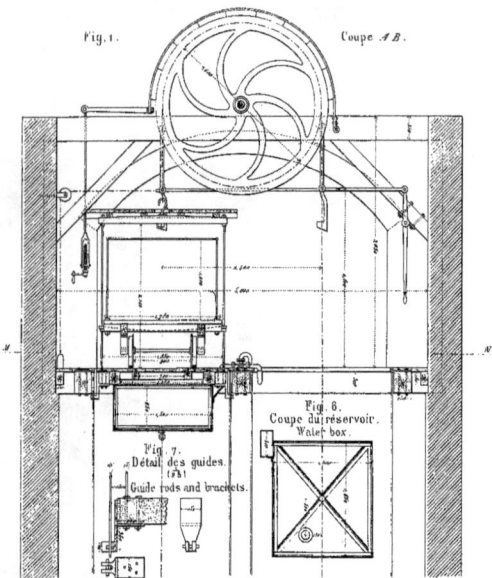

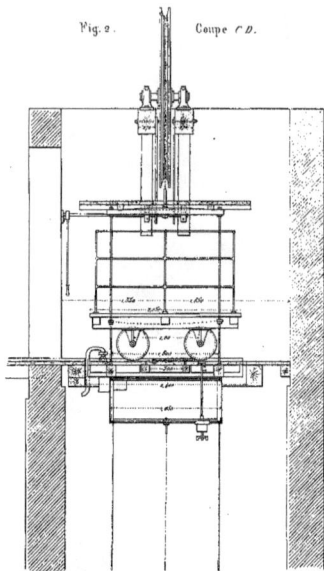

Fig. 6.
Coupe du réservoir.
Water box.

Fig. 7.
Détail des guides.
(½)
Guide rods and brackets.

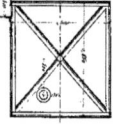

Fig. 3. Coupe *E F G H*. (La cage abaissée.)

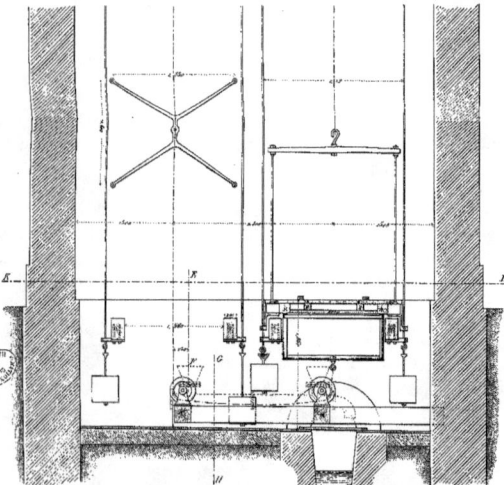

Fig. 4. Coupe horizontale *M N*.

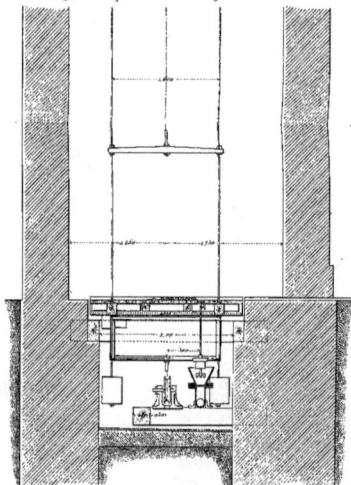

Fig. 5. Coupe horizontale *K L*.

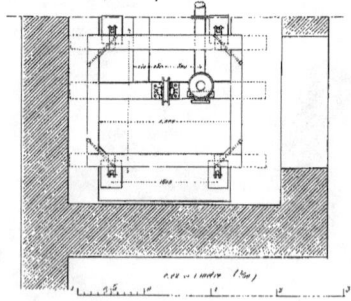

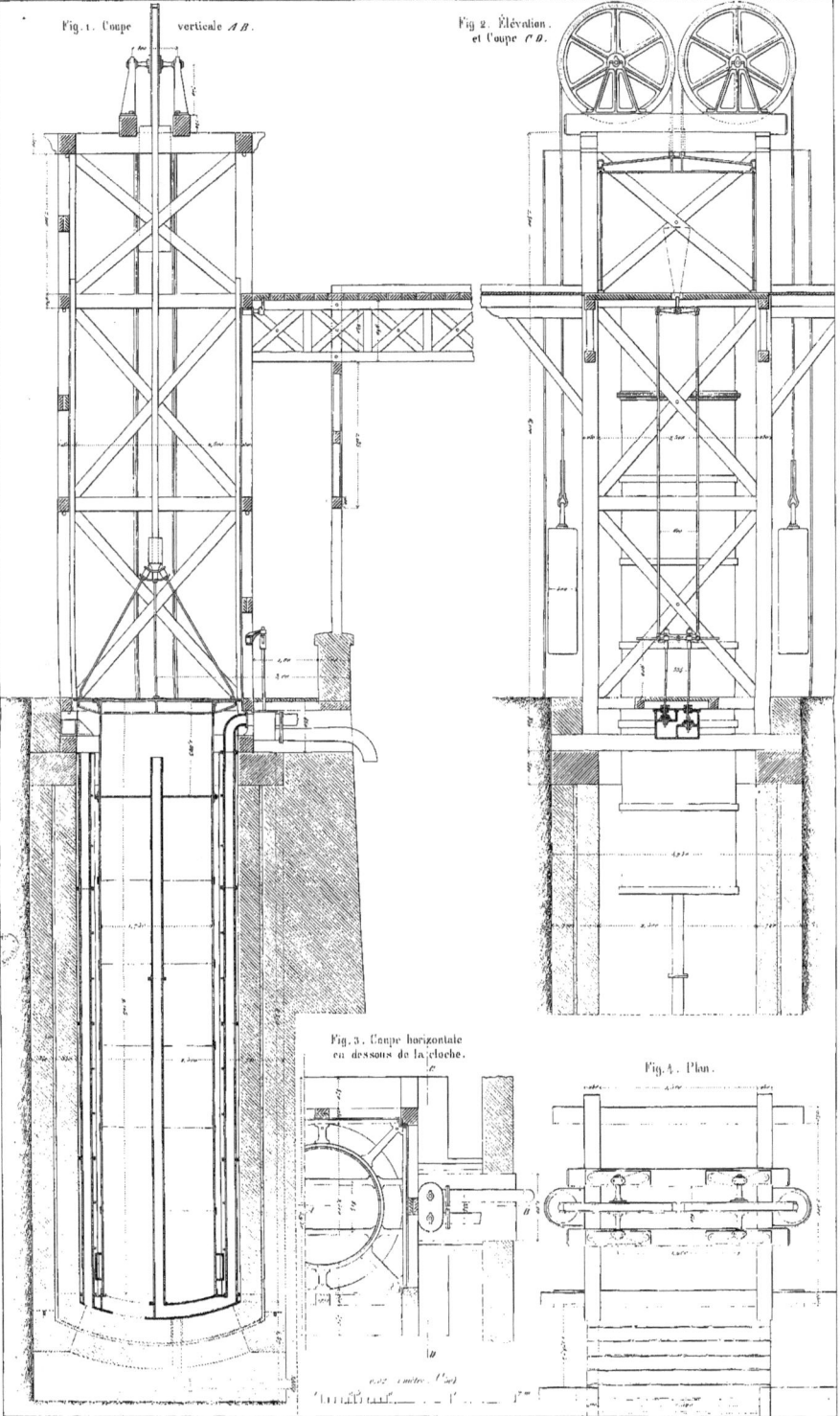

Fig. 1. Coupe verticale *AB*.

Fig. 2. Élévation. et Coupe *CD*.

PNEUMATIC BELL HOIST FOR BLAST FURNACES.

MONTE-CHARGES PNEUMATIQUE A CLOCHE.

Fig. 3. Coupe horizontale en dessous de la cloche.

Fig. 4. Plan.

PL. LIII.

Fig. 1. Coupe suivant l'axe du monte charges.
Sectional view.

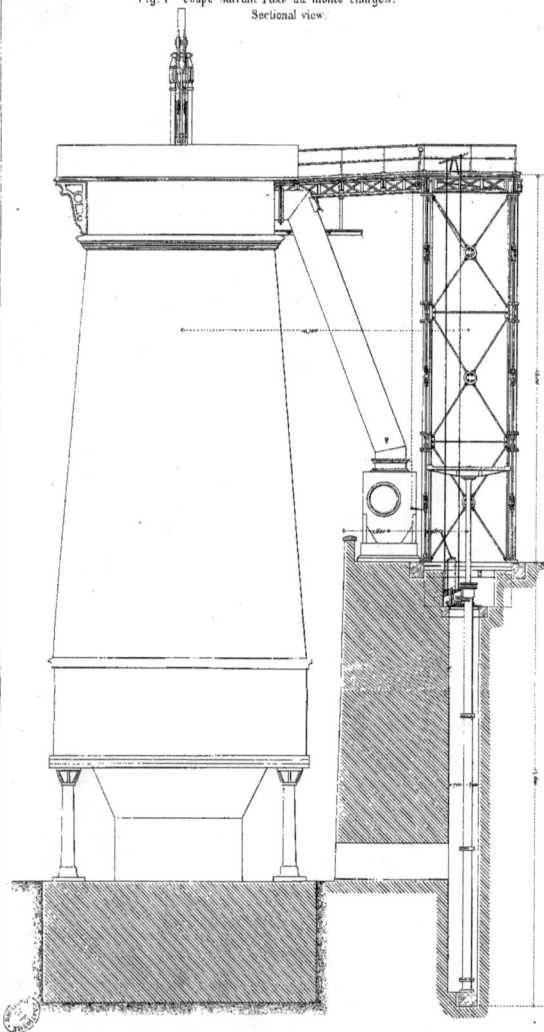

Fig. 2. Élévation.
End view.

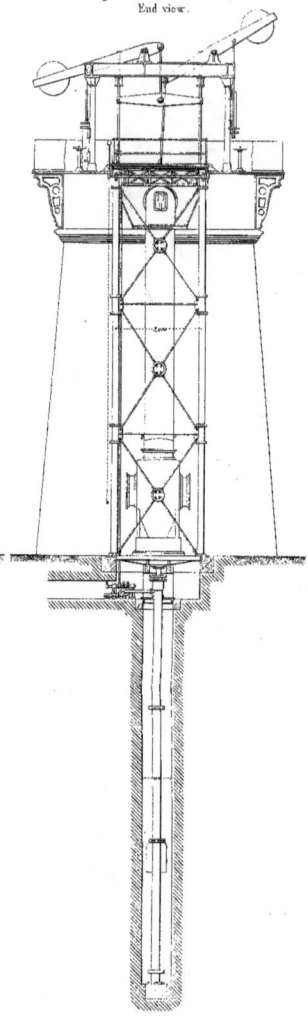

DIRECT ACTING HYDRAULIC PRESSURE HOIST.

Fig. 3. Plan.

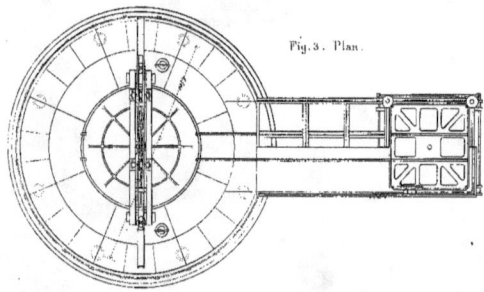

Fig. 4. Coupe horizontale.

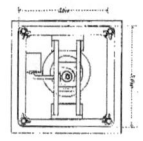

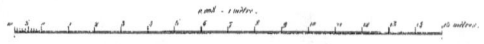

Pl. LIV.

DISPOSITIONS GÉNÉRALES D'USINES A FONTE — HAUTS FOURNEAUX ET FONDERIES DE MAZIÈRES. (CHER.)

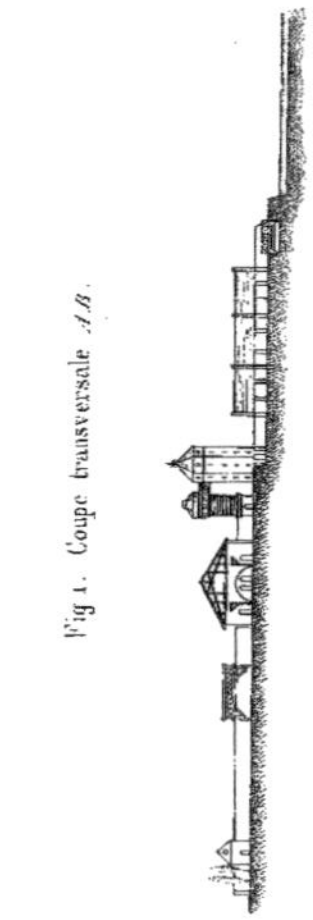

PL. LV.

Fig. 1. Coupe transversale *A B*.

Fig. 2. Plan.

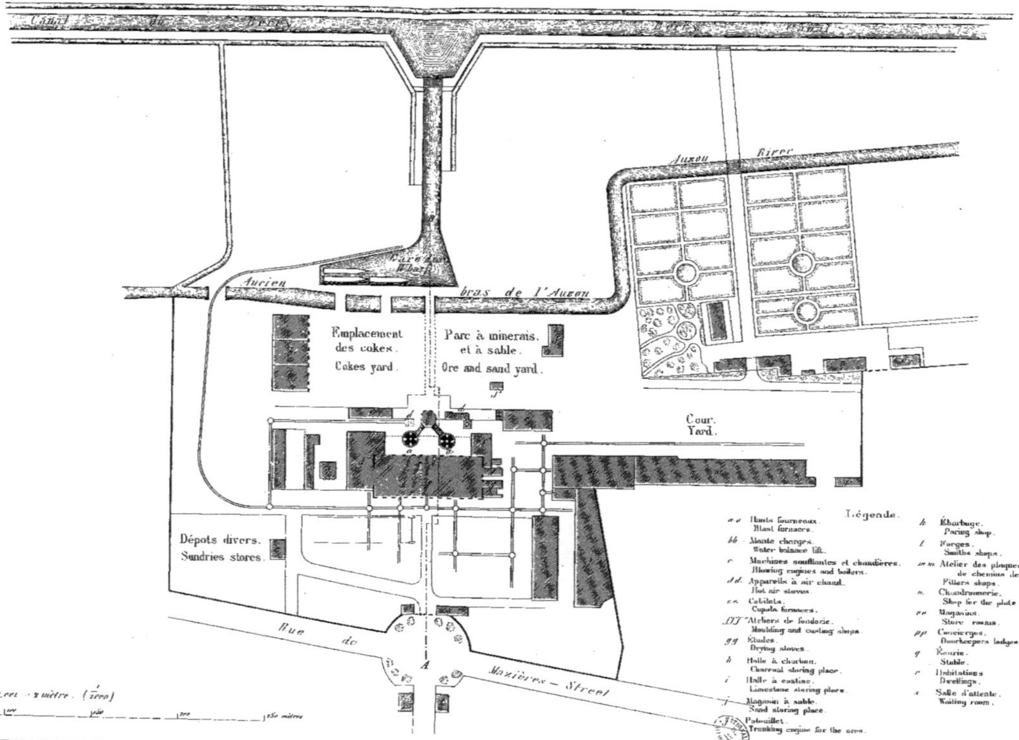

PLANS OF IRON WORKS — BLAST FURNACES AND FOUNDRIES AT MAZIÈRES. (FRANCE.)

Échelle au 1/2500 de longueur $\frac{1}{2500}$

Dépôts divers.
Sundries stores.

Emplacement des cokes.
Cokes yard.

Parc à minerais et à sable.
Ore and sand yard.

Cour.
Yard.

Rue de Mazières — Street.

Bras de l'Aveu.

Ancien

Aveu.

Rivière.

Légende.

a a Hauts fourneaux.
    Blast furnaces.
b b Monte-charges.
    Water-balance lift.
c c Machines soufflantes et chaudières.
    Blowing engines and boilers.
d d Appareils à air chaud.
    Hot air stoves.
e e Cubilots.
    Cupola furnaces.
f f f Ateliers de fonderie.
      Moulding and casting shops.
g Séchoir.
  Drying stove.
h Halle à charbon.
  Charcoal storing place.
i Halle à sable.
  Loam store, sand storing place.
j Machine à sable.
  Sand mixing place.
k Concasseur.
  Breaking cupola for the ores.

l Kitchinge.
  Forge shop.
m Forges.
  Smiths' shop.
n n Atelier des plaques tournantes et du chemin de fer.
    Turn tables and rails.
o Plates tournantes.
  Chariots.
p Magasin.
  Store for the plate work.
q Écurie.
  Stable.
r Conciergerie, logements.
  Dwellings.
s Salle d'attente.
  Waiting room.

DISPOSITIONS GÉNÉRALES D'USINES À FONTE — USINE DE NEWPORT. (PRÈS MIDDLESBROUGH.)

Pl. LVI.

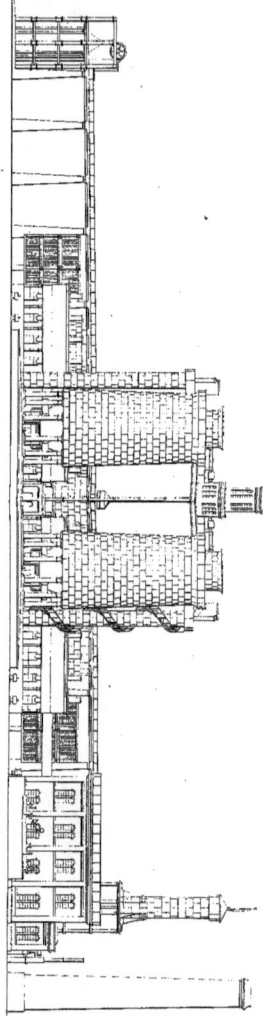

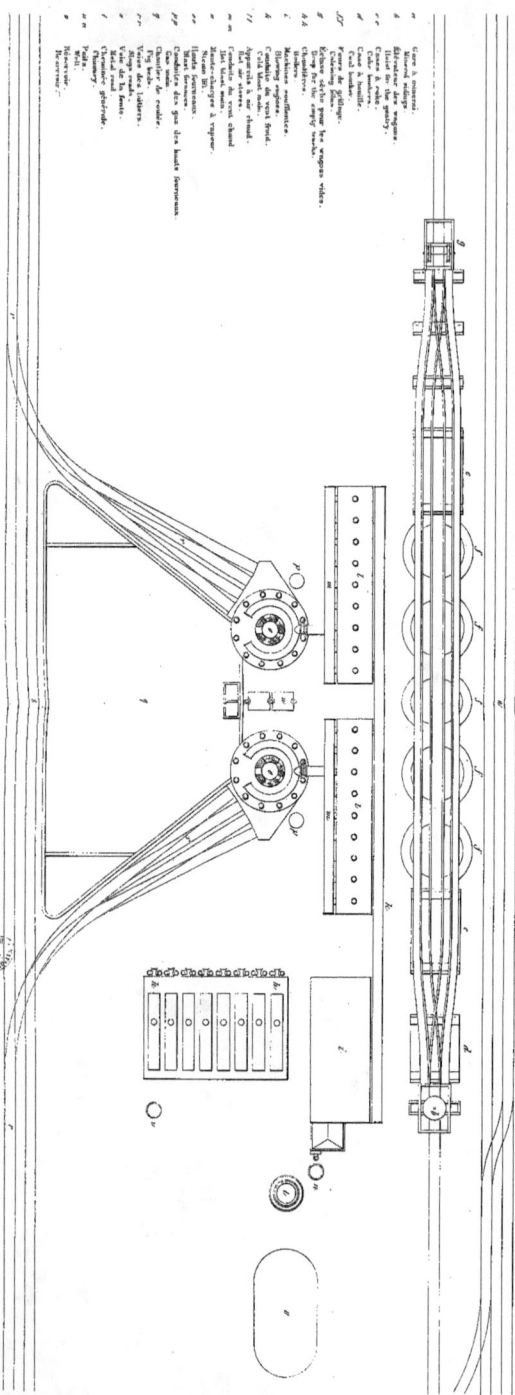

Fig. 1. Élévation générale.

Fig. 2. Plan.

PLANS OF IRON WORKS — NEWPORT BLAST FURNACES. (NEAR MIDDLESBROUGH.)

Imp. Lemercier & Cie, Paris.

MÉTHODE DIRECTE D'EXTRACTION DU FER DE SES MINÉRAIS — FORGES A LA CATALANE.

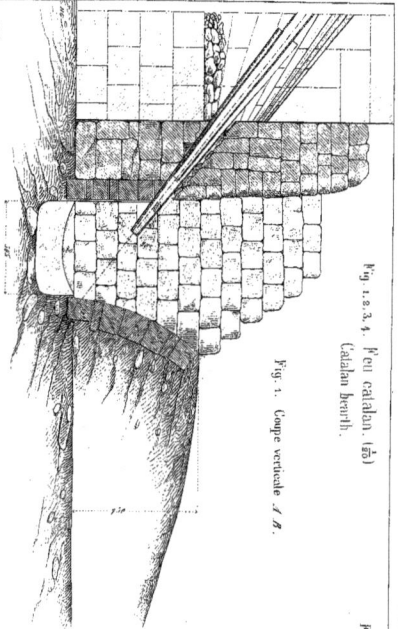

Fig. 1, 2, 3, 4. Feu catalan. (⅒)
Catalan hearth.

Fig. 1. Coupe verticale J. B.

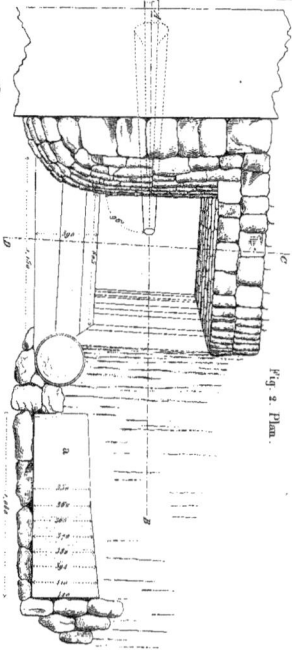

Fig. 2. Plan.

Fig. 3. Élevation de la face de travail.
View of the front face.
A A. Bréai d'une tête de mail.
Hammer head.

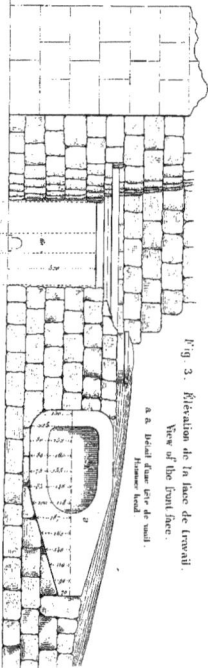

Fig. 5, 6, 7, 8. Marteau à queue pyrénéen ou mail. (¹⁄₁₂)
Pyrenean tilt hammer.

Fig. 4. Coupe verticale.

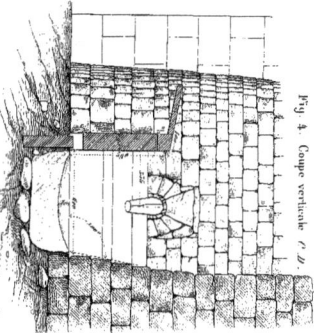

Fig. 6. Vue de face.

Fig. 8. Détail du porte coussinet.

Journal.

Fig. 9. Pince pour le massé.
Tongs for the massé.

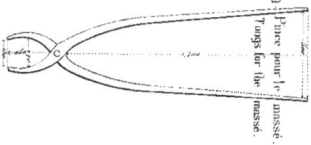

Fig. 10. Tenaille de mail.
Forging tongs.

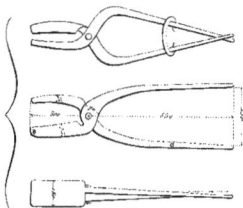

Fig. 5. Élévation.

Fig. 7. Plan.

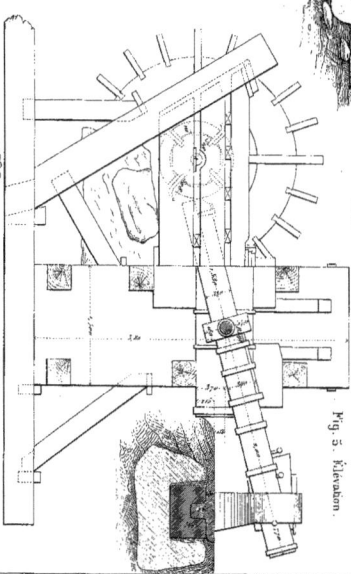

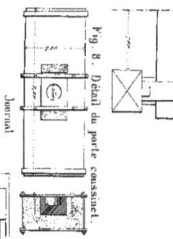

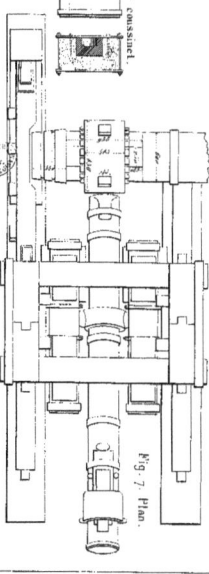

DIRECT EXTRACTION OF MALLEABLE IRON FROM THE ORE — CATALAN FORGES

MÉTHODE DIRECTE D'EXTRACTION DU FER DE SES MINÉRAIS — FORGES A LA CATALANE.

Fig. 1, 2, 3, 4. Trompe de la forge de Montgaillard.
Trompe at Montgaillard.

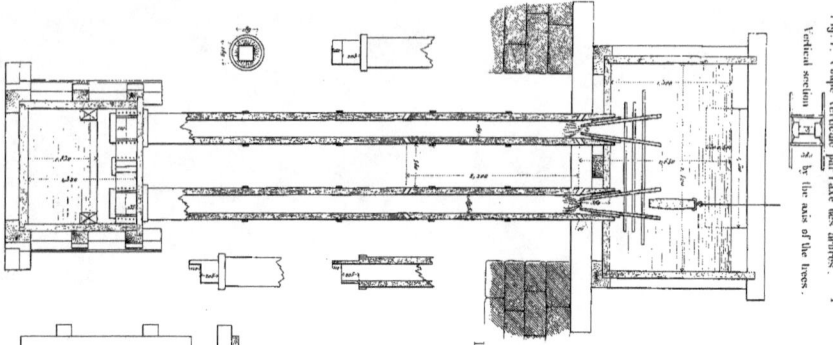

Fig. 1. Coupe verticale par l'axe des arbres.
Vertical section by the axis of the trees.

Fig. 2. Coupe longitudinale de la perchère.
Section of the cistern.

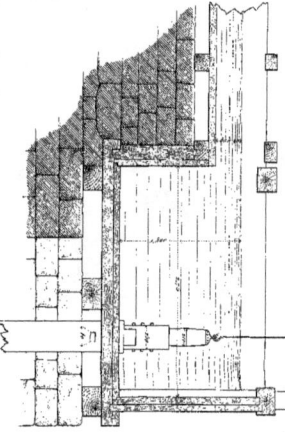

Fig. 5. Coupe d'une tine à vent.
Wind tine.

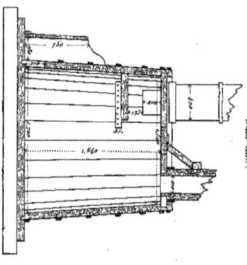

Fig. 6. Plan d'une tine à vent.

Fig. 3. Plan de la cuisse à vent,
le couvercle étant enlevé.
Wind chest (top removed).

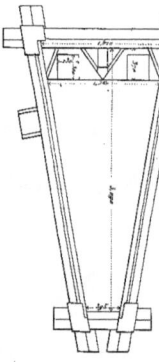

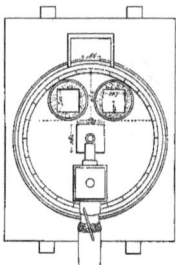

Fig. 4. Coupe de la cuisse à vent
et de l'homme.
Wind chest and pipe.

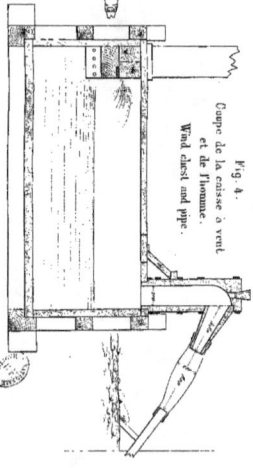

Fig. 7. Croquis d'ensemble d'une forge à un feu.
General sketch of a pyrenean forge.

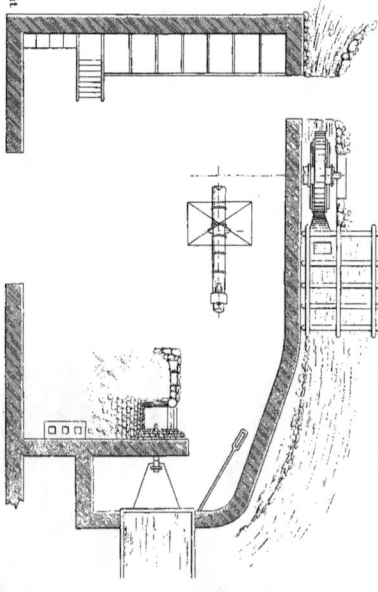

Fig. 8. Pèse vent.
Pressure gauge.

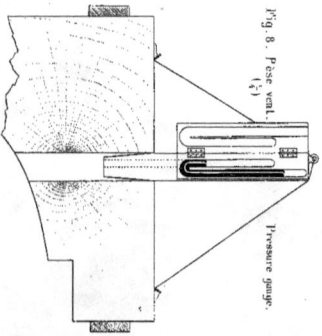

DIRECT EXTRACTION OF MALLEABLE IRON FROM THE ORE.— CATALAN FORGES.

FABRICATION DES FERS AU BOIS — PROCÉDÉ COMTOIS — FEU D'AFFINERIE. (FORGES D'AUDINCOURT)

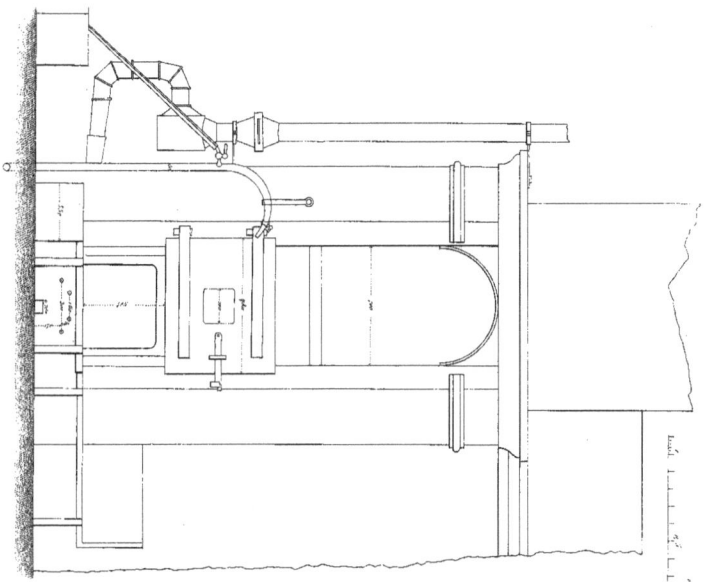

Fig 1. Élévation sur la face de travail.

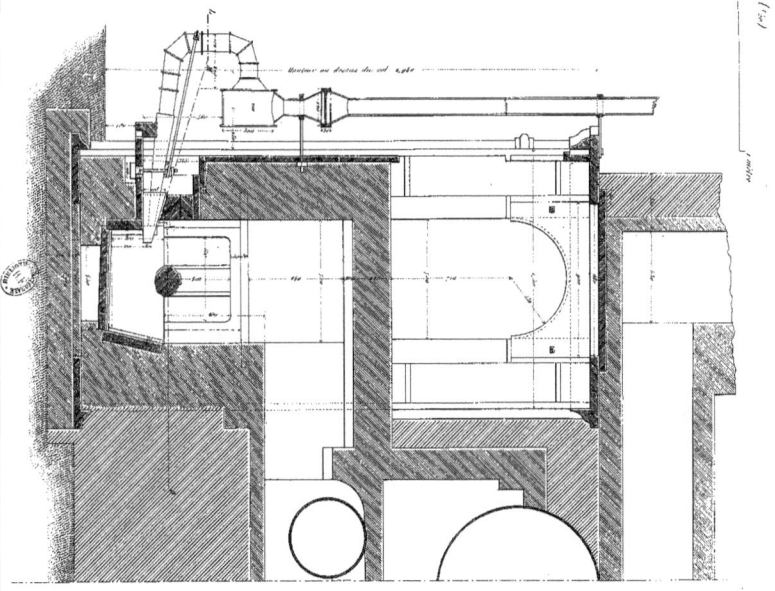

Fig 2. Coupe verticale. A B, de la varme au contrevent.

MANUFACTURE OF THE CHARCOAL BAR IRONS — FRANCHE COMTÉ PROCESS — FINING HEARTH. (AUDINCOURT IRON WORKS.)

Fig. 3. Coupe verticale *C D*. du chio à la rustine.

Fig. 5. Rabattement des pièces formant le foyer.

Chassis de tuyères.
Tuyères frame.

Bloc des tuyères. Tuyers block.

Platine de tuyères.
Tuyères plate.

Warme.

Chio.

Plaque de fond.
Bottom plate.

Rustine.

Couteau.

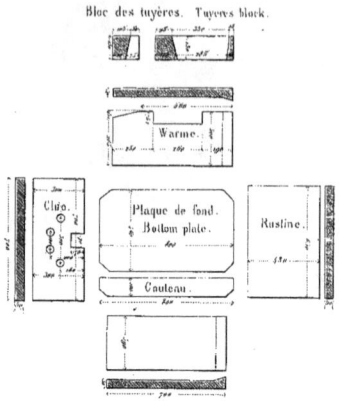

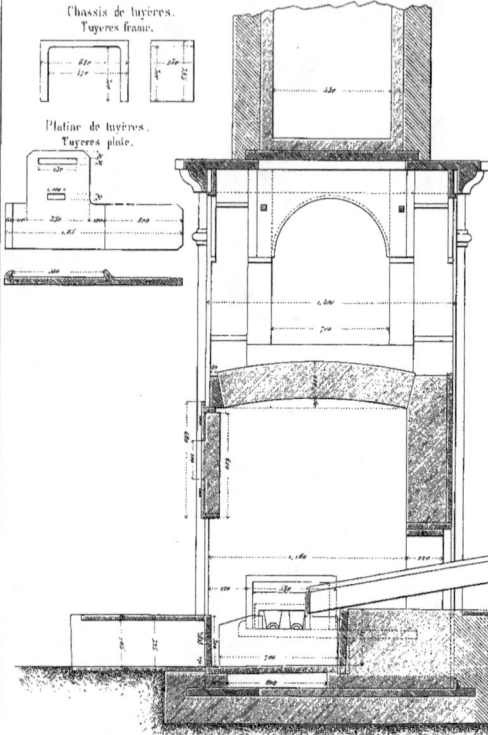

Fig. 4. Coupe horizontale *L M N O*.

Fig. 6. Tuyères.

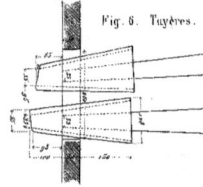

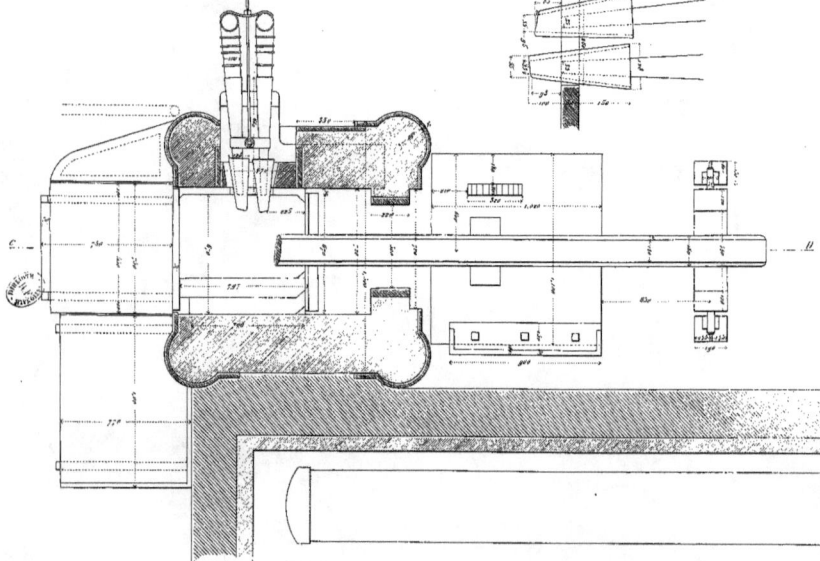

à c. pour 1 mètre. (¹⁄₃₀)

2 mètres.

Pl. LX.

FABRICATION DES FERS AU BOIS — MARTEAU A SOULÈVEMENT AVEC ORDON A BROIN COUPÉ.

Forge de Montreuil sur Blaize. (Haute Marne.)
Forge at Montreuil upon Blaze. (Haute Marne, France)

MANUFACTURE OF THE CHARCOAL BAR IRONS — LIFT HAMMER WITH WOODEN FRAME WORK.

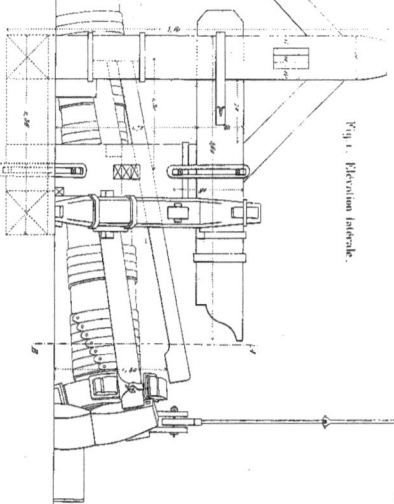

Fig. 1. Élévation latérale.

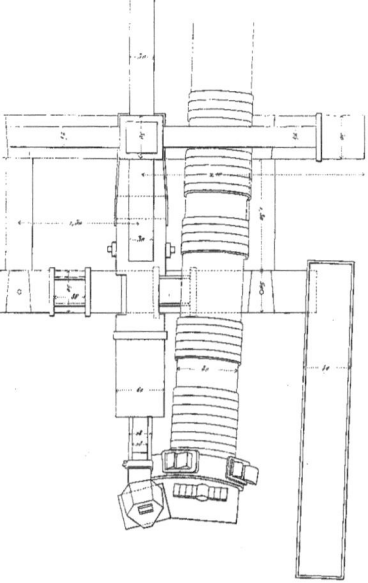

Fig. 2. Coupe verticale. *A B.*

Fig. 3. Plan.

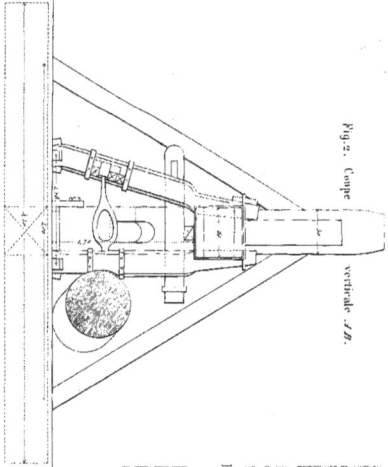

Fig. 4. Tête du marteau.
Hammer head.

Fig. 5. Enclume.
Anvil.

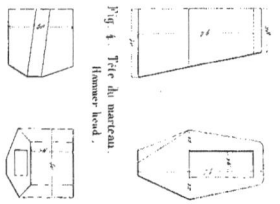

Fig. 6. Coussinets. Journaux.
Jambe droite.
Jambe gauche.

Fig. 7. Paliers de la roue à cames.
Plummer blocks for the cam ring.

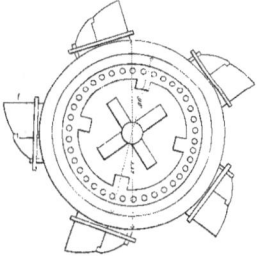

Fig. 8. Harasse.
Oscillation loop.

Fig. 9. Bras.

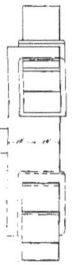

Fig. 9. Palier de la jambe droite.
Journal on the right leg.

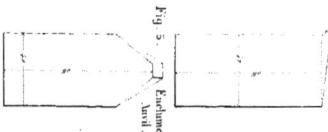

Fig. 10. Roue à cames.
Cam ring.

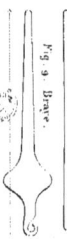

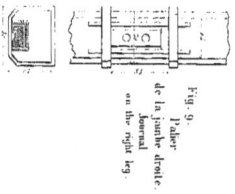

Fig. 1,2,3. Martinet à ordon en bois. (Forges de Bonneville. Eure.)
Tilt hammer with wooden frame. (Bonneville forge. France.)

Fig. 1. Élévation.

Fig. 2. Coupe A B.

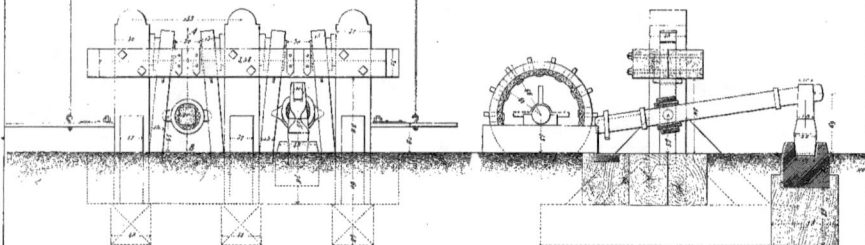

Tenailles à chauffer. Fig. 4. Tenailles à forger.
Heating tongs. Forging tongs.

Fig. 3. Plan.

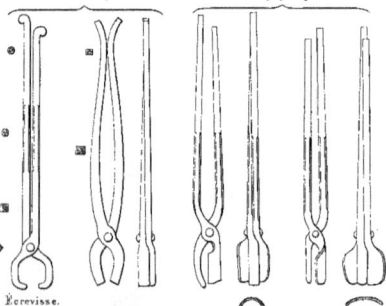

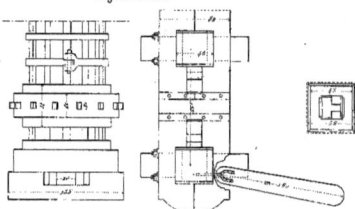

Écrevisse.
Crab's claws.

Fig. 1,2,3. 0,025 pour 1 mètre. (1/40).

Fig. 4. 0,07 pour 1 mètre.

Fig. 7. Rotasse.
Oscillation ring.

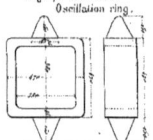

Fig. 8. Enclume.
Anvil.

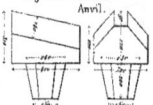

Fig. 9. Tête du marteau.
Hammer head.

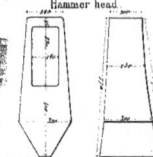

Fig. 10. Chabotte de l'enclume.
Anvil block.

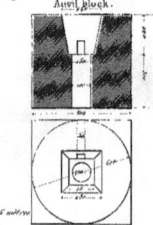

Fig. 5 11. Martinet de 250ᵏ à ordon en fonte. (Force 8 à 9 chevaux.)
Tilt hammer with cast iron frame. (8 to 9 horse power.)

Fig. 5. Élévation latérale.

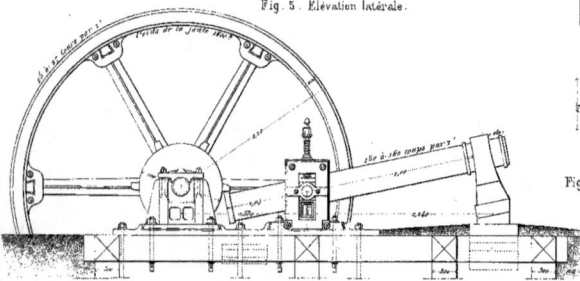

Fig. 11. Palier.
Pedestal.

Coupe

Coupe

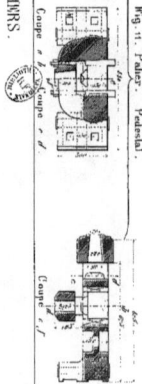

Fig. 6. Plan.

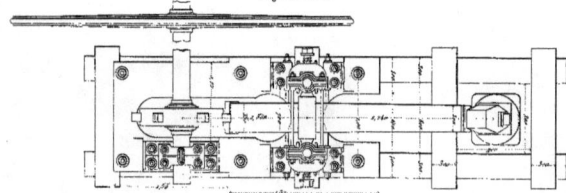

Fig. 5, 6. 0,025 pour 1 mètre. (1/40).

Fig. 7 à 11. 0,05 pour 1 mètre. (1/20).

Pl. LXII.

FINAGE DE LA FONTE — FINERIE DOUBLE POUR LA FONTE LIQUIDE. (USINE DE DOWLAIS.)

Fig. 6.
Boîte à clapets pour 3 tuyères.
Valve box for 3 tuyeres.

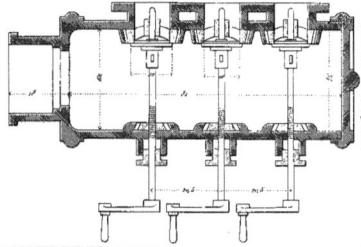

Fig. 1.
Coupe verticale AB.

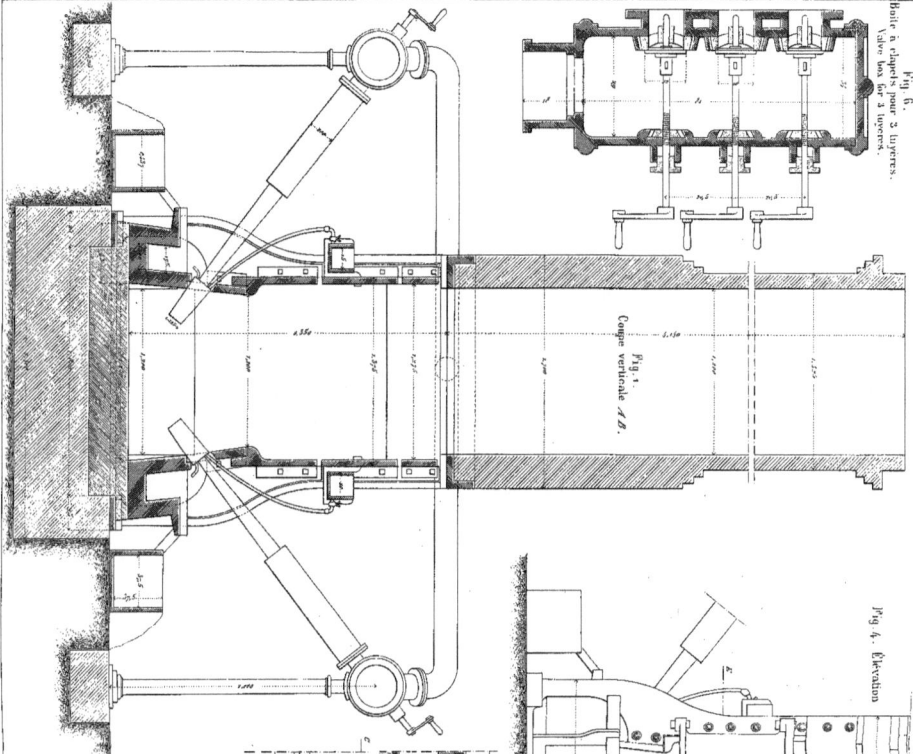

Fig. 4. Élévation
sur la face de chio.

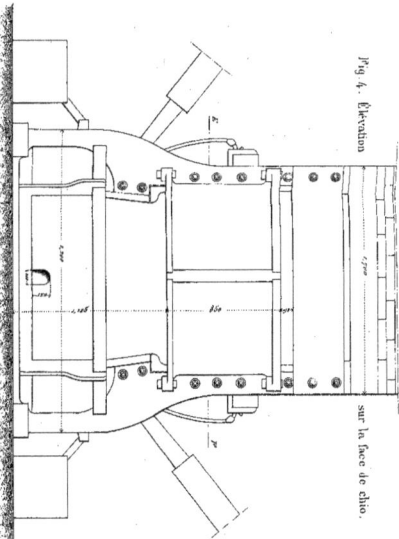

Fig. 2.
Coupe verticale CD.

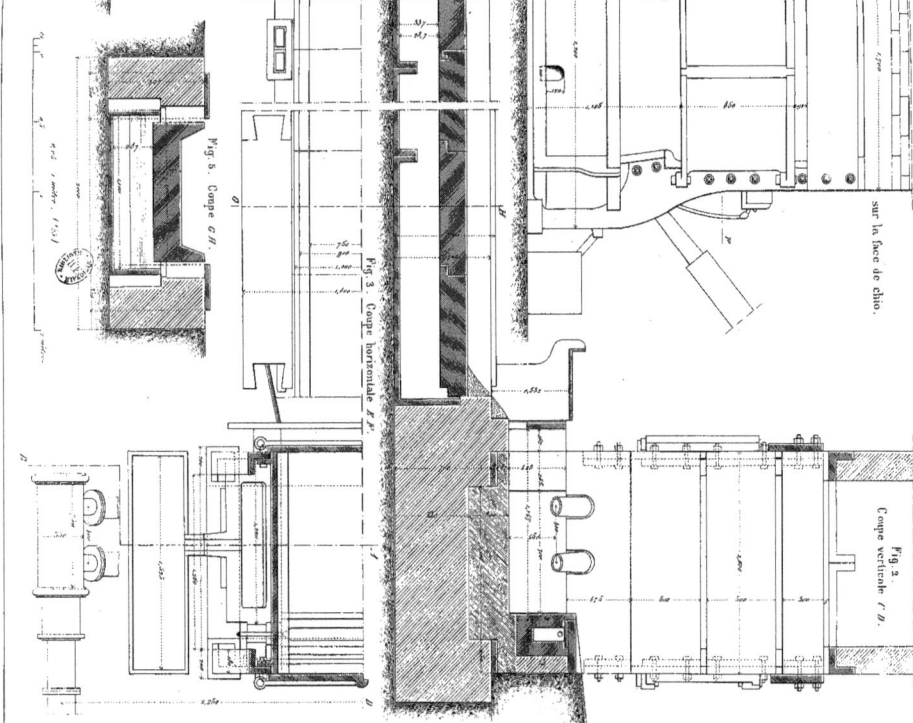

Fig. 5. Coupe GH.

Fig. 3. Coupe horizontale EF.

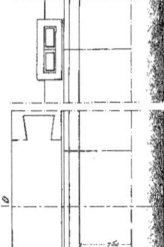

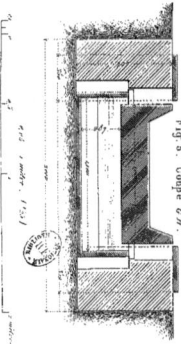

REFINING OF THE PIG IRON — RUNNING OFF FIRE. (DOWLAIS IRON WORKS.)

S. JORDAN. MÉTALLURGIE.

FOUR A PUDDLER A COURANTS D'AIR, AVEC CHAUDIÈRE A VAPEUR HORIZONTALE.

PL. LXIV.

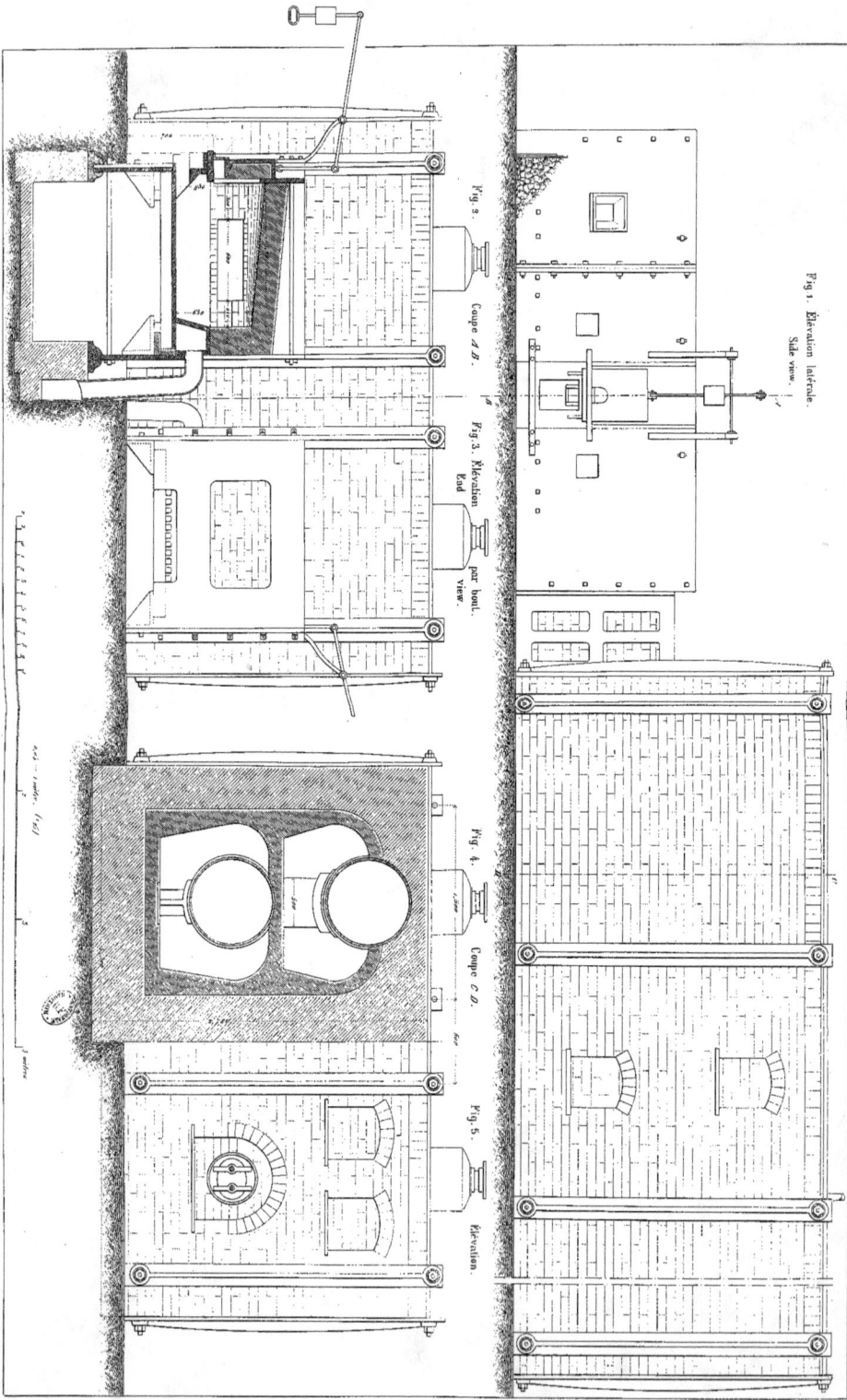

Fig. 1. Élévation latérale.
Side view.

Fig. 2. Coupe A B.

Fig. 3. Élévation
End
par bout.
View.

Fig. 4. Coupe C D.

Fig. 5. Élévation.

PUDDLING FURNACE WITH AIR COOLING CHANNELS AND HORIZONTAL STEAM BOILER.

FOUR A PUDDLER A COURANTS D'AIR, AVEC CHAUDIÈRE A VAPEUR HORIZONTALE.

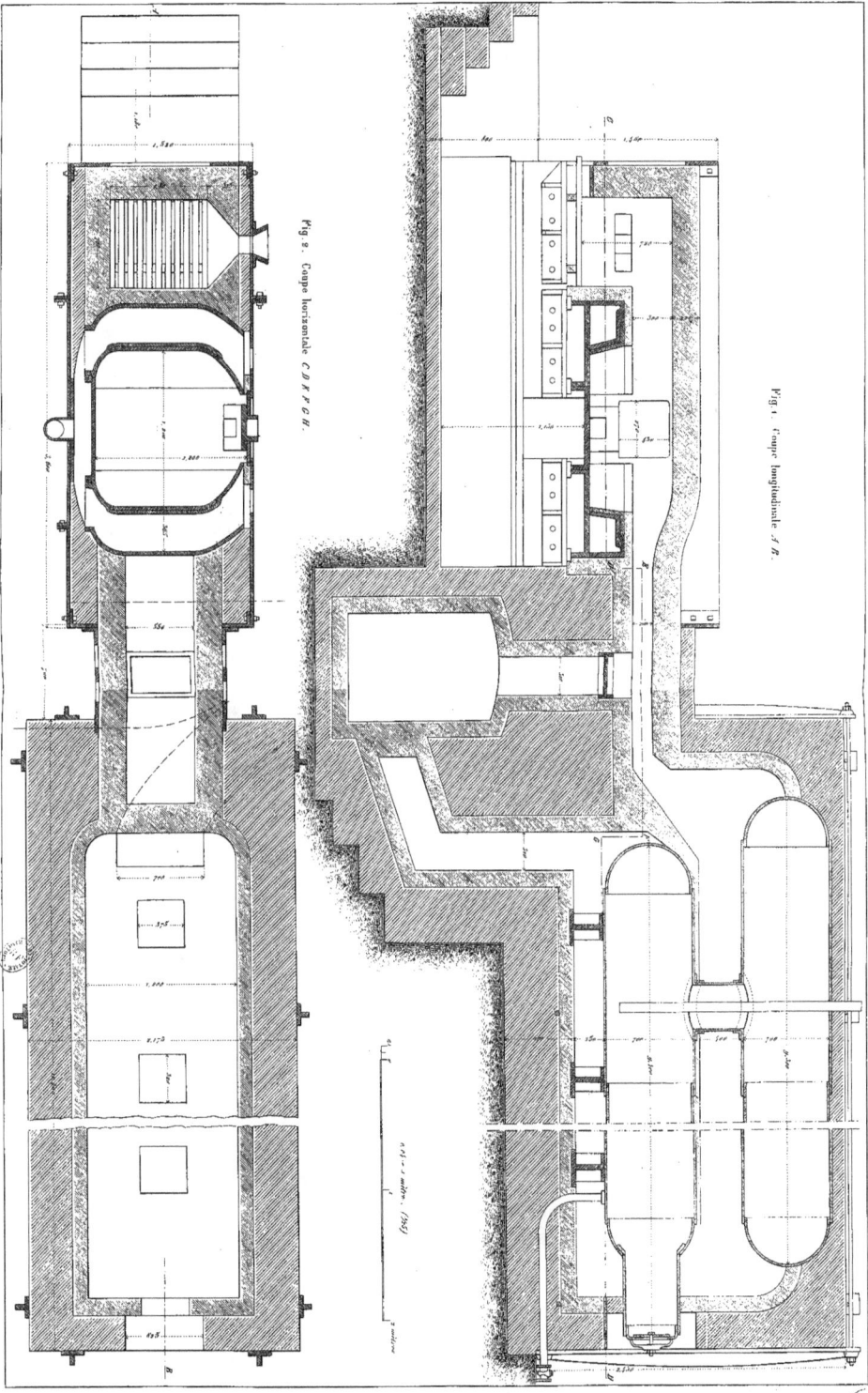

Fig. 1. Coupe longitudinale A B.

Fig. 2. Coupe horizontale C D E F G H.

PUDDLING FURNACE WITH AIR COOLING CHANNELS AND HORIZONTAL STEAM BOILER.

Fig. 3, 4. Courant d'air latéral.
Air channel for the sides.

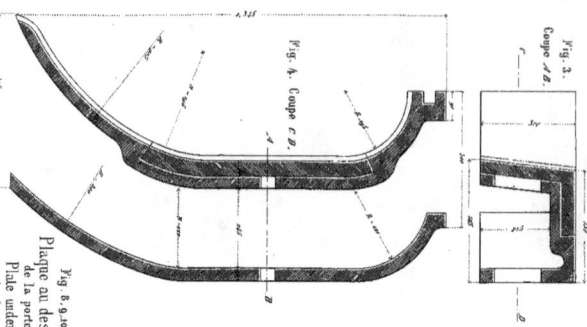

Coupe A B.

Fig. 3.

Fig. 4. Coupe C D.

Fig. 11. Porte. Door.

Fig. 8, 9, 10.
Plaque au dessous
de la porte.
Plate under
the door.

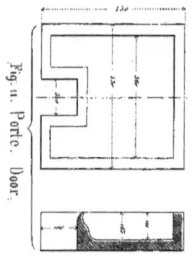

Fig. 5. Élévation.

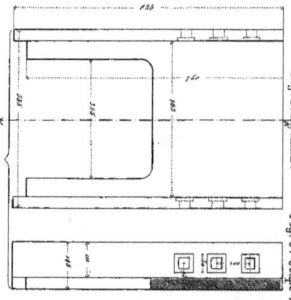

Fig. 6. Coupe A B.

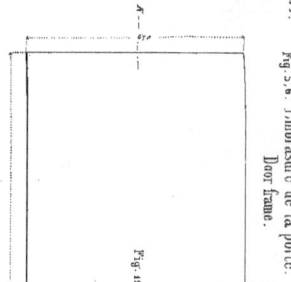

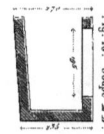

Fig. 5, 6. Embrasure de la porte.
Door frame.

Fig. 12, 13, 14. Plaque de sole.
Bottom plate.

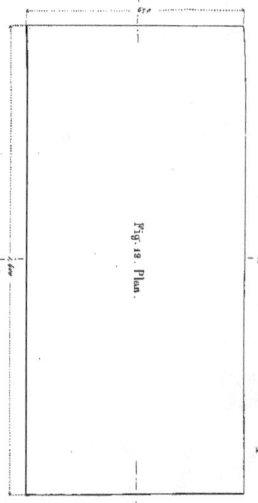

Fig. 9. Élévation.

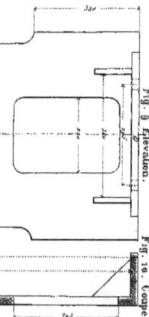

Fig. 8. Vue par dessous.

Fig. 10. Coupe G H.

Fig. 7. Seuil.
Fore plate bit.

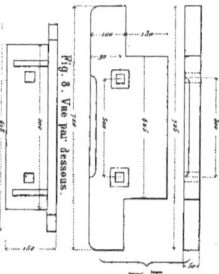

Fig. 12. Plan.

Fig. 14. Coupe K L.

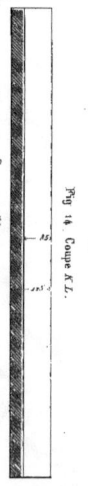

Fig. 17. Console de la sole.
Side bracket supporting the bottom.

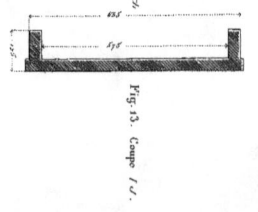

Fig. 15, 16. Courant d'air arrière.
Back air channel.

Fig. 15. Coupe horizontale.

Fig. 16. Coupe M N.

Fig. 18.
Trou des scories.
Tap hole.

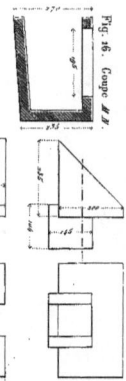

Fig. 13. Coupe I J.

Fig. 19. Tocquerie. Fire hole.

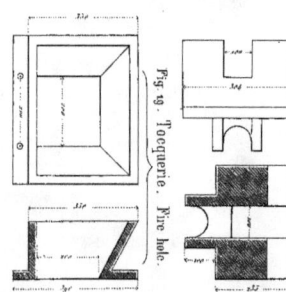

Pl. LXVII.

FOUR A PUDDLER A UNE SOLE ET A COURANTS D'AIR. (TYPE ANGLAIS.)

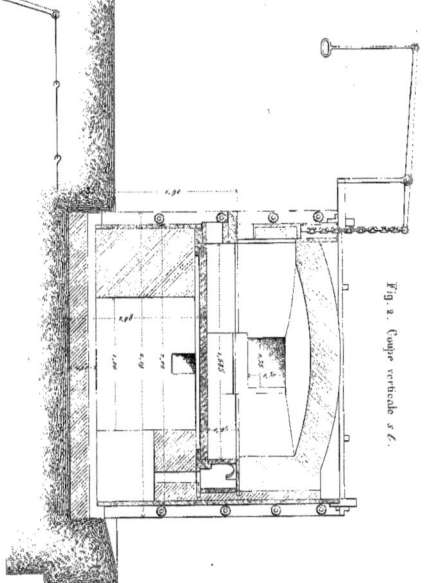

ENGLISH PUDDLING FURNACE WITH AIR COOLING-CHANNELS.

Fig. 1.

Élévation sur la face de travail.
View on the working side.

Fig. 2. Coupe verticale s C.

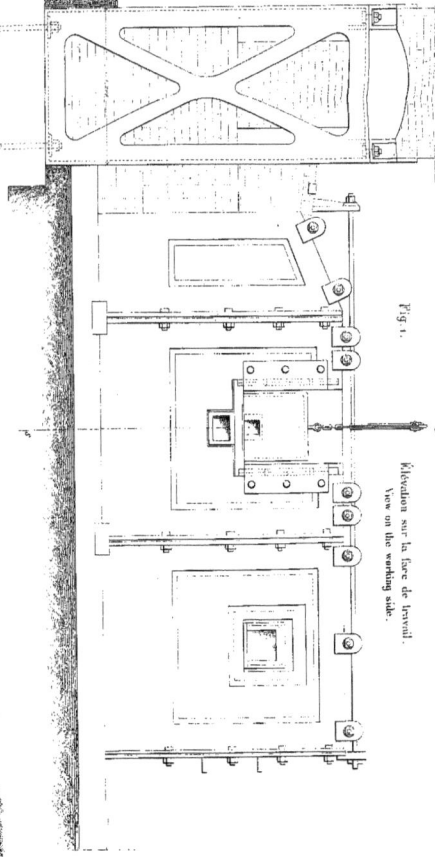

Fig. 3. Élévation de la cheminée.
Stack.

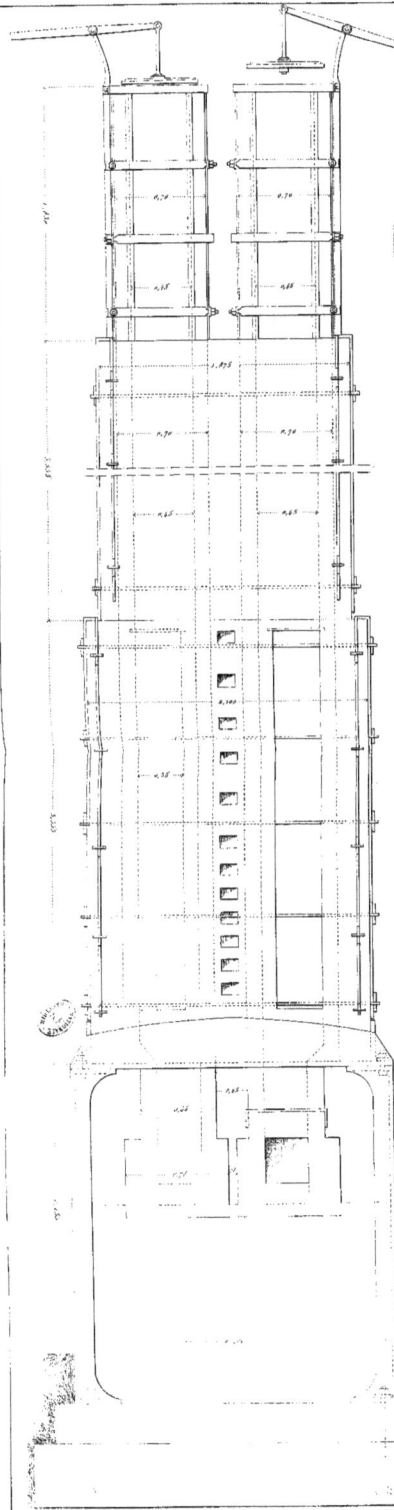

Échelle de 0.04 à 1 mètre (1/25).

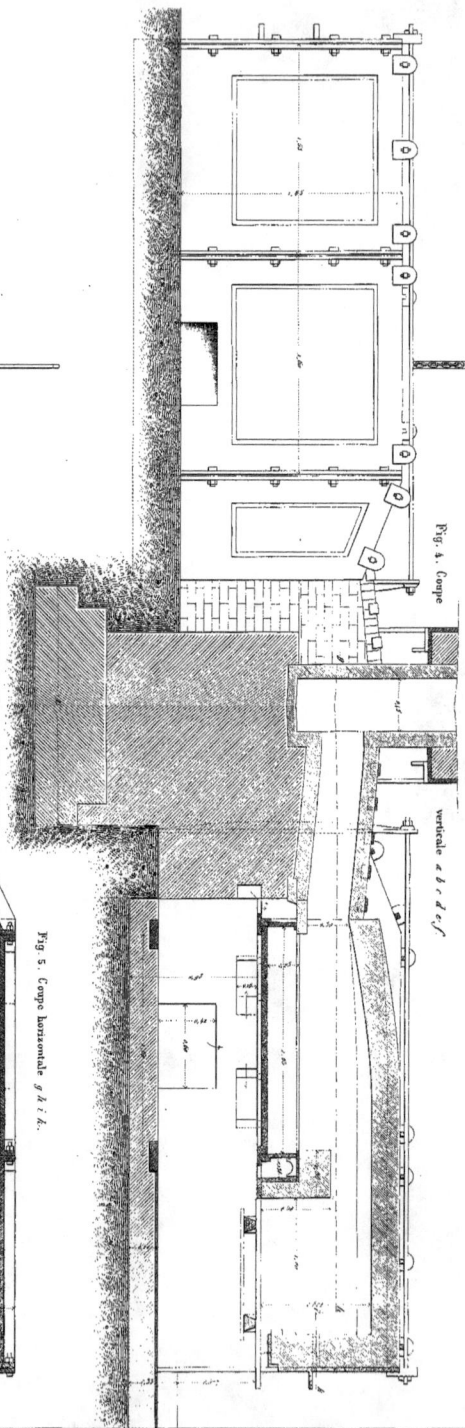

FOUR A PUDDLER A UNE SOLE ET A COURANTS D'AIR. (TYPE ANGLAIS.)

Fig. 4. Coupe verticale a b c d e f.

Fig. 5. Coupe horizontale g h i k.

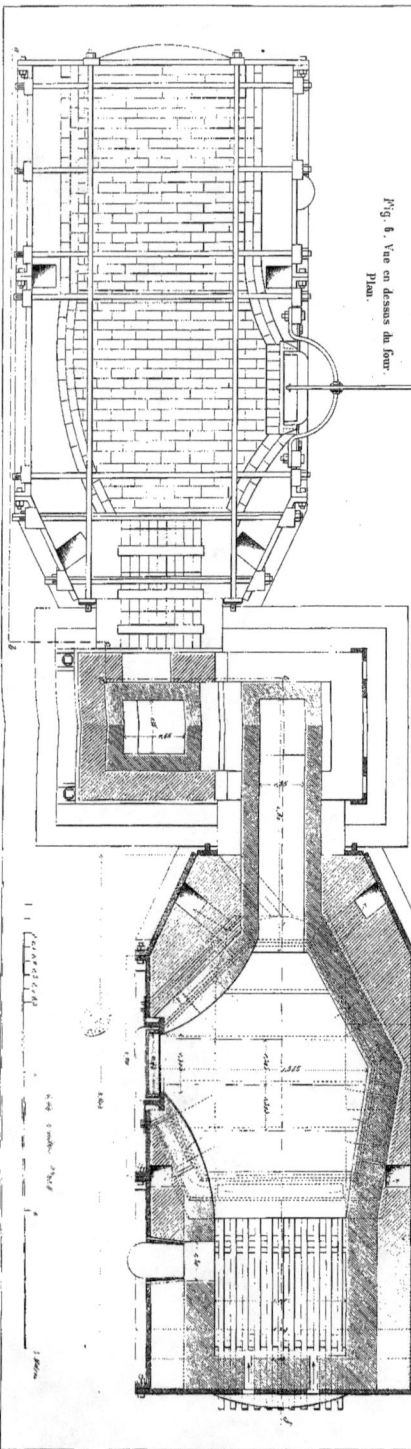

Fig. 6. Vue en dessus du four. Plan.

ENGLISH PUDDLING FURNACE WITH AIR COOLING CHANNELS.

Fig. 1. Élévation principale.

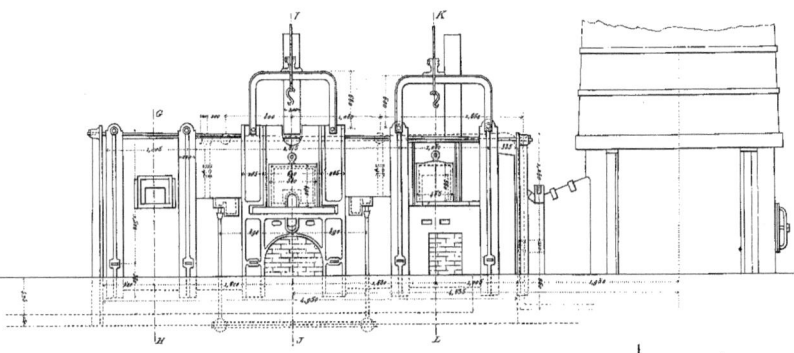

Fig. 2. Coupe longitudinale A B.

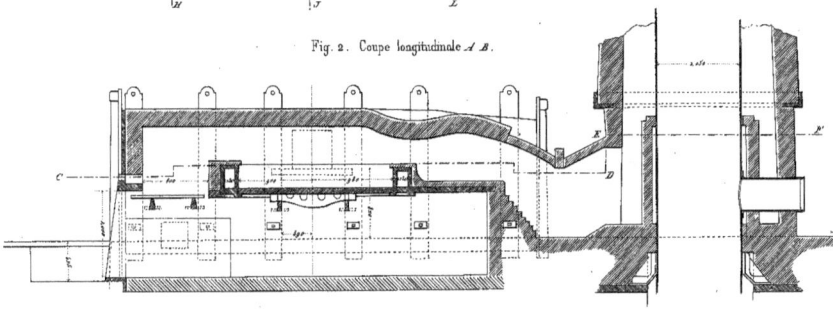

Fig. 3. Coupe horizontale C D E F.

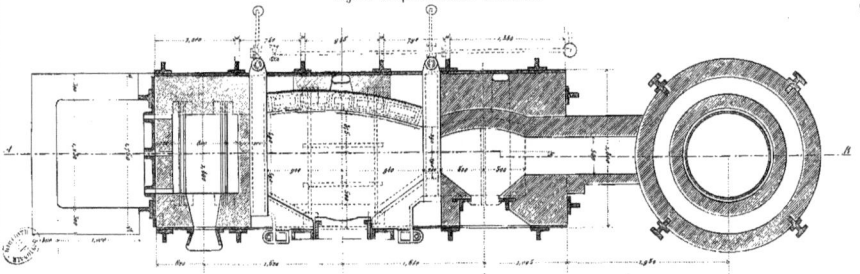

Fig. 4. Coupe transversale G H.   Fig. 5. Coupe transversale I J.   Fig. 6. Coupe transversale K L.

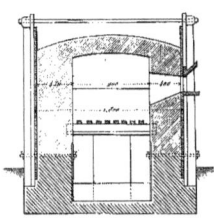

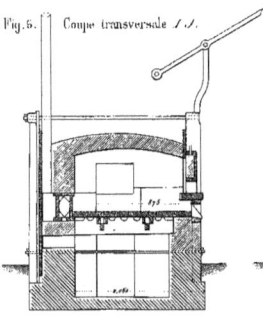

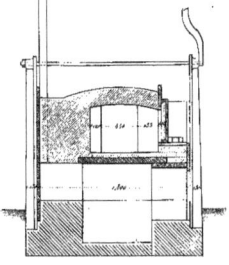

FOUR A PUDDLER A COURANTS D'AIR ET D'EAU. (USINE DU CREUSOT)

PUDDLING FURNACE WITH AIR AND WATER COOLING CHANNELS AND VERTICAL STEAM BOILER. (CREUSOT IRON WORKS.)

PL. LXIX.

$0,025 = 1$ mètre. $(^1/_{40})$

Fig. 1. Élévation principale.

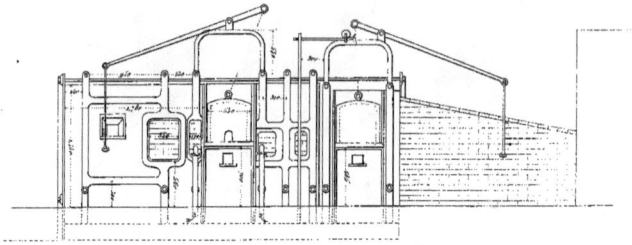

Fig. 2. Coupe longitudinale A B.

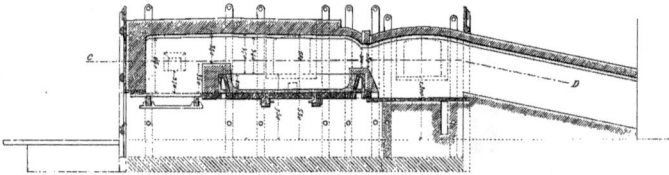

Fig. 3. Coupe horizontale C D.

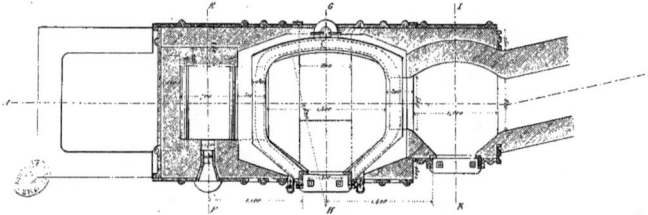

Fig. 4. Coupe transversale E F.

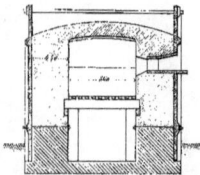

Fig. 5. Coupe transversale G H.

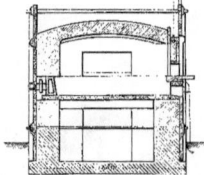

Fig. 6. Coupe transversale I K.

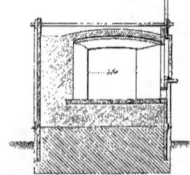

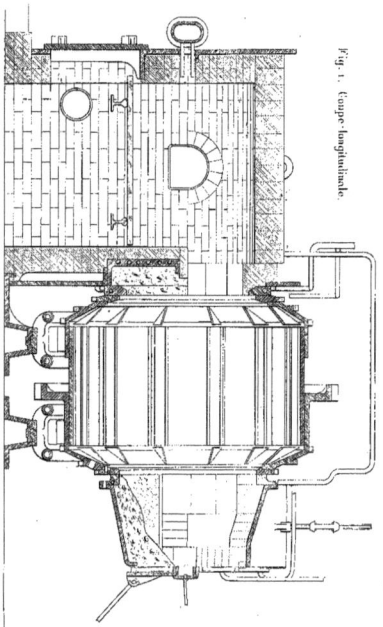

Fig. 1. Coupe longitudinale.

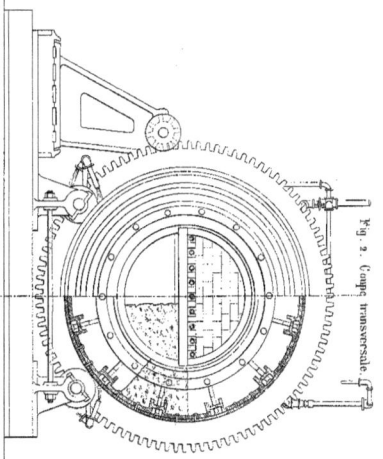

Fig. 3. Plan et coupe horizontale.

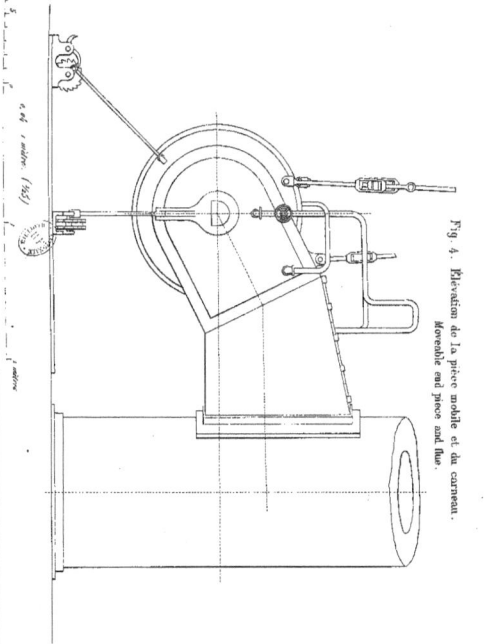

DANKS'S ROTARY PUDDLING MACHINE.

Fig. 4. Élévation de la pièce mobile et du carneau.
Moveable end piece and flue.

Fig. 2. Coupe transversale.

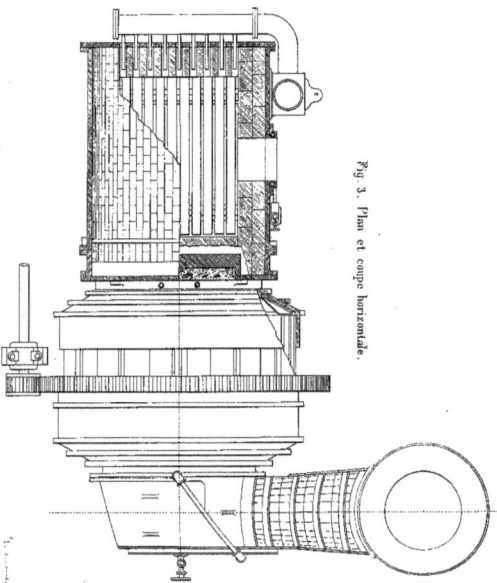

APPAREILS DE CINGLAGE.

Fig. 1-13. Marteau frontal de l'usine de Dowlais.
Forge hammer (Dowlais iron works.)

Fig. 1. Élévation latérale du marteau et de l'enclume.
Side view of hammer and anvil block.

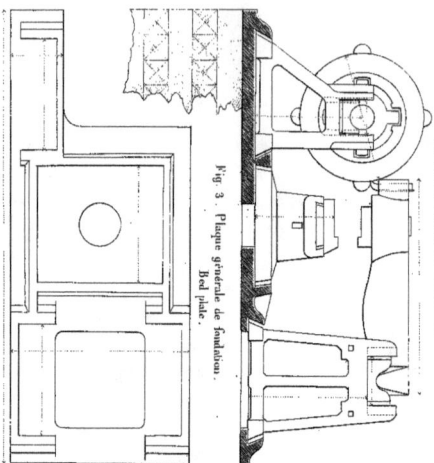

Fig. 3. Plaque générale de fondation.
Bed plate.

Fig. 2.
Élévation de la croisée et coupe des paliers.
End view of lathe and cross section of harness blocks.

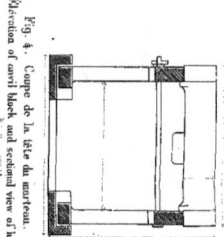

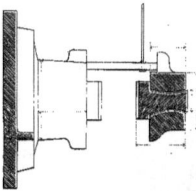

Fig. 5 et 6. Coupes de la bague à cames.
Sections of cam ring and bearing block.

Fig. 4. Coupe de la tête du marteau.
Élévation of anvil block and sectional view of helve head.

Fig. 7. Plan du marteau.
Plan of helve.

Fig. 8. Élévation latérale de la tête.
Side view of helve head.

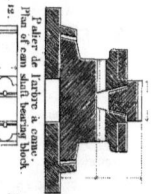

Fig. 9 et 10.
Coupes e e et s s' de l'enclume et de sa chabotte.
Sections e e and s s' of anvil and block.

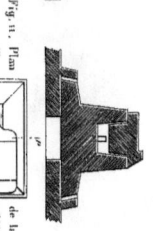

Fig. 12. Palier de l'arbre à came.
Plan of cam shaft bearing block.

Fig. 13. Palier du marteau.
Plan of harness blocks.

Fig. 11. Plan.
Plan.

de la chabotte.
of block.

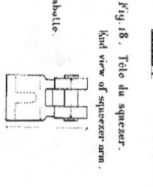
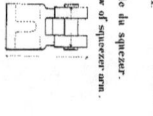
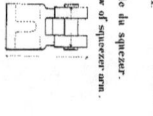
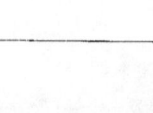

Fig. 14-18. Squezer double de l'usine de Dowlais.
Double squeezer. (Dowlais iron works.)

Fig. 14. Élévation.

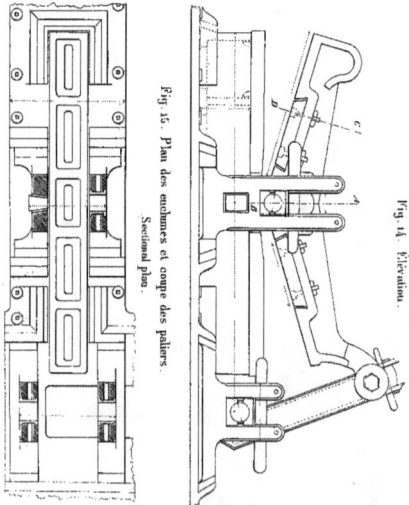

Fig. 15. Plan des enclumes et coupe des paliers.
Sectional plan.

Fig. 16. Coupe A B.

Fig. 17. Coupe c D.

Fig. 18. Tête du squezeur.
End view of squeezer arm.

Fig. 1. Élévation du marteau et coupe du cylindre vapeur.
View of the hammer and section of the steam cylinder.

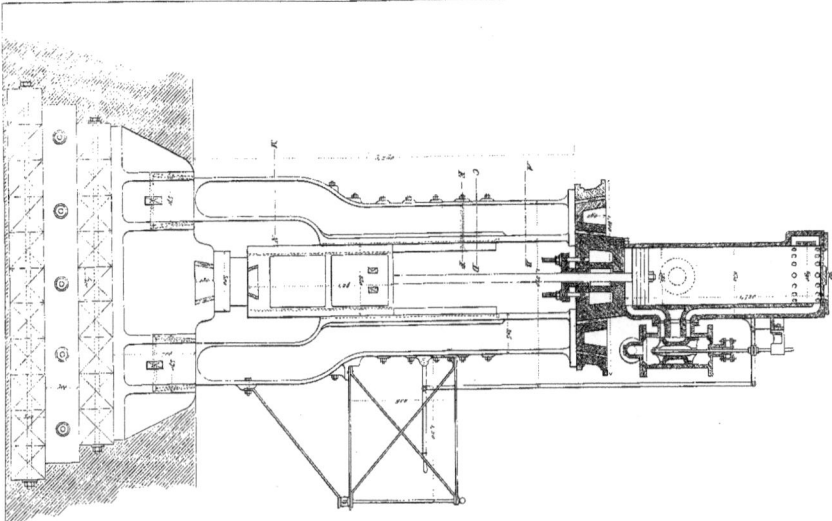

Fig. 3. Coupe horizontale du cylindre.
Section of the steam cylinder.

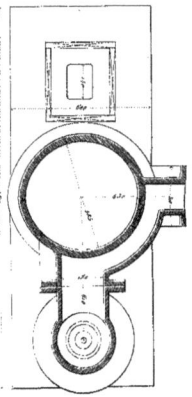

Fig. 4. Élévation et coupe du marteau.
Sectional view of the hammer

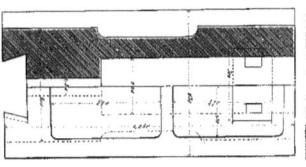

Fig. 5. Coupe horizontale du marteau.
Transverse section of the hammer.

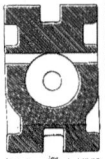

Fig. 6. Coupe n° B.

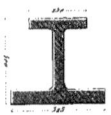

Fig. 7. Coupe n° B.

Fig. 8. Coupe n° A.

Fig. 9. Coupe A B.

Fig. 2. Élévation latérale du noir et du cylindre.
Side view of the standard and cylinder.

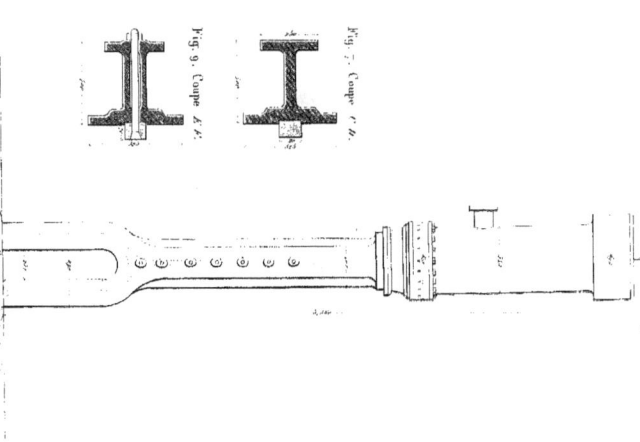

Fig. 1. Élévation générale du train montrant le beffroi ou charpente.

Fig. 2. Coupe transversale A B.

Fig. 3. Coupe transversale C D.

Fig. 4. Coupe horizontale E F.

Fig. 5. Coupe horizontale G H.

Fig. 6. Détails.

Pignon.
Pinion.

Manchette.
Coupling box.

Arbre d'accouplement.
Connecting spindle.

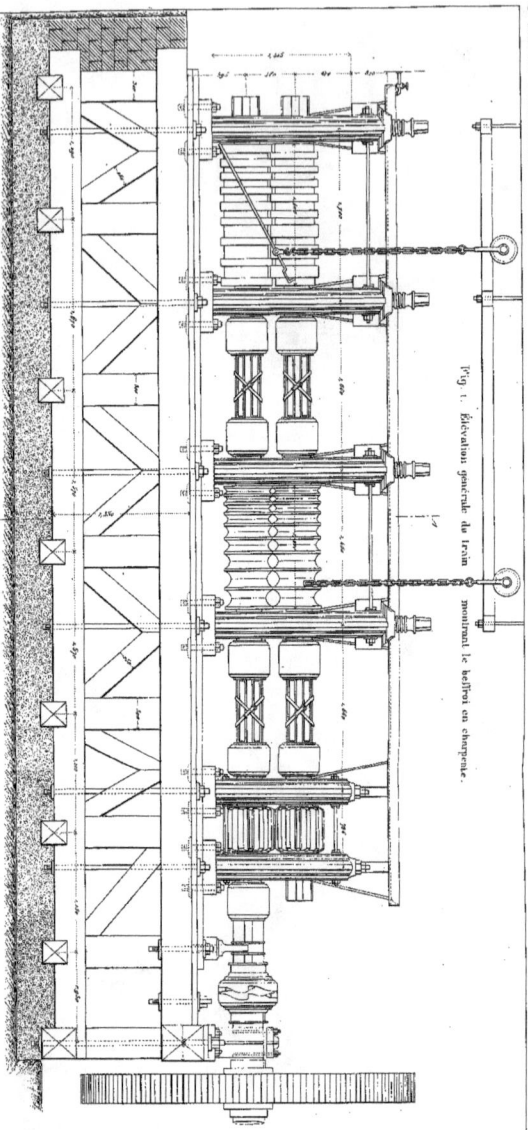

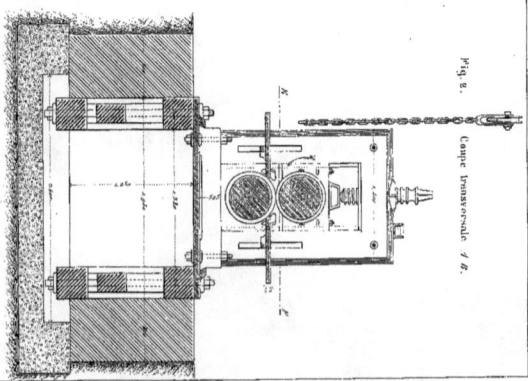

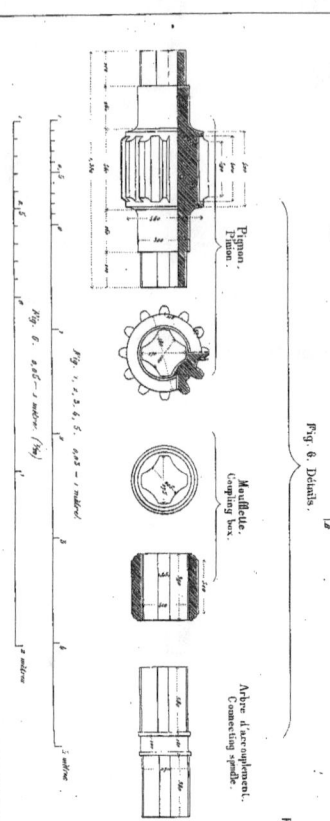

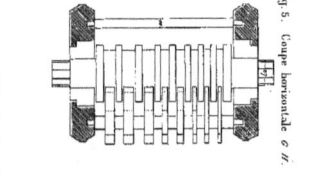

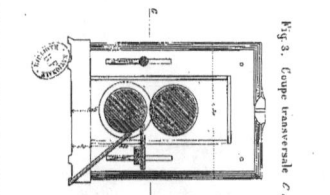

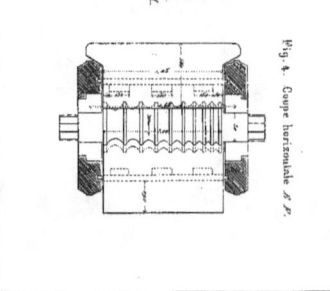

ROLLING MILLS — OLD FRENCH FORGE TRAIN, WITH WOOD FOUNDATIONS.

LAMINOIRS. — TRAIN DE PUDDLAGE ANGLAIS. (DOWLAIS.)

Fig. 1. Élévation longitudinale générale.
Complete elevation of train.

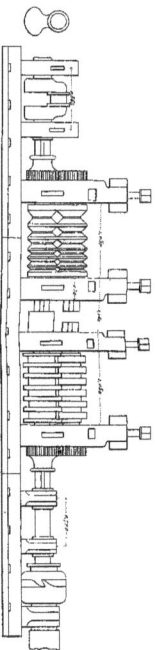

Fig. 23, 24. Colonne de cage à pignons (d'un autre train)
Pinions housing (for another train.)

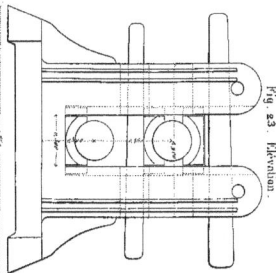

Fig. 23. Élévation.

Fig. 24. Coupe horizontale.

Fig. 2. 3. Plan et coupe de la plaque de fondation.
Plan and cross section of bed-plate.

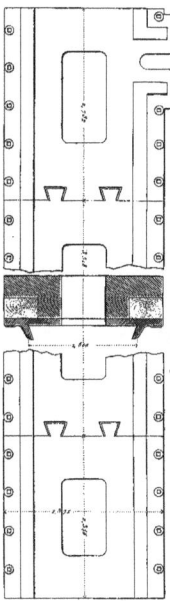

Fig. 10, 11, 12. Détails de la plaque de garde.
Face plate.

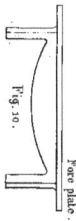

Fig. 9. Tablier et plaque de garde des dégrossisseurs.
Face plate andrest, for roughing rolls.

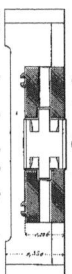

Fig. 14, 15, 16.
Sommier des sous gardes.
Rest for under-guides.

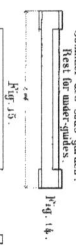

Fig. 17-20.
Sommier des gardes.
Rest for guides.

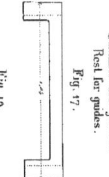

Fig. 21. Manchon d'embrayage.
Coupling crabs.

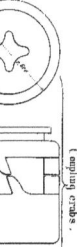

Fig. 22. Manchon d'accouplement.
Coupling box.

Fig. 13. Gardes et sous gardes des finisseurs.
Rests and guides
for finishing rolls.

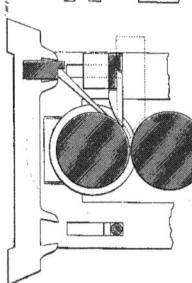

Fig. 4, 5, 6, 7, 8. Colonne de cage à cylindres
Rolls housing.

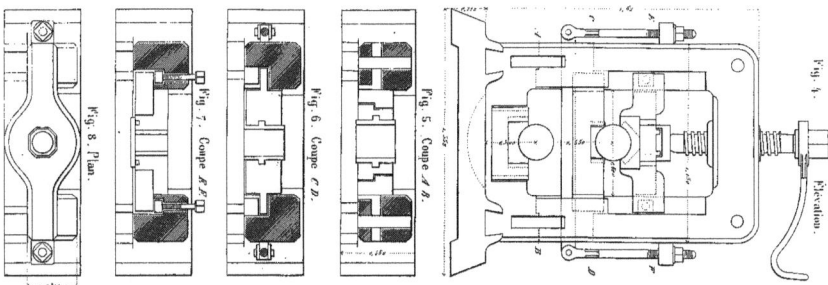

Fig. 4. Élévation.

Fig. 5. Coupe A B.

Fig. 6. Coupe C D.

Fig. 7. Coupe E F.

Fig. 8. Plan.

OUTILLAGE DES PUDDLEURS, CINGLEURS, PAQUETEURS, RÉCHAUFFEURS ET LAMINEURS.

Fig. 1-6. Outillage des puddleurs et cingleurs. (Usine de Cyfarthfa)
Puddlers' tools. (Cyfarthfa iron works.)

Fig. 7-9. Outillage des paqueteurs et réchauffeurs. (Usine de Cyfarthfa)
Heating furnace tools. (Cyfarthfa iron works.)

Fig. 5. Chariot à loupe.
Puddle balls carriage.

Fig. 1. Spudelle.

Fig. 2. Crochet.

Fig. 3. Rable.

Fig. 4. Tenaille à loupe.
Tongs for puddle balls.

Fig. 6. Tenaille du cingleur.
Slingling tongs.

Fig. 9. Tenaille à paquet.
Heating furnace tongs.

Fig. 10. Chariot à paquets.
Pile carriage.

Fig. 10-14. Outillage des réchauffeurs. (Usine de Dowlais.)
Heating furnace tools. (Dowlais iron works.)

Fig. 11. Crochet.

Fig. 12. Rable.

Fig. 13. Ringard.

Fig. 14. Spudelle.

Fig. 15. Tenaille.

Fig. 7. Table à paqueteur.
Piling tables.

Fig. 8. Chariots à paquets.
Cart for carrying piles to the rolls.

Fig. 15-18. Outillage des lamineurs.
Implements used at rolls.

Fig. 16. Tenaille.
Tongs.

Fig. 17. Tenaille. Tongs.

Fig. 18. Tenaille.

Fig. 19. Aviat.
Rolls hook.

PUDDLERS', SHINGLERS', HEATERS' AND ROLLERS' TOOLS.

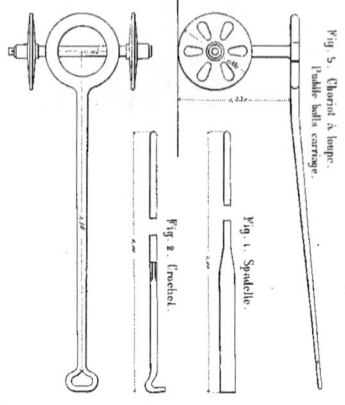
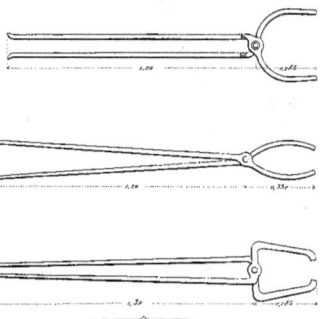

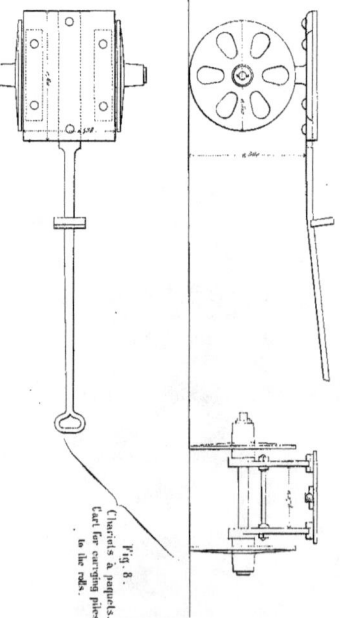
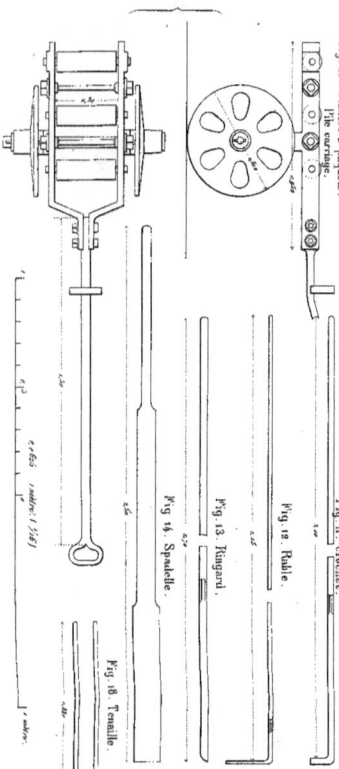
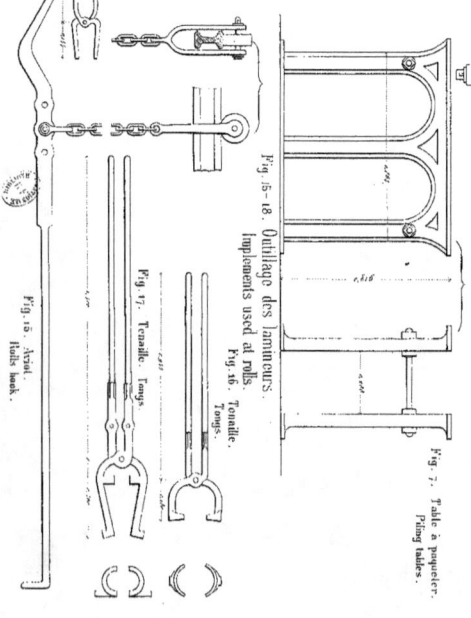

Fig. 1-5. Cisaille à queue pour fer brut.
Shears for puddle bars.

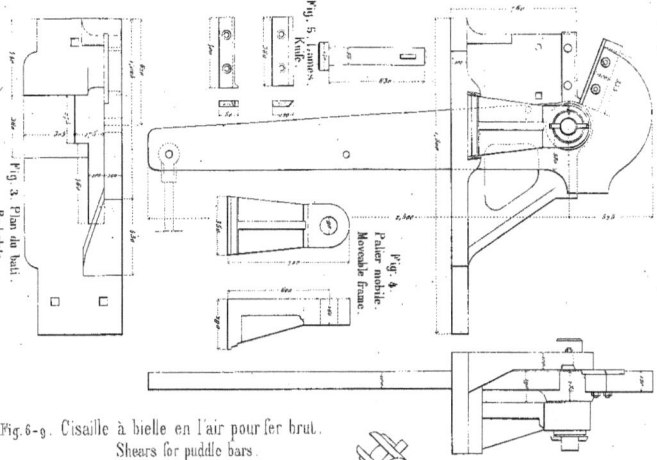

Fig. 1. Élévation latérale.

Fig. 2. Élévation en bout.

Fig. 5. Lames.
Knife.

Fig. 4.
Palier mobile.
Moveable frame.

Fig. 3. Plan du bâti.
Bed plate.

Fig. 6-9. Cisaille à bielle en l'air pour fer brut.
Shears for puddle bars.

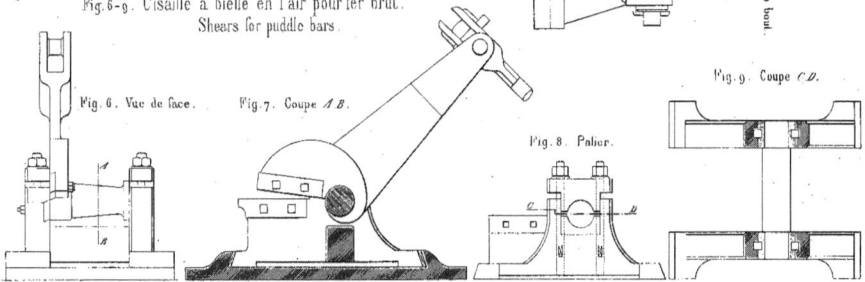

Fig. 6. Vue de face.

Fig. 7. Coupe A B.

Fig. 8. Palier.

Fig. 9. Coupe C D.

Fig. 10,11. Cisaille à excentrique pour fer marchand.
Double shears for mill bars, with excentrics and steam engine.

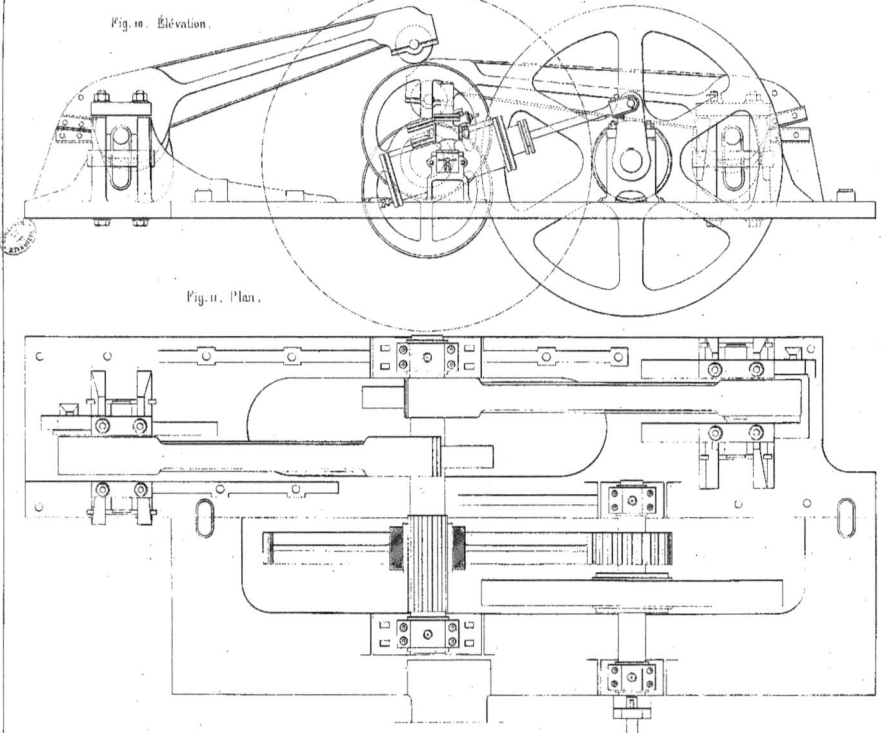

Fig. 10. Élévation.

Fig. 11. Plan.

FOUR A RÉCHAUFFER POUR TRAIN MARCHAND. (USINE DE RUHRORT. WESTPHALIE.)

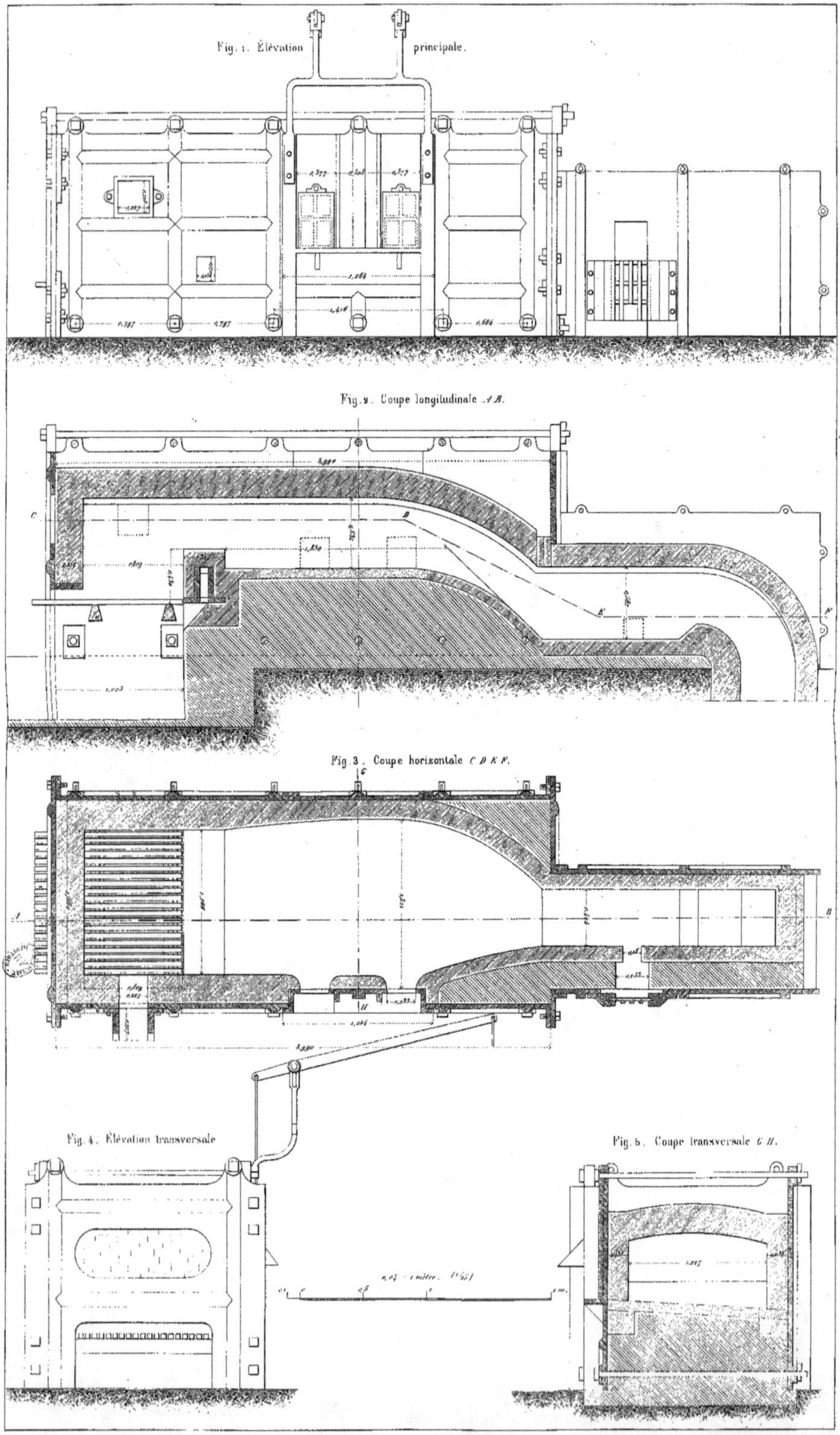
Fig. 1. Élévation principale.
Fig. 2. Coupe longitudinale A B.
Fig. 3. Coupe horizontale C D E F.
Fig. 4. Élévation transversale
Fig. 5. Coupe transversale G H.

HEATING FURNACE FOR MERCHANT TRAIN. (RUHRORT IRON WORKS. PRUSSIA.)

PL. LXXVIII.

FOURS A RÉCHAUFFER ET APPAREILS DE SERRAGE DES PAQUETS.

PL. LXXIX.

Fig. 1, 2. Four à réchauffer de Cyfarthfa.
Cyfarthfa heating furnace.

Fig. 3, 4. Grand four à réchauffer de Dowlais.
Dowlais heating furnace (large size)

Fig. 5, 6. Four à réchauffer moyen de Dowlais.
Dowlais heating furnace. (Middle size)

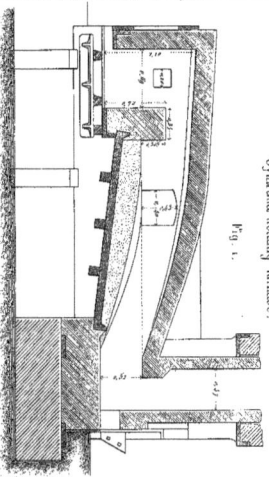

Fig. 1.

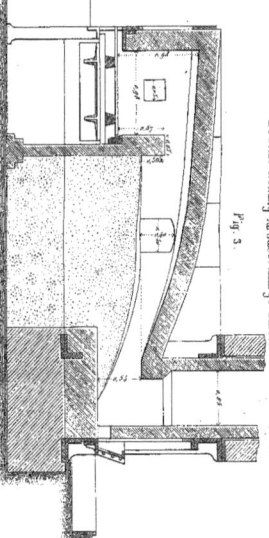

Fig. 3.

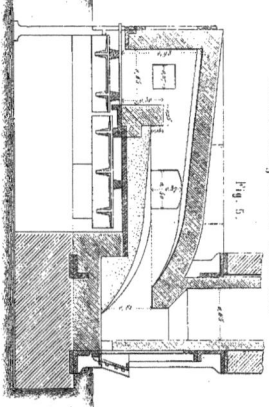

Fig. 5.

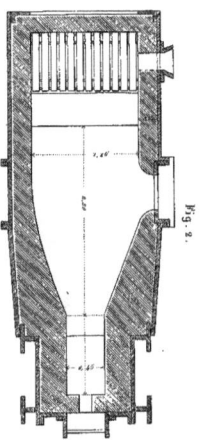

Fig. 2.

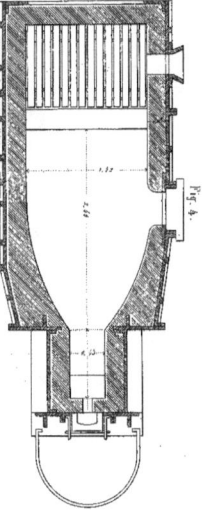

Fig. 4.

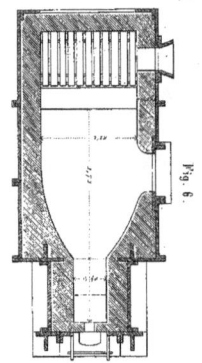

Fig. 6.

Fig. 7-12. Marteau frontal de serrage. (Dowlais)
Dowlais mill hammer.

Fig. 9. Coupe de l'enclume.
Anvil and anvil-block.

Fig. 10. Plan de la chabotte.
Anvil block.

Fig. 12. Tête du marteau.
Hammer head.

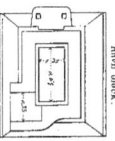

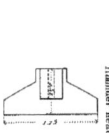

Fig. 8. Plan.

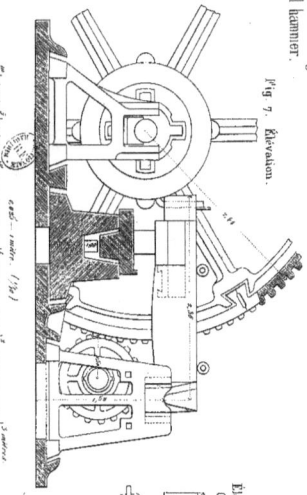

Fig. 7. Élévation.

Fig. 11. Élévation du tourillon du marteau.
Cross piece of the hammer block.

HEATING FURNACES AND MILL HAMMER.

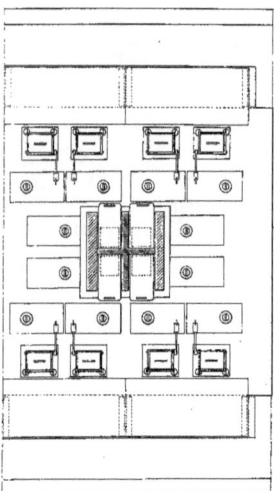

Fig. 3. Plan.

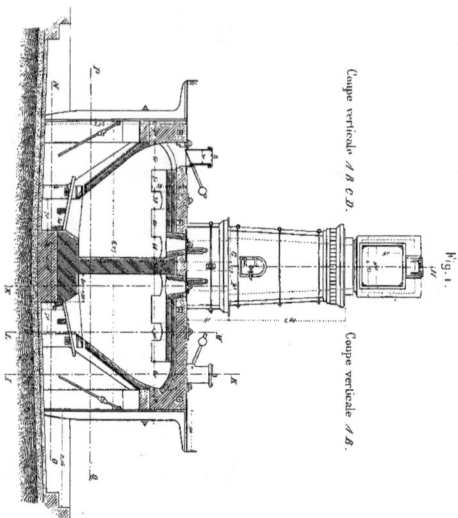

Fig. 1.

Coupe verticale A B C D.   Coupe verticale A B.

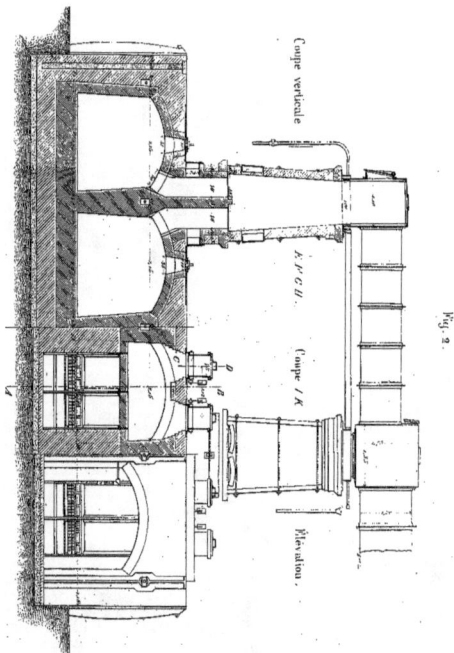

Fig. 2.

Coupe verticale.   A B C D.   Coupe I K.   Élévation.

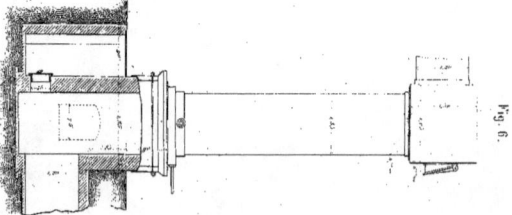

Fig. 6.

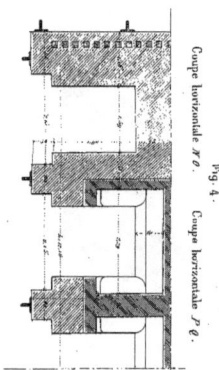

Fig. 4.

Coupe horizontale M O.   Coupe horizontale P Q.

Fig. 5. Coupe verticale L M.

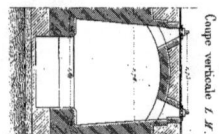

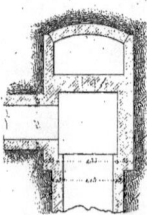

Fig. 7. Plan.

SIEMENS' GAS-PRODUCERS WITH CAKING COALS.

0 m 025 = 1 mètre (1:5).

Pl. LXXXI.

GAZOGÈNES SIEMENS POUR CHARBONS MAIGRES. — VALVES D'INVERSION.

Fig. 1, 2, 3, 4. Gazogènes pour charbons maigres.
Gas producers for non-caking coals

Fig. 1. Coupe verticale A B C D.

Fig. 2.

Fig. 3. Coupe horizontale I K.

Fig. 4. Plan.

Élévation.

Coupe verticale E F G H.

Fig. 5, 6, 7, 8, 9, 10, 11. Valves d'inversion.
Reversing valves

Fig. 5. Coupe verticale L M.

Fig. 6. Coupe verticale N O.

Fig. 7. Plan.

Fig. 8. Coupe horizontale P Q.

Fig. 9. Élévation.

Fig. 10. Vue de face.

Fig. 11. Détail d'un tampon (S). Coupe a b.

SIEMENS' GAS-PRODUCERS FOR NON CAKING COALS — REVERSING VALVES.

FOUR A SOUDER CHAUFFÉ PAR LE SYSTÈME SIEMENS.

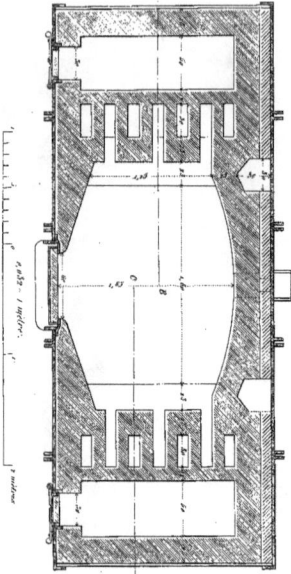

Fig. 2. Coupe L M.

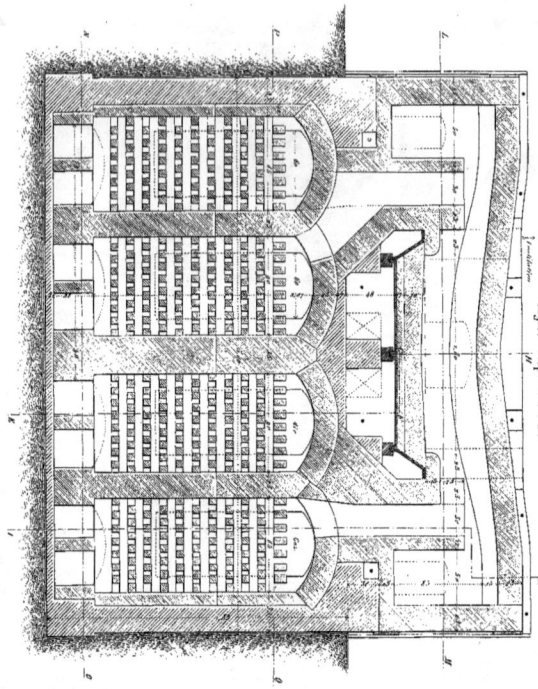

Fig. 1. Coupe A B C D.

Fig. 3. Coupe M O.

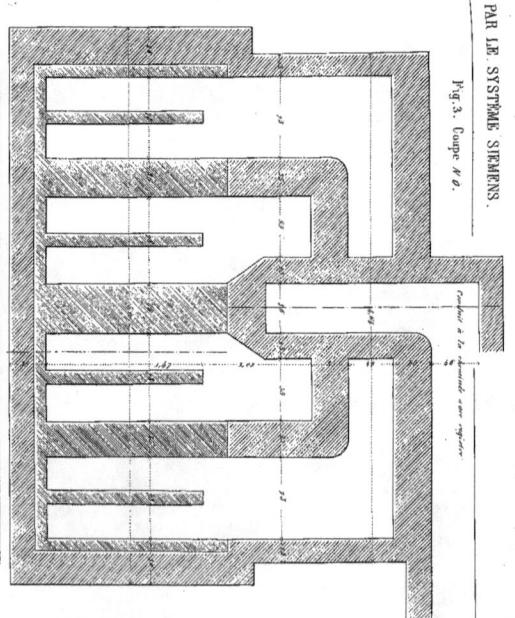

Fig. 4. Coupe N O.

SIEMENS' GAS-WELDING FURNACE.

FOUR A SOUDER CHAUFFÉ PAR LE SYSTÈME SIEMENS.

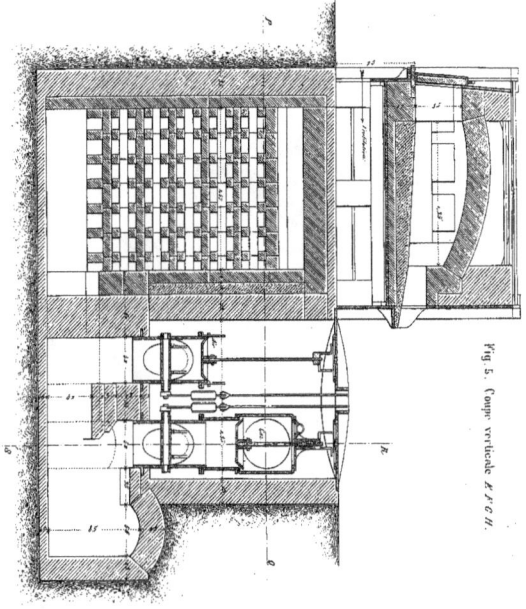

Fig. 5. Coupe verticale A B C D.

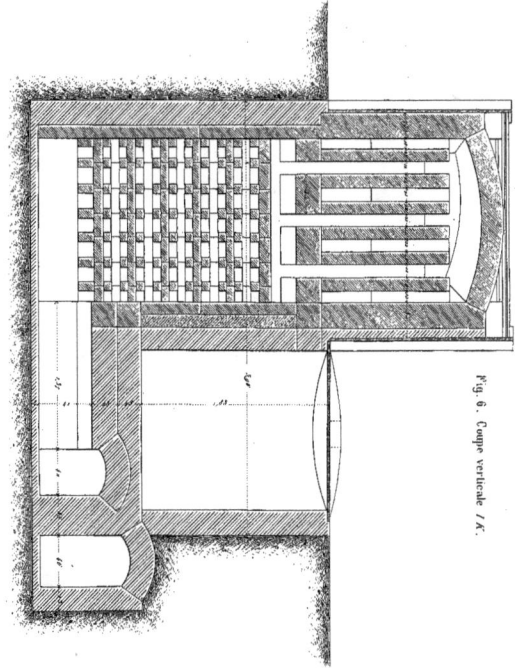

Fig. 6. Coupe verticale I K.

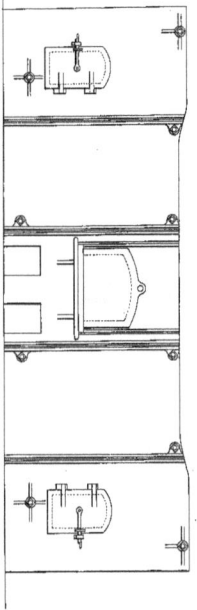

Fig. 7. Élévation.

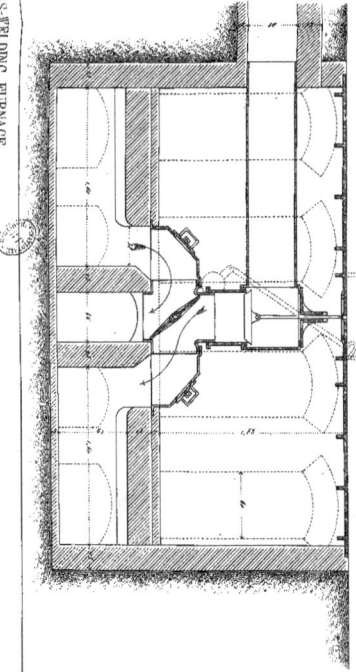

Fig. 8. Coupe verticale R S.

SIEMENS' GAS-WELDING FURNACE.

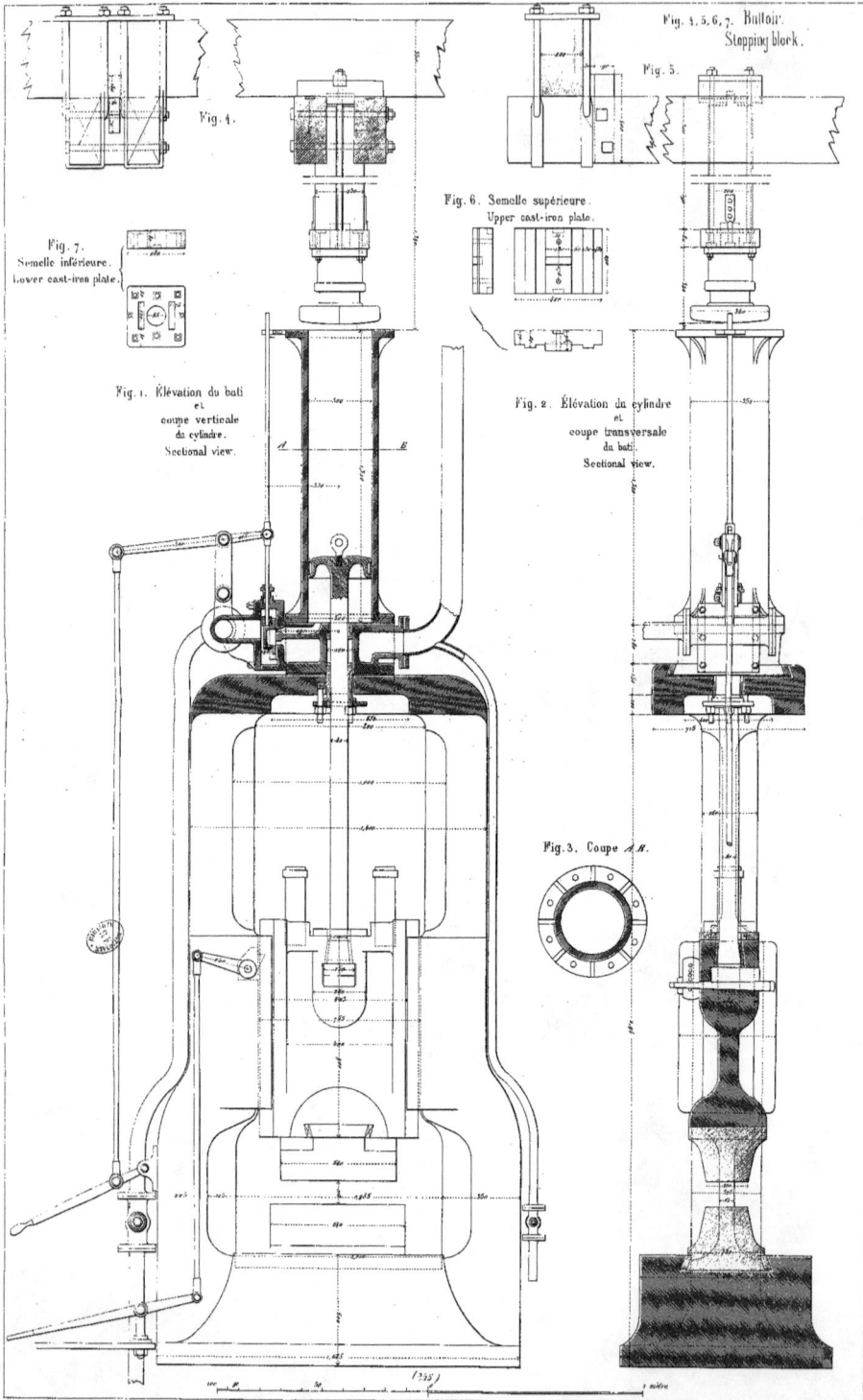

Fig. 4, 5, 6, 7. Buttoir.
Stopping block.

Fig. 5.

Fig. 4.

Fig. 6. Semelle supérieure.
Upper cast-iron plate.

Fig. 7.
Semelle inférieure.
Lower cast-iron plate.

Fig. 1. Élévation du bâti
et
coupe verticale
du cylindre.
Sectional view.

Fig. 2. Élévation du cylindre
et
coupe transversale
du bâti.
Sectional view.

Fig. 3. Coupe A B.

MARTEAU PILON A SIMPLE EFFET DE 1500 KILOG.

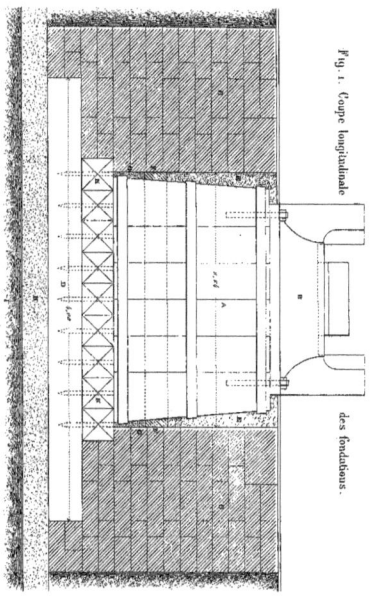

Fig. 1. Coupe longitudinale des fondations.

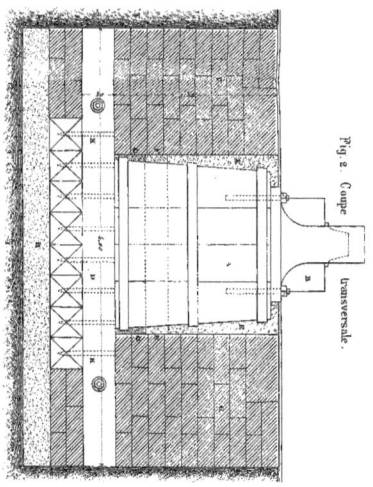

Fig. 2. Coupe transversale.

Fig. 3. Élévation et plan de l'assise de chabotte. Anvil block.

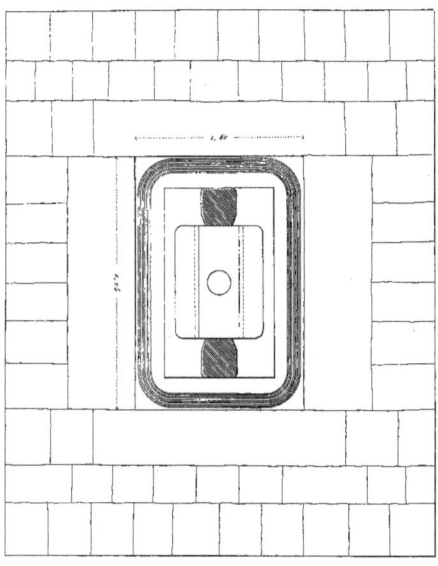

Fig. 4. Plan.

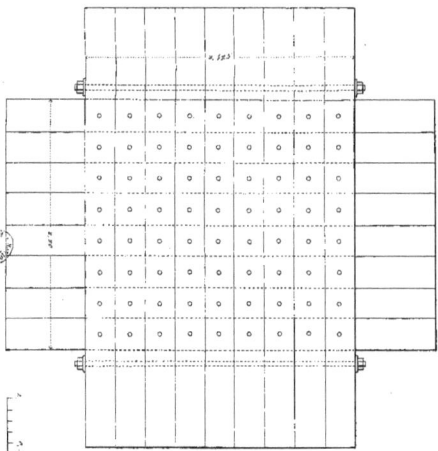

Fig. 5. Plan du grillage. Timber work.

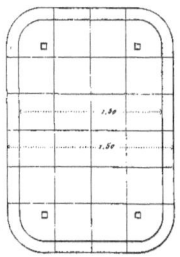

A (Assise de chabotte formée de pièces de bois.
    Anvil block, made with timber.
B (Chabotte en fonte.
    Cast iron anvil.
C (Maçonnerie de pierres.
    Stone work.
D (Grillage en pièces de bois liées avec les chevilles R.
    Two layers of timber work, secured by the keys R.
E (Terre gazonnée bien damée.
    Hard beaten clay.
F (Masse formant joint entre A et C.
    Wood wedged between A and C.
G (Abattoir.
H (Béton.
    Concrete.
I (Terrain solide.
    Solid ground.

30 CWT. SINGLE ACTING STEAM HAMMER.

APPAREILS DE SERRAGE DES PAQUETS.

Marteau pilon, système Dethombay.
Dethombay's steam hammer.

Fig. 1. Vue latérale.

Fig. 4. Coupe verticale.

Fig. 6. Coupe horizontale.

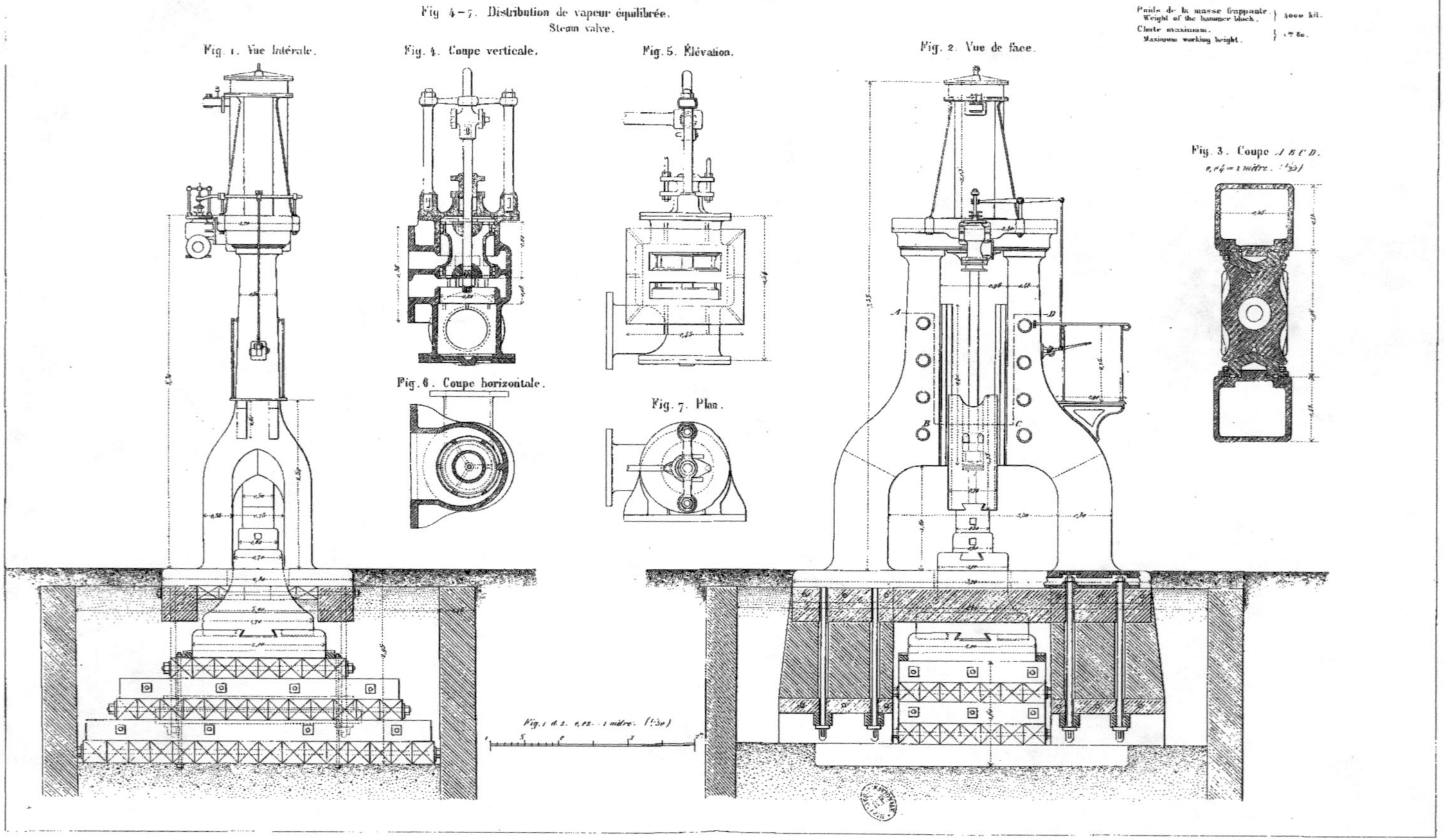

Fig. 4 – 7. Distribution de vapeur équilibrée.
Steam valve.

Fig. 5. Élévation.

Fig. 7. Plan.

Fig. 2. Vue de face.

Fig. 3. Coupe J & C D.
e, e′ = 1 mètre. (⅟₄₀)

Poids de la masse frappante : } 1000 kil.
Weight of the hammer block.
Course maximum : } 1.ᵐ 60.
Maximum working height.

BLOOMING HAMMER.

Échelle: 0,0075 à 1 mètre. (⅟₄₀)

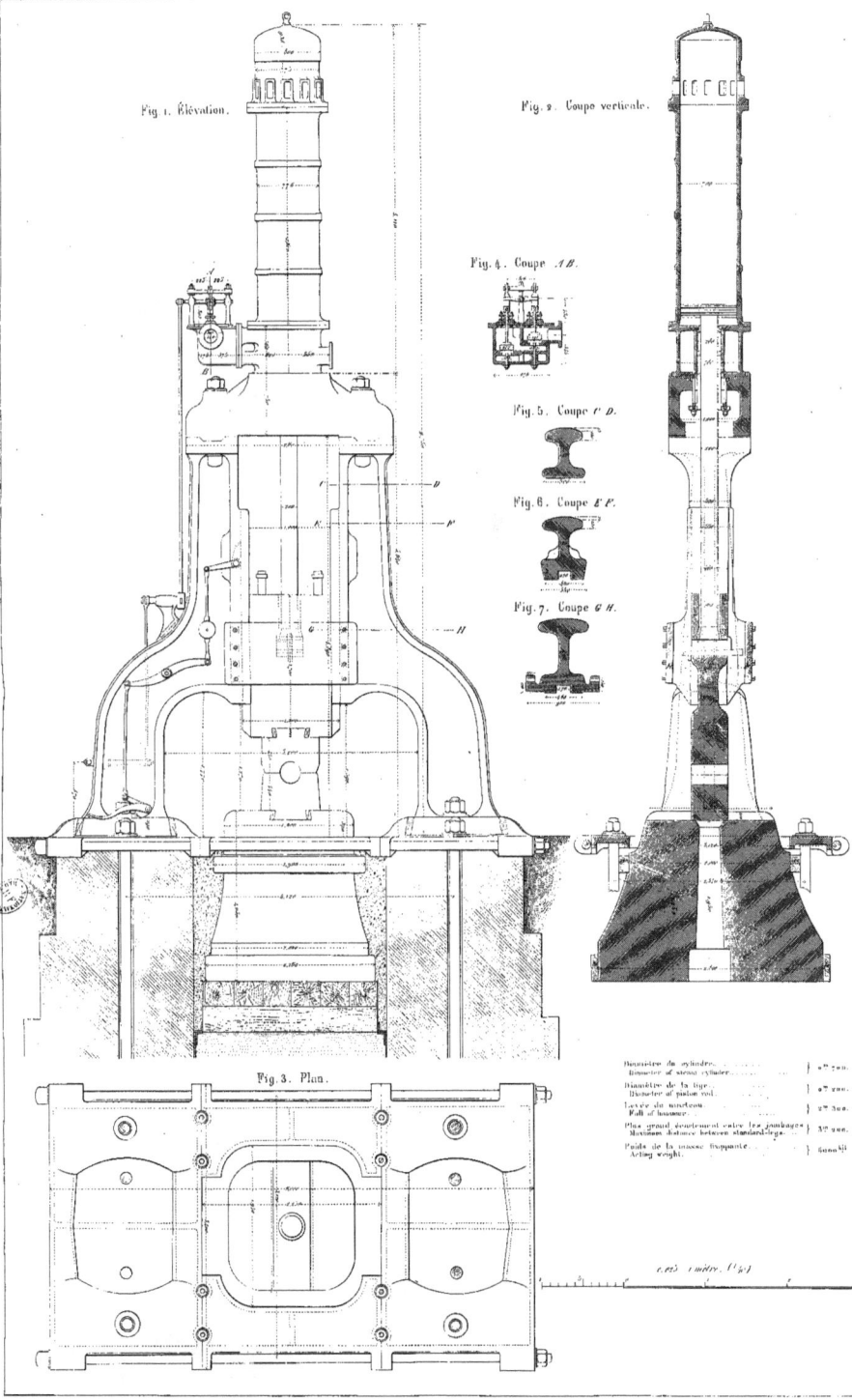

Fig. 1. Élévation.

Fig. 2. Coupe verticale.

Fig. 4. Coupe *A B*.

Fig. 5. Coupe *C D*.

Fig. 6. Coupe *E F*.

Fig. 7. Coupe *G H*.

Fig. 3. Plan.

Diamètre du cylindre.	} 0ᵐ 700.
Diameter of steam cylinder.	
Diamètre de la tige.	} 0ᵐ 290.
Diameter of piston rod.	
Levée du mouton.	} 2ᵐ 300.
Fall of hammer.	
Plus grand écartement entre les jambages.	} 3ᵐ 000.
Maximum distance between standard-legs.	
Poids de la masse frappante.	} 6000 kil.
Acting weight.	

MARTEAU PILON AUTOMATIQUE A DOUBLE EFFET. SYSTÈME REVOLLIER.

Pl. LXXXVIII.

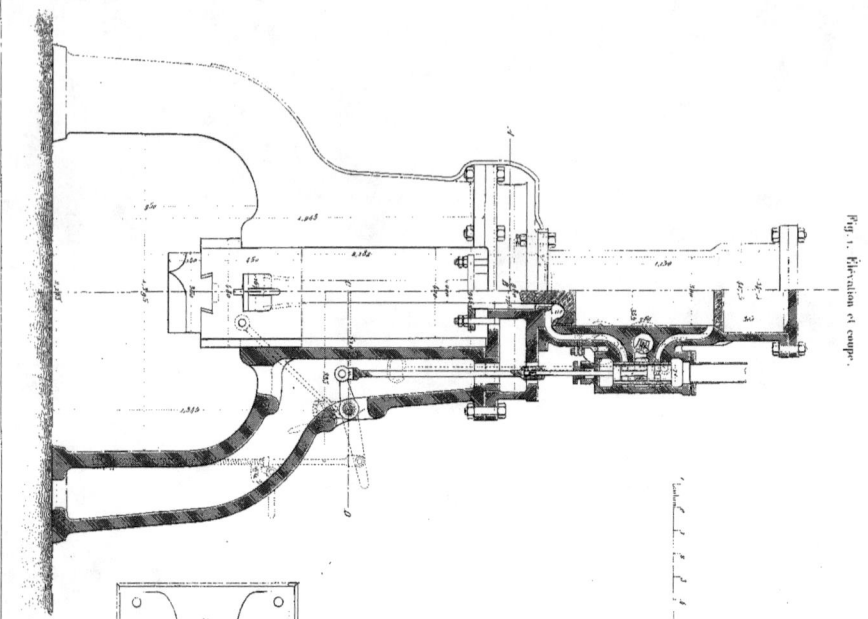

Fig. 1. Élévation et coupe.

Fig. 2. Élévation latérale et coupe du tiroir.
Sectional view of steam valve.

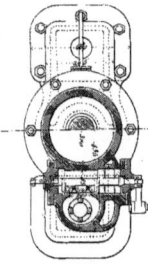

Fig. 3. Coupe horizontale par l'admission de vapeur.
Section through steam valve.

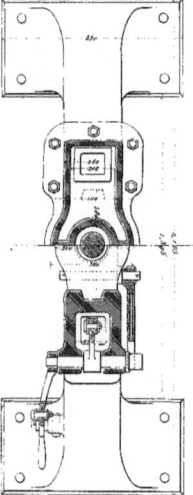

Fig. 4. Coupe horizontale A B C D.

Diamètre du piston. Diameter of the piston.	}	500 millim.
Levier minimum. Lowest minimum.	}	600 millim.
Maximum stroke.	}	
Poids de la masse frappante. Weight of hammer head. Hammer head and piston.	}	Size 2 600 kilog.

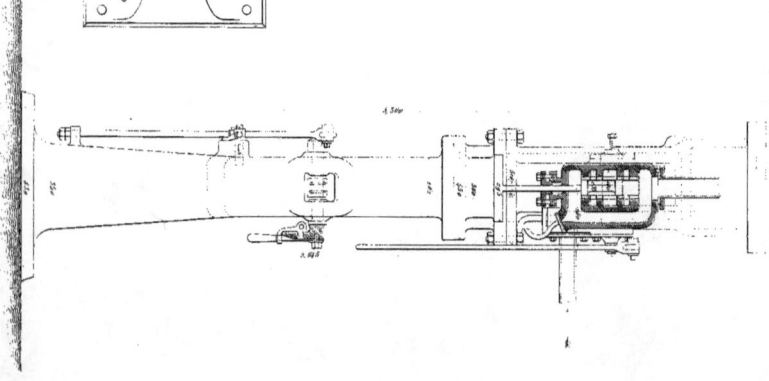

LAMINOIRS — TRAIN MARCHAND MOYEN. (USINE FRANÇAISE.)

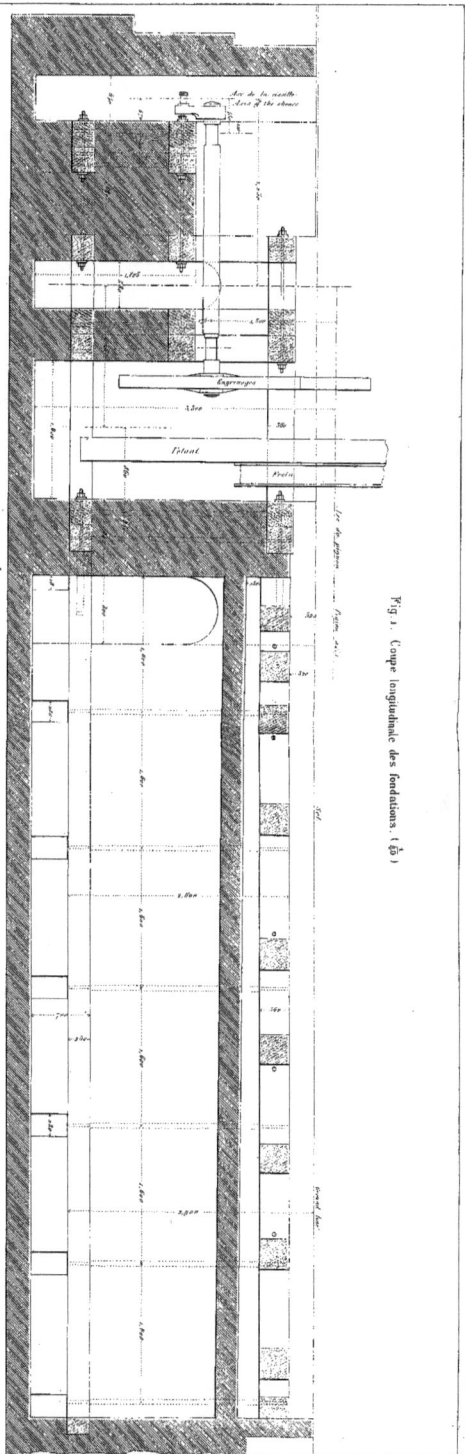

Fig. 1. Coupe longitudinale des fondations. ($\frac{1}{30}$.)

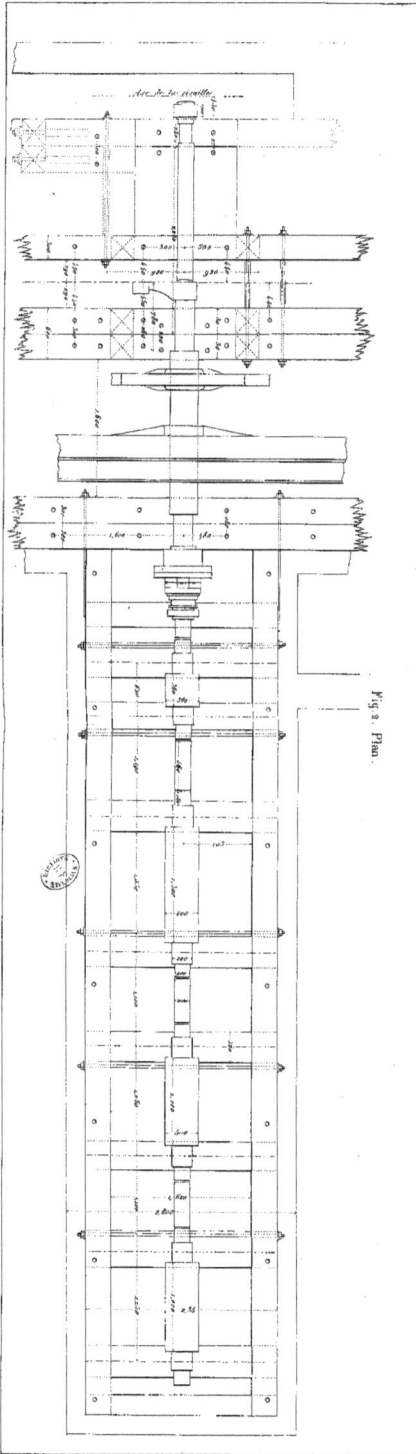

Engrenages

Volant

Axe de la rouille.
Axis of the sleeve.

ROLLING MILLS — SIXTEEN-INCH MERCHANT TRAIN. (FRANCE.)

Fig. 2. Plan.

Axe de la rouille.

Fig. 2. Plan.

Fig. 1, 2, 3, 4. Colonne d'une cage à cylindres standard. Rolls

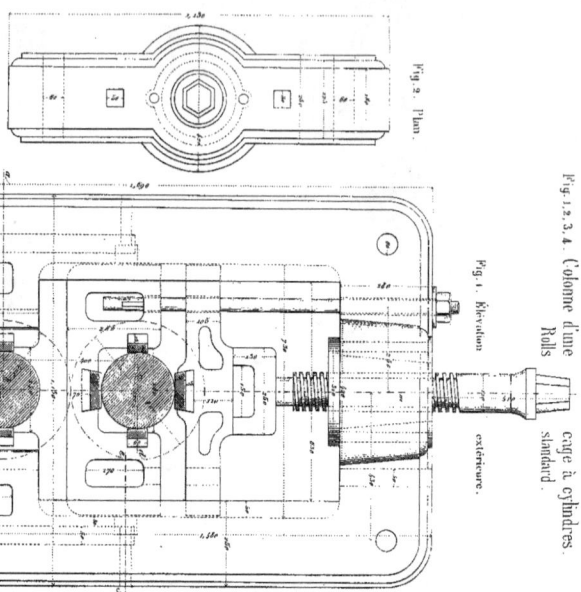

Fig. 1. Élévation extérieure.

Fig. 3. Coupe a b c d e f.

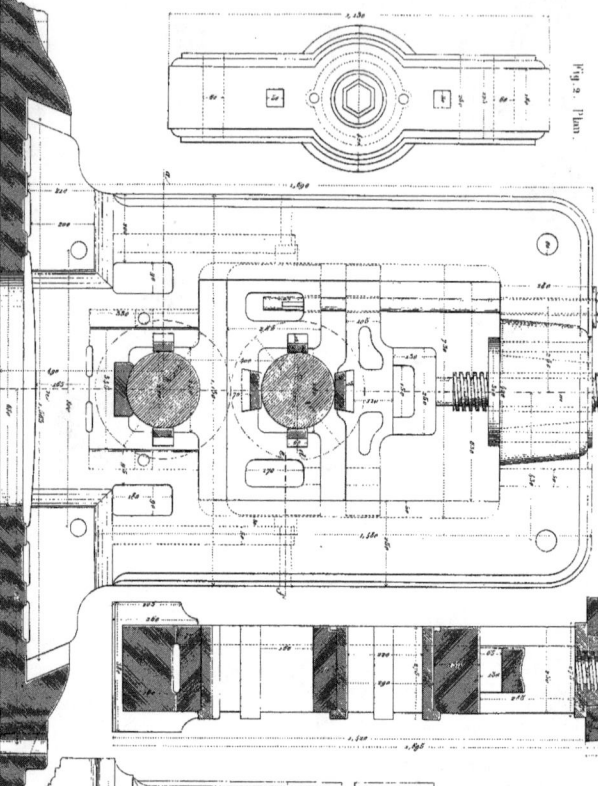

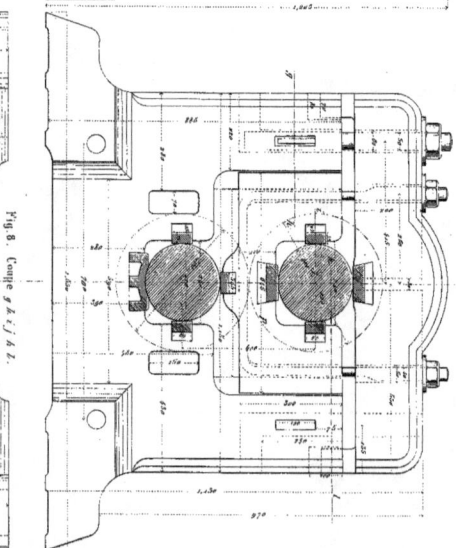

Fig. 4. Coupe m n.

Fig. 5, 6, 7, 8, 9. Colonne d'une cage à pignons. Pinions standard.

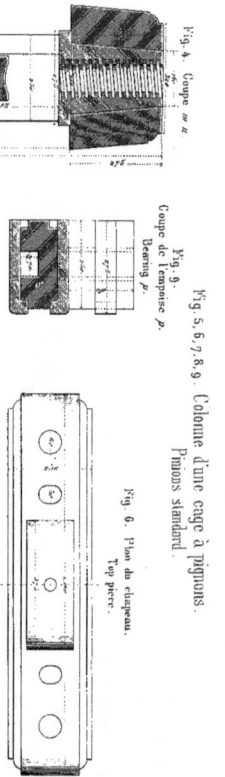

Fig. 9. Coupe de l'empoise p. Bearing p.

Fig. 7. Vue latérale. Side view.

Fig. 6. Plan du chapeau. Top piece.

Fig. 5. Élévation.

Fig. 8. Coupe g h i j k l.

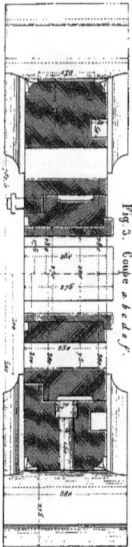

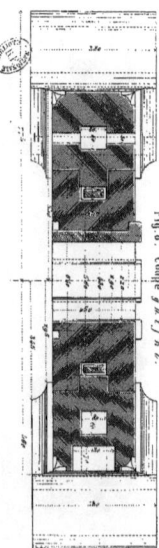

ROLLING MILLS.— SIXTEEN INCHES MERCHANT TRAIN. (FRANCE.)

Échelle à 1/10

LAMINOIRS — TRAIN MARCHAND DE 18 POUCES. (USINES BELGES.)

Détail de la colonne d'une cage à cylindres. ($\frac{1}{10}$)
Rolls standard.

Fig 1. Élévation du côté des cylindres.
View on the rolls side.

Fig. 3. Sommier.
Check or guard.

Fig 5. Coupe verticale AB.

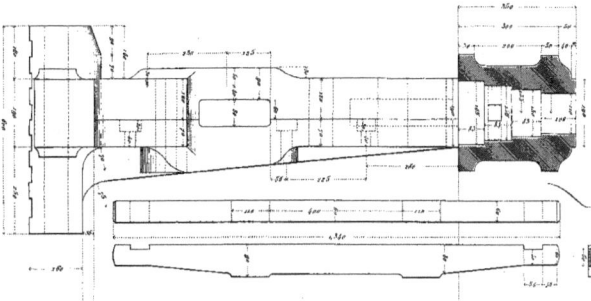

Fig. 5. Coupe GH et plan du chapeau.

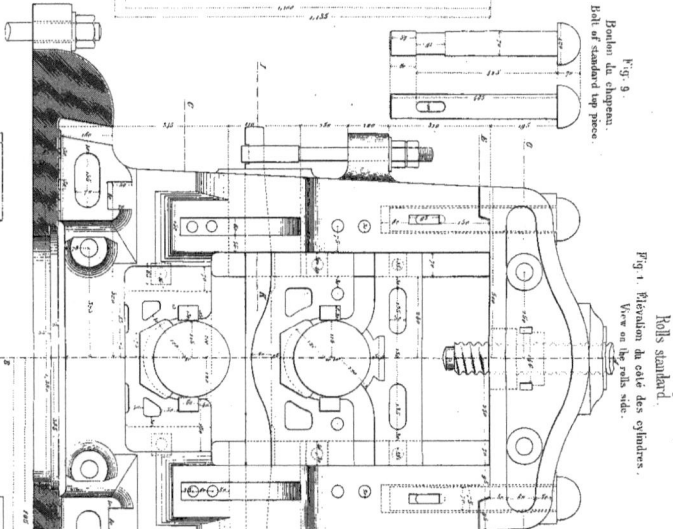

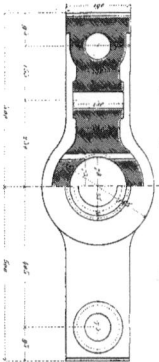

Fig 9.
Boulon du chapeau.
Bolt of standard top piece.

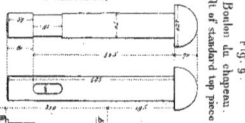

Fig. 11 Coupe IK.

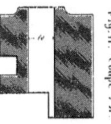

Fig 2. Coupe horizontale $CDEF$.

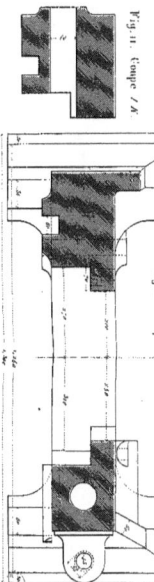

Fig 10. Boulon de suspension.
Suspension rod.

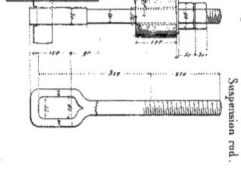

Fig 12.
Empuisse inférieure.
Lower bearing.

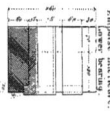

Fig 13. Empuisse supérieure et son chapeau.
Upper bearing and top piece.

Fig. 7. Clef de serrage.
Tightening lever.

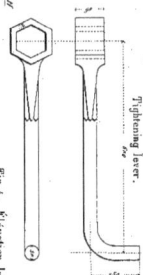

Fig 4. Élévation latérale.
Side view.

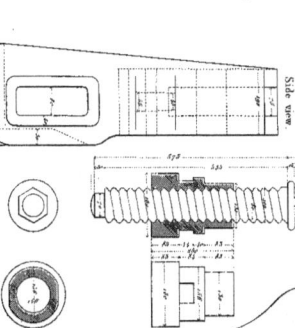

Fig. 6.
Vis de serrage et son écrou.
Tightening screw and box.

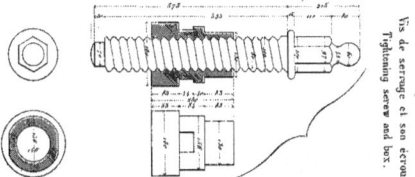

2 pièces par colonne.
2 for each standard.

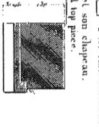

4 pièces par colonne.
4 for each standard.

ROLLING MILLS — 18 INCHES MERCHANT TRAIN. (BELGIAN)

LAMINOIRS — TRAIN MARCHAND TRIO DE 12 POUCES, USINE DE DOWLAIS.

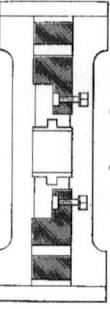
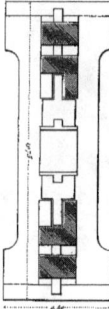

Fig. 3. Coupe *A B.*

Fig. 4. Coupe *C D.*

Fig. 2. Élévation d'une colonne à cylindres.
Rolls standard.

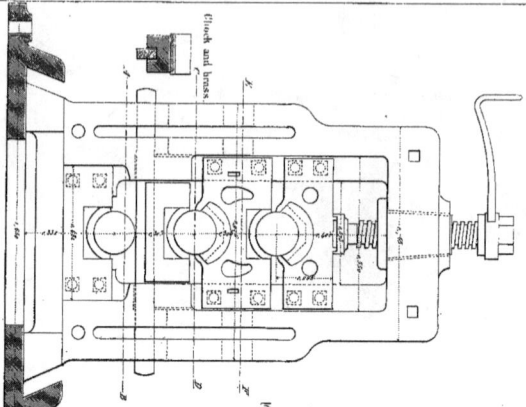

Clock and brass.

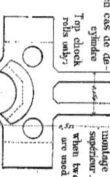

Fig. 12. Emplace
en cas de dé-
cylindre
servant
bandage du
supérieur.
Top chock
rolls only.
When two
are used.

Fig. 13. Allonge
Rolls spindle.

Fig. 1. L'ensemble du train.
Front élévation.

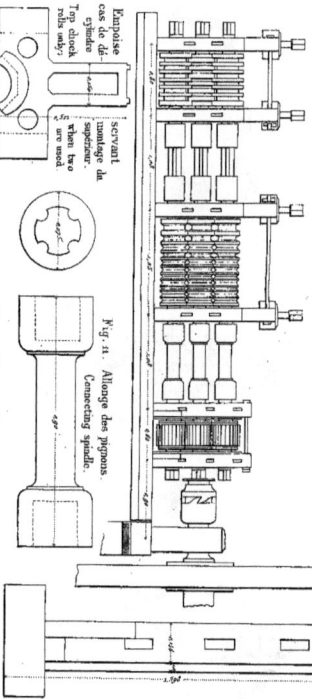

Fig. 8. Vue latérale.
Side view.

Fig. 7. Élévation d'une colonne à pignon.
Pinions standard.

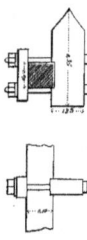

Fig. 9 =16. *C.D.* = (metre.
(2)

Fig. 16. Guide pour les finisseurs.
Guide for finishing rolls.

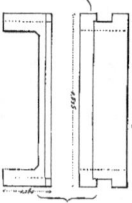

Fig. 15.
Sommier des gardes des finisseurs.
Rest for finishing rolls.

Fig. 10. Pignon.   Pinion.

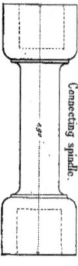

Fig. 11. Allonge des pignons.
Connecting spindle.

Fig. 14. Tablier des dégrossisseurs.
Fore plate for roughing rolls.

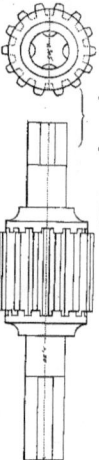

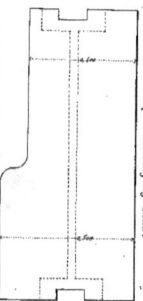

Fig. 1 = 0.15 = 1 metre. (½p)

1 metre.

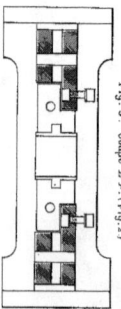

Fig. 6. Plan de la colonne à cylindres.

Fig. 5. Coupe *E F.* (Fig.2)

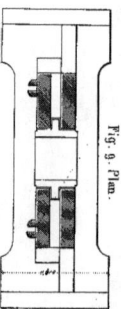
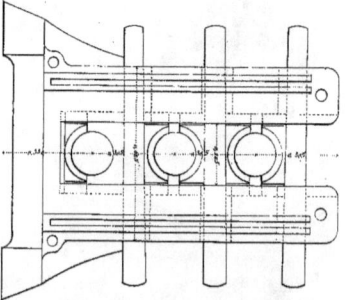

Fig. 9. Plan.

LAMINOIRS — TRAIN TRIO POUR RAILS ET POUTRELLES. (FORGES D'ANZIN.)

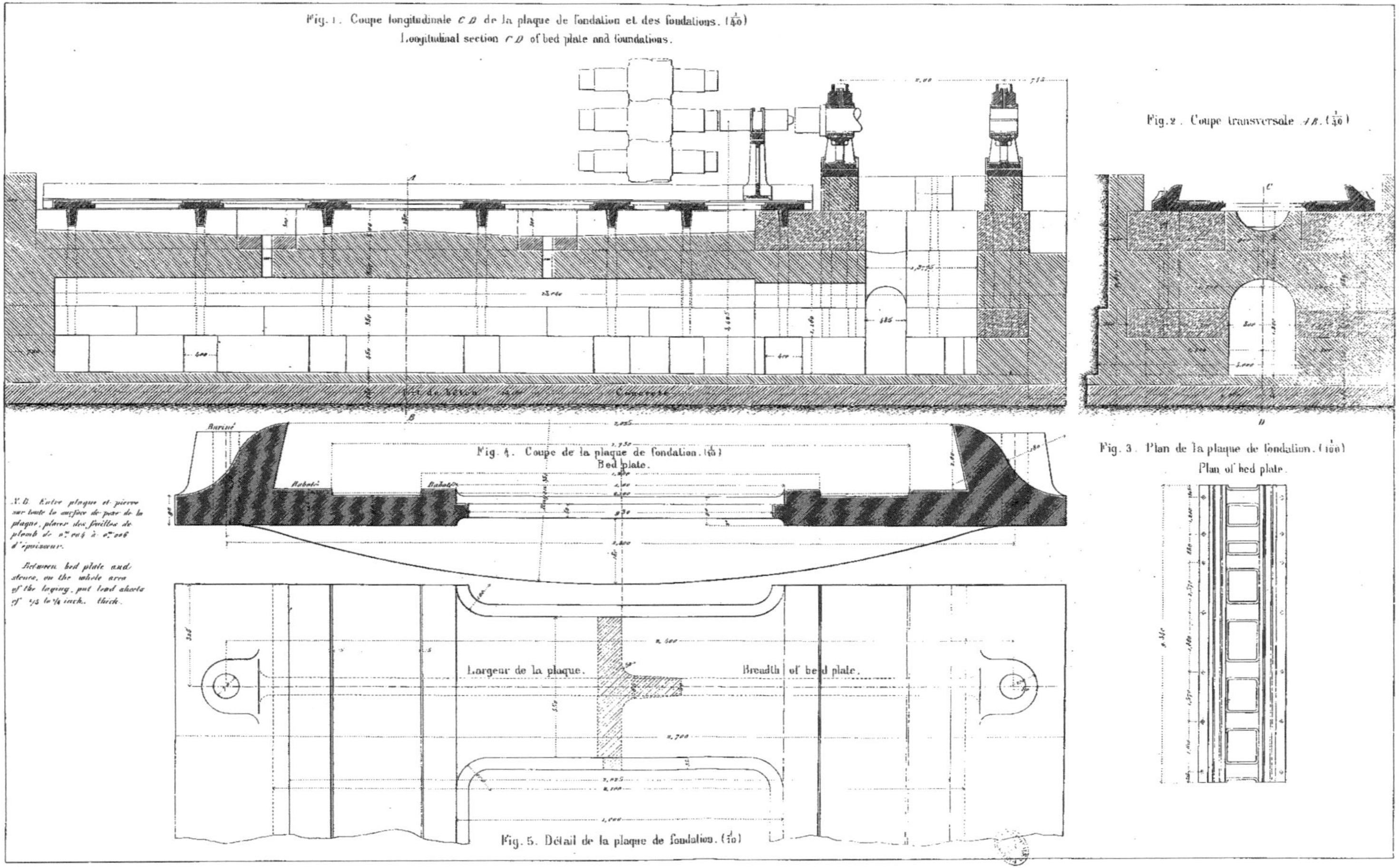
Fig. 1. Coupe longitudinale C D de la plaque de fondation et des fondations. (1/40)
Longitudinal section C D of bed plate and foundations.
Lit de béton
Concrete
Fig. 2. Coupe transversale A B. (1/40)
Fig. 3. Plan de la plaque de fondation. (1/100)
Plan of bed plate.
Fig. 4. Coupe de la plaque de fondation. (1/5)
Bed plate.
Buriné
Raboté
N. B. Entre plaque et pierre sur toute la surface de pose de la plaque, placer des feuilles de plomb de 0m,004 à 0m,006 d'épaisseur.
Between bed plate and stone, on the whole area of the laying, put lead sheets of 1/5 to 1/4 inch. thick.
Largeur de la plaque.
Breadth of bed plate.
Fig. 5. Détail de la plaque de fondation. (1/10)

MILL TRAINS — THREE HIGH ROLLS TRAIN FOR RAILS AND GIRDERS. (ANZIN IRON WORKS.)

S. JORDAN. MÉTALLURGIE.

LAMINOIRS — GROS TRAIN TRIO DE 50 CENTIMÈTRES POUR RAILS ET POUTRELLES. (FORGES D'ANZIN.)

PL. XCIV.

ROLLING MILLS.— 20 INCHES THREE HIGH RAIL AND GIRDER MILL. (ANZIN IRON WORKS.)

Colonne de la cage à pignons.
Pinions standard.

Fig. 1. Élévation sur la face intérieure.
View on the side of the pinions.

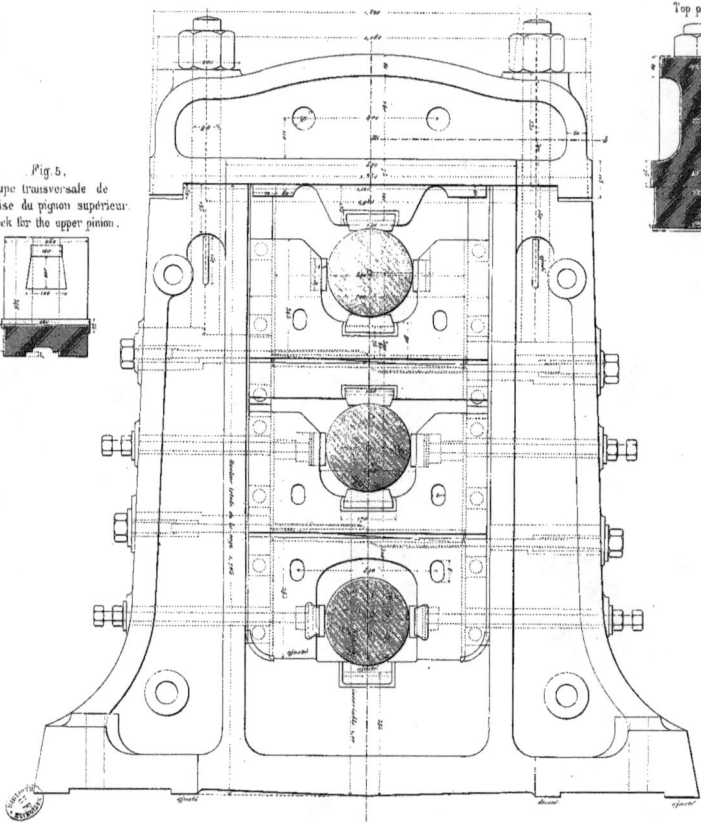

Fig. 3.
Coupe transversale
du chapeau.
Top piece.

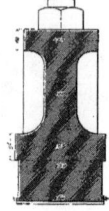

Fig. 5.
Coupe transversale de
l'empoise du pignon supérieur.
Chock for the upper pinion.

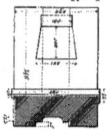

Fig. 2. Plan et coupe a b du chapeau.
Top piece.

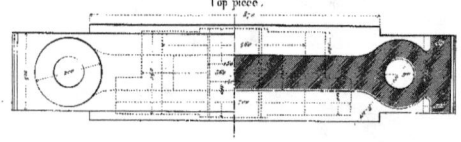

Fig. 4. Plan de l'empoise du pignon supérieur.
Chock for the upper pinion.

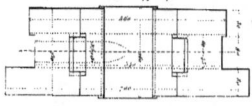

Colonne d'une cage à trois cylindres.
Standard for three rolls.

Fig. 1. Élévation sur la face intérieure.
View on the side of the rolls.

Fig. 4. Coins
Wedges.

Fig. 3. Coins
Wedges.

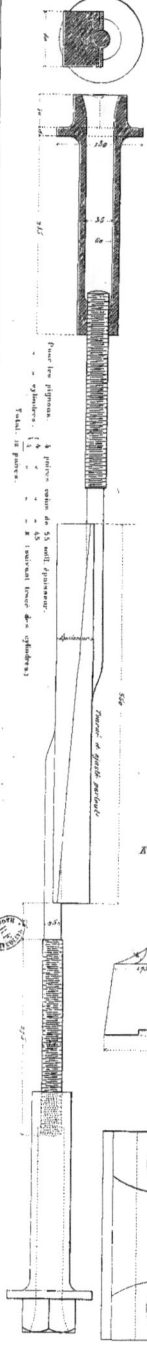

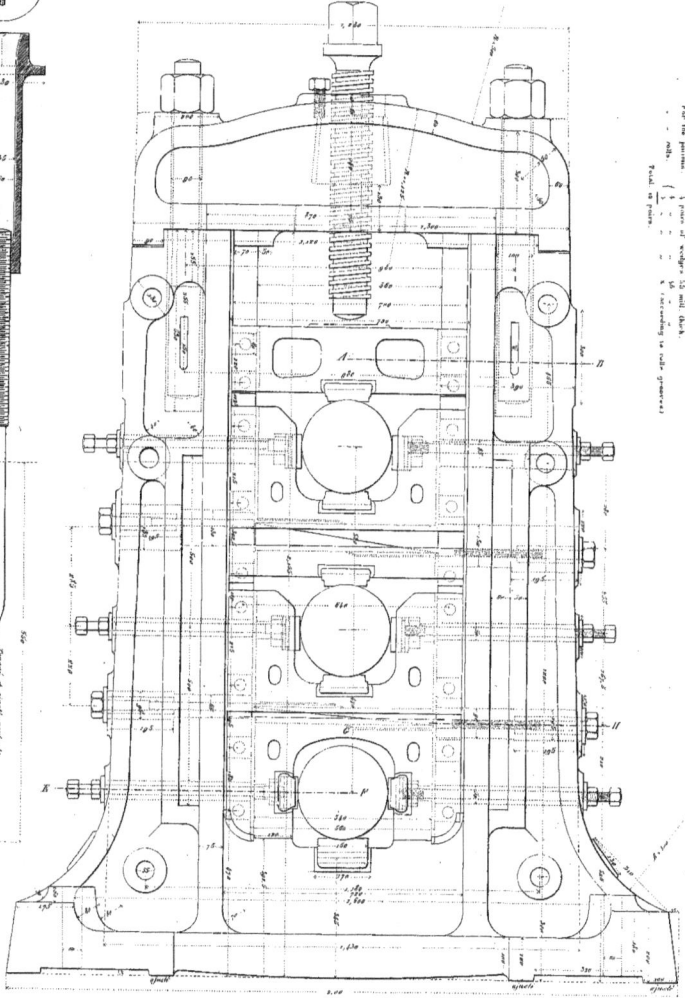

MILL TRAINS — THREE HIGH ROLLS TRAIN FOR RAILS AND GIRDERS. (ANZIN IRON WORKS.)

Plan.

Fig. 2.

Coupe A B.

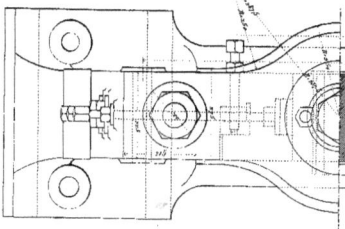

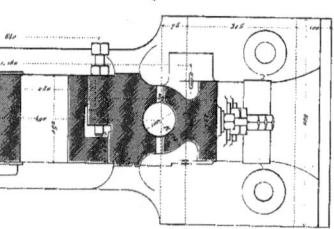

Fig. 1, 2. 0,10 = 1 mètre. (⅒)

Fig. 3, 4. 0,20 = 1 mètre. (⅕)

Colonne d'une cage à trois cylindres.
Standard for three rolls.

Fig. 1. Vue de profil.
Side view.

Fig. 2. Coupe *O P*.

Fig. 3. Coupe *M N*.

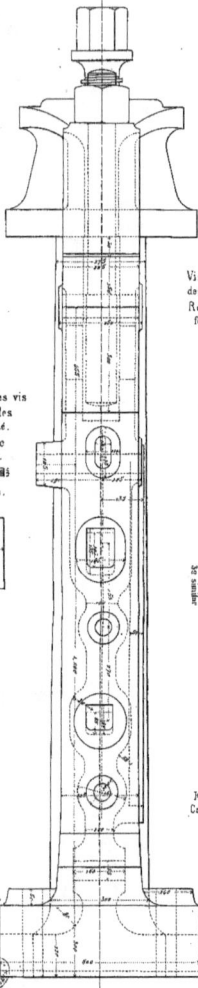

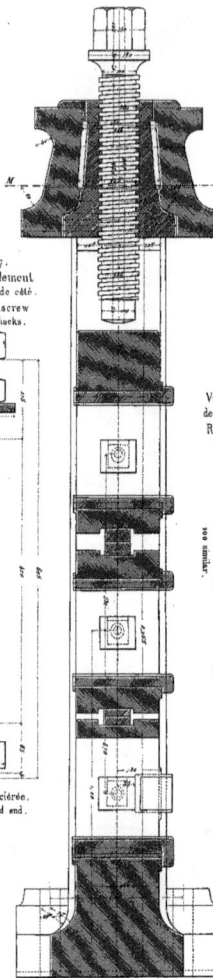

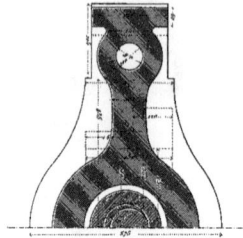

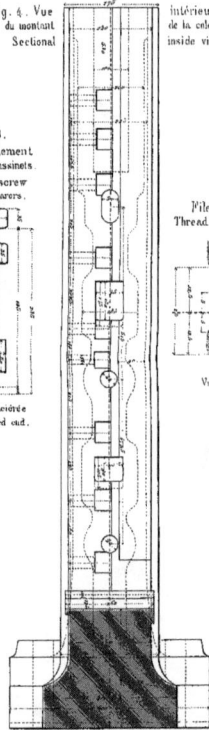

Fig. 7.
Vis de réglement
des touches de côté.
Regulating screw
for lateral chocks.

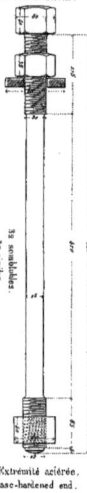

Fig. 9. Cales des vis
de réglement des
touches de côté.
Plates for the
lateral chocks.

3 semblables.
3 similar.

Fig. 4. Vue
du montant
Sectional

intérieure
de la colonne
inside view.

Fig. 8.
Vis de réglement
des porte-coussinets.
Regulating screw
for brass-bearers.

100 semblables.
100 similar.

Extrémité acierée
Case-hardened end.

Filet de la vis.
Thread of the big screw.

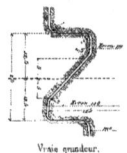

Vraie grandeur.

Extrémité acierée.
Case-hardened end.

Coupe *K P*.

Fig. 5.

Coupe *G H*.

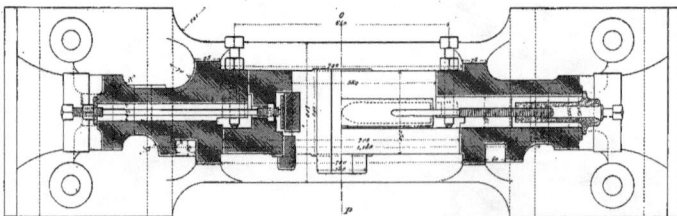

Fig. 1, 2, 3, 4, 5. — 0.10 = 1 mètre. (1/10)

Fig. 7, 8, 9. — 0.30 = 1 mètre. (1/3)

LAMINOIRS. — TRAIN TRIO POUR RAILS ET POUTRELLES. (FORGES D'ANZIN.)

PL. XCVI.

Fig. 1. Détail d'une allonge et de son manchon.
Breaking spindle and coupling box.

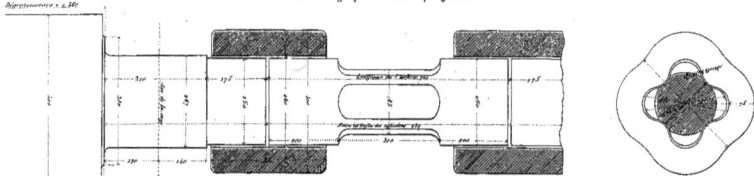

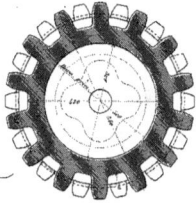

Fig. 2. Détail d'un pignon.
Pinion.

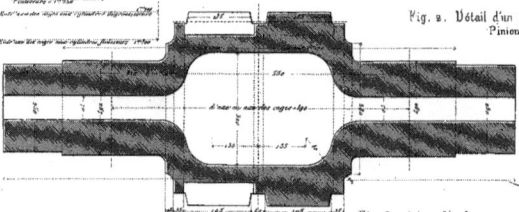

Fig. 3. Arbre d'embrayage et ses manchons.
Connecting spindle and clutch.

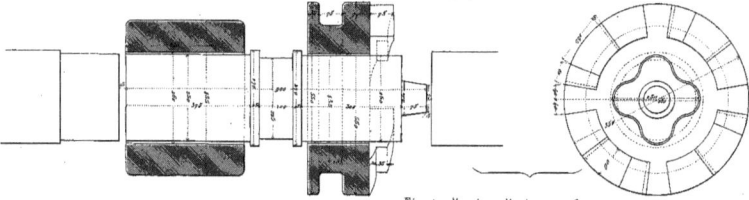

Fig. 4. Manchon d'embrayage fixe.
Fixed part of the clutch.

Fig. 5. Élévation.

Fig. 6. Coupe.

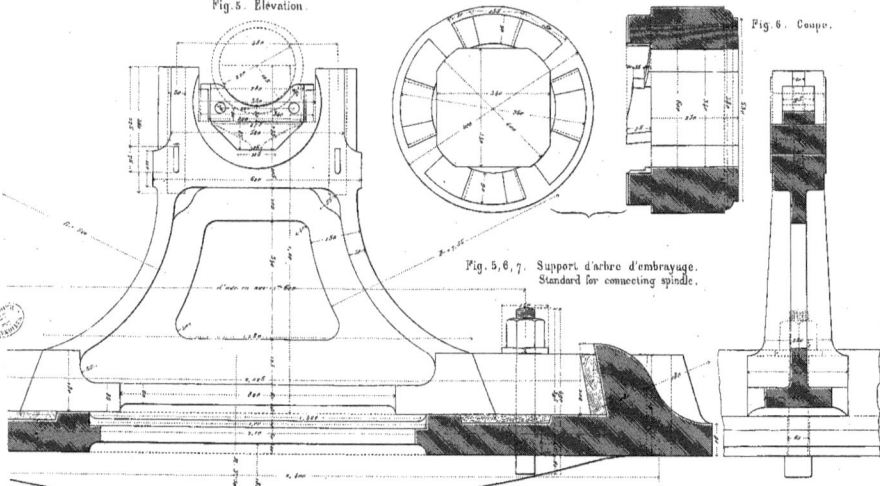

Fig. 5, 6, 7. Support d'arbre d'embrayage.
Standard for connecting spindle.

Fig. 7. Plan.

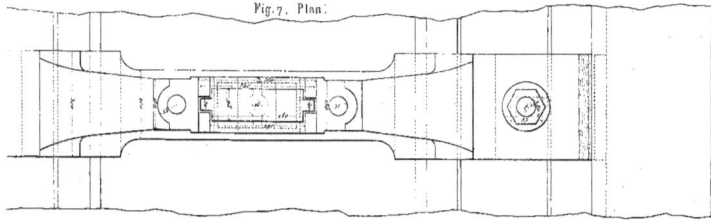

0,10 = 1 mètre (1/10)

Pl. XCVII.

Releveurs mécaniques pour les cylindres dégrossisseurs et pour les cylindres finisseurs.
Lifts for the roughing down of the blooms and for the finishing of the bars.

Fig. 1. Élévation générale.

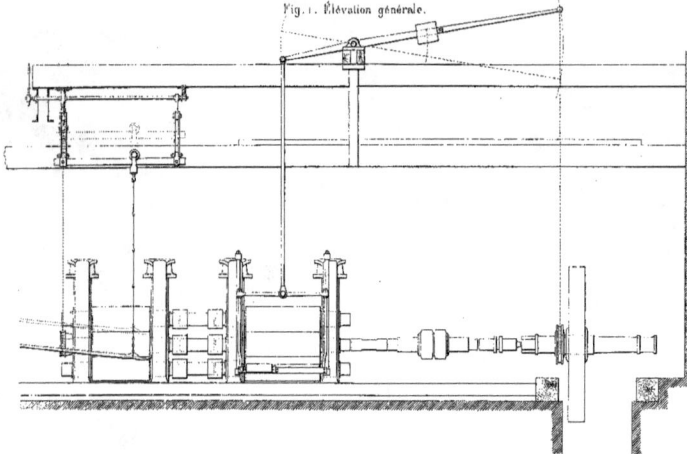

Fig. 3.
Vue latérale
du releveur des dégrossisseurs.
Side view for the roughing rolls.

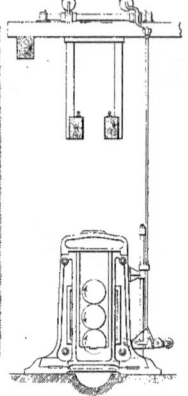

Fig. 2. Plan général.

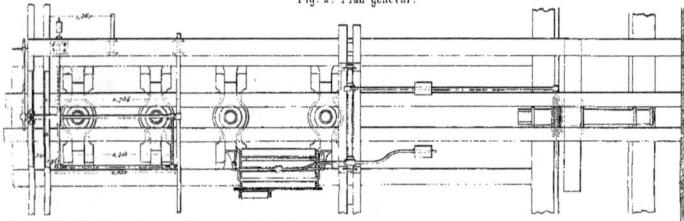

Fig. 4.
Vue latérale
du releveur des finisseurs.
Side view for the finishing rolls.

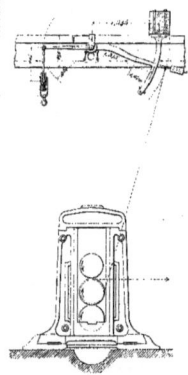

Fig. 5. Dégrossisseurs. Contrepoids de la barre.
Roughing down. Counter weighing of the bar.

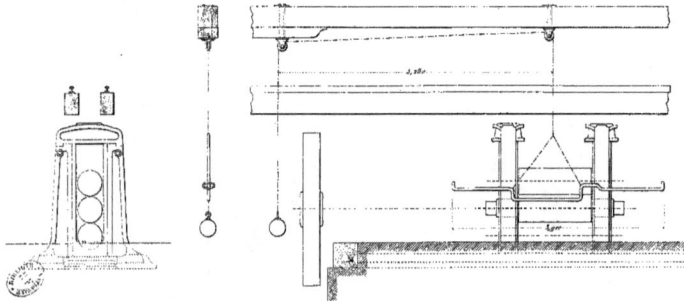

Fig. 6. Poulie motrice du releveur des dégrossisseurs.

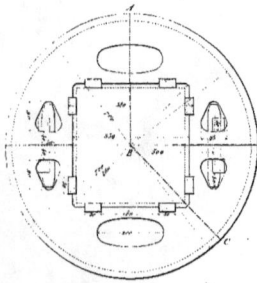

Fig. 7. Poulie motrice du releveur des finisseurs.

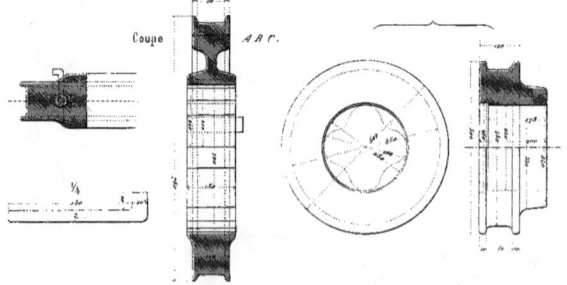

Coupe ABC.

Fig. 1, 2, 3, 4, 5. 1/66.

Fig. 6, 7. 1/10.

LAMINOIRS — TRAIN TRIO POUR RAILS ET POUTRELLES. (FORGES D'ANZIN)

Détail de la cage de l'élévateur aux cylindres dégrossisseurs.
Lifting feed cage for the roughing rolls.

MILL TRAINS — THREE HIGH ROLLS TRAIN FOR RAILS AND GIRDERS. (ANZIN IRON WORKS)

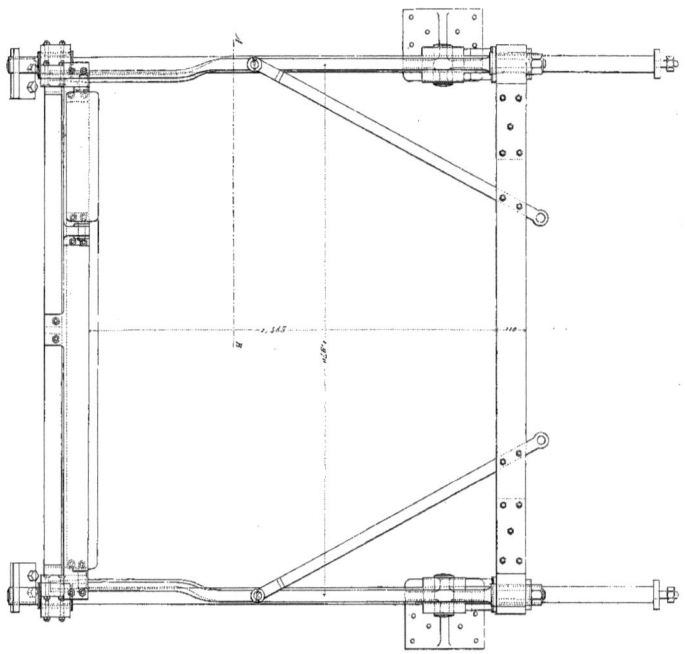

Fig. 1. Élévation de face.

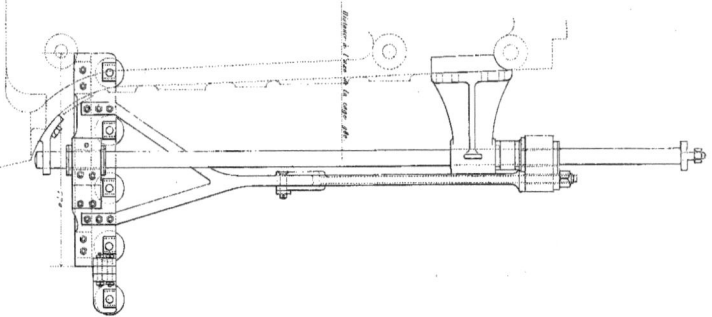

Fig. 2. Vue de profil.

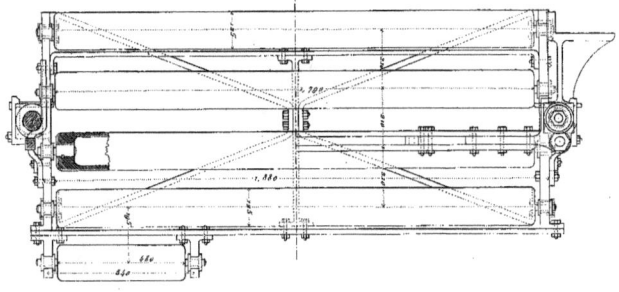

Fig. 3.

Coupe A B.

Plan.

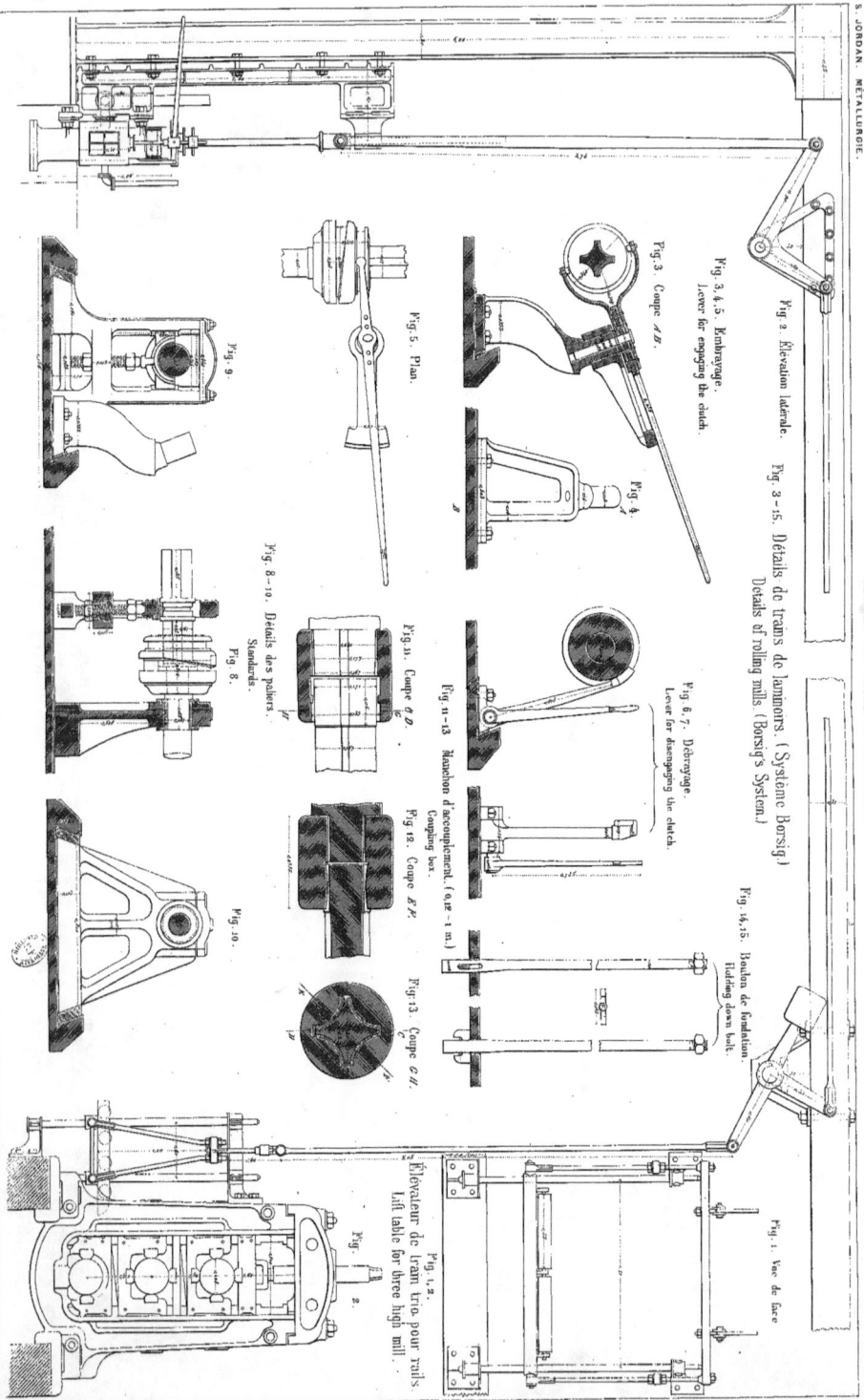

Fig. 2 Élevation latérale.

Fig. 3–15. Détails de trains de laminoirs (Système Borsig)
Details of rolling mills (Borsig's System.)

Fig. 3. Coupe A B.

Fig. 3, 4, 5. Embrayage.
Lever for engaging the clutch.

Fig. 4.

Fig. 5. Plan.

Fig. 9.

Fig. 6, 7. Débrayage.
Lever for disengaging the clutch

Fig. 8–10. Détails des paliers.
Standards.

Fig. 8.

Fig. 10.

Fig. 11. Coupe C D.

Fig. 11–13. Manchon d'accouplement. (0,12 - 1 m.)
Coupling box.

Fig. 12. Coupe E F.

Fig. 13. Coupe G H.

Fig. 14, 15. Boulon de fondation.
Holding down bolt.

DÉTAILS DE TRAINS DE LAMINOIRS.
DETAILS OF ROLLING MILLS.

Fig. 1. Vue de face.

Fig. 1, 2. Élévateur de train trio pour rails.
Lift table for three high mill.

Fig. 2.

TRAINS DE LAMINOIRS ANGLAIS ET DÉTAILS DE COLONNES DIVERSES.

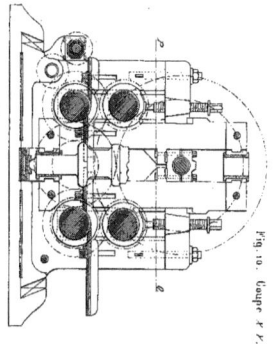
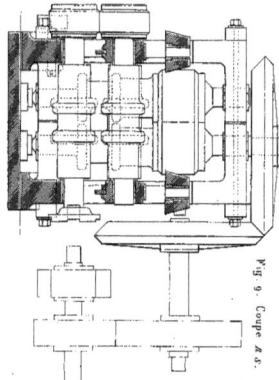
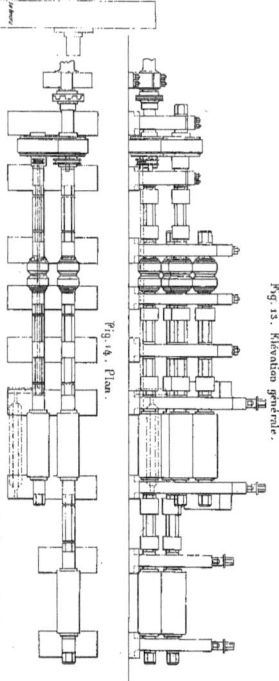

Fig. 9-12. Laminoir soudeur à 6 cylindres. (Usine d'Ebbw-Vale.)
Whale's blooming mill. (Ebbw-Vale works.)

Fig. 10. Coupe F F.

Fig. 9. Coupe A A.

Fig. 11. Plan.

Fig. 13-17. Train marchand avec cage dégrossisseuse à 4 cylindres. (Usine de Dowlais.)
Merchant train with four roughing rolls. (Dowlais works.)

Fig. 13. Élévation générale.

Fig. 14. Plan.

Fig. 16. Colonne de la cage à pignons.
Standard for pinions.

Fig. 15. Colonne de la cage à 4 cylindres.
Standard for four rolls.

Fig. 5-8. Colonne de cage à pignons. (Ruhrort.)
Standard for three pinions (Ruhrort works.)

Fig. 5. Élévation.

Fig. 8. Plan.

Fig. 8. Coupe L M.

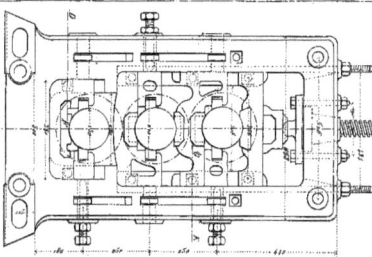
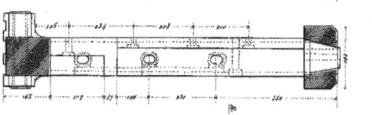
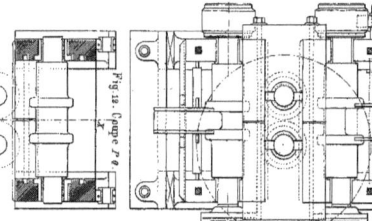
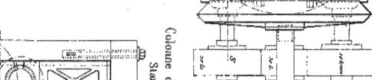

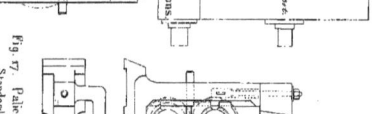
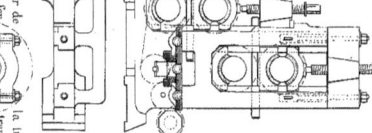

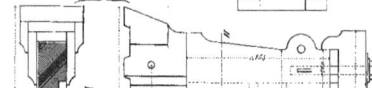
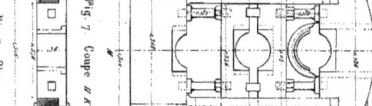
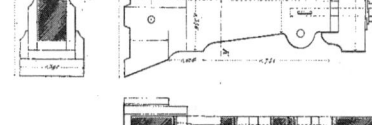

Fig. 1-4. Colonne pour petit mill.
Housing for small mill.

Fig. 1. Élévation.

Fig. 3. Coupe D E.

Fig. 2. Coupe G H.

Fig. 4. Joue mobile.
Moveable part of the frame.

Fig. 12. Coupe P Q.

Colonne de la cage à pignons.
Standard for pinions.

Fig. 17. Palier de transmission.
Standard for transmission.

Fig. 7. Coupe H K.

ENGLISH ROLLING MILL AND DETAILS OF HOUSINGS.

Fig. 2. Coupe transversale.

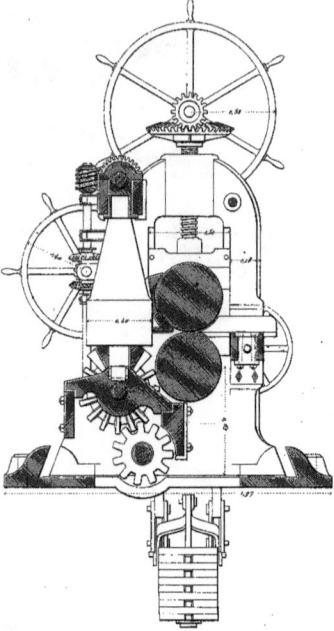

Fig. 1. Élévation.

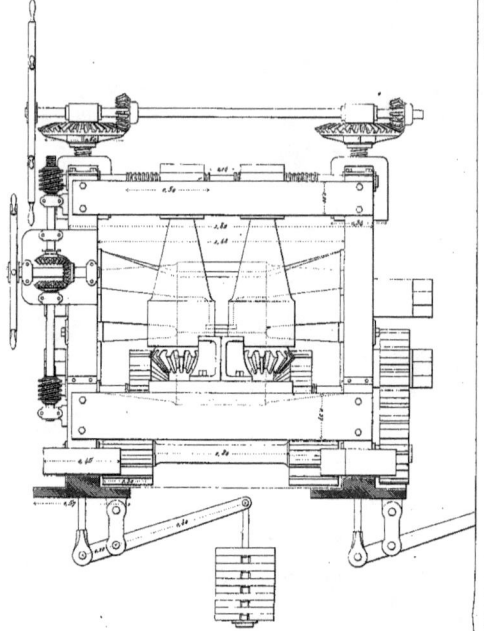

ROLLING MILLS — WAGNER'S UNIVERSAL MILL FOR LARGE FLAT BARS. (MARIAZELL IRON WORKS.)

Fig. 3. Élévation latérale.

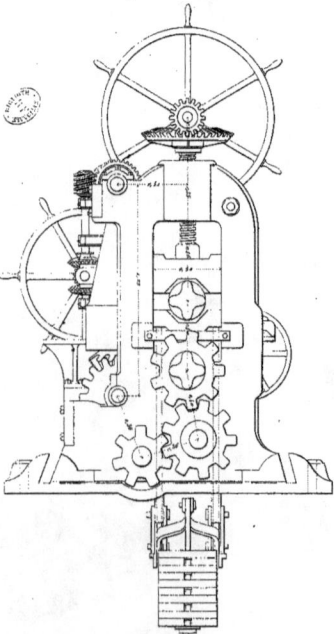

Fig. 4. Plan.

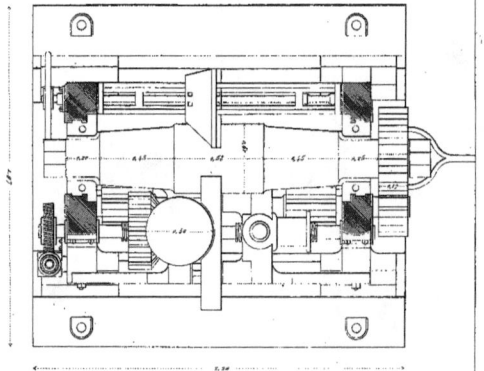

c. 05 : 1 mètre. (1:20)

1 mètre.

Pl. CII.

FABRICATION DES PETITS FERS RONDS DE TRÉFILERIE — TRAIN DE LAMINOIRS A GUIDES.

Fig. 1. Élévation et plan du train à cinq équipages.
General view and plan of the five sets of rolls.

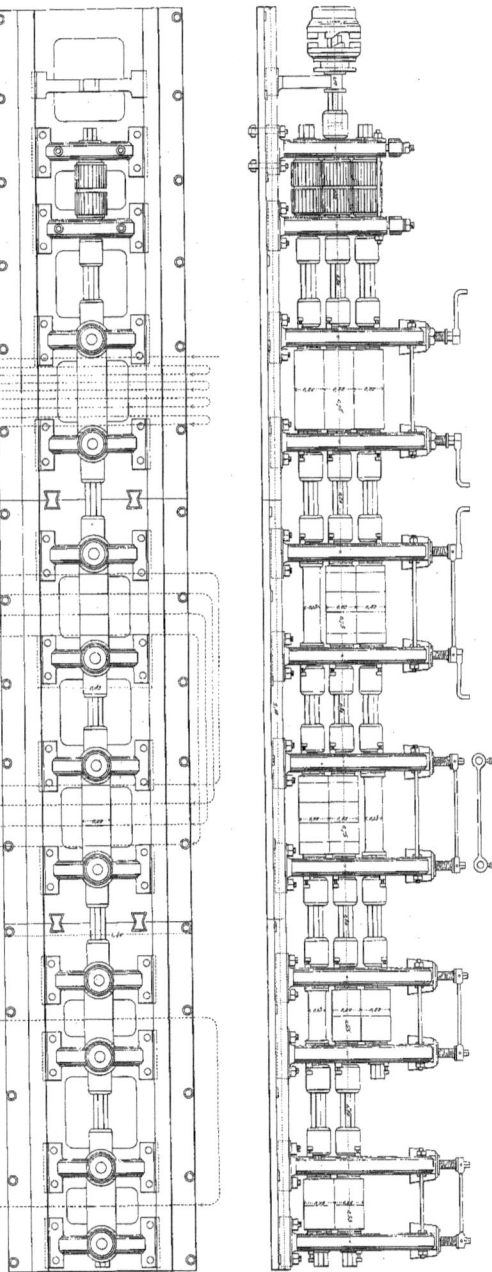

Fig. 8 - 9.
Guides pour le passage N° 7.
Fixed guides on the table for groove N° 7.

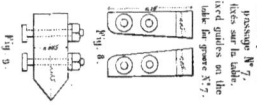

Fig. 10 - 14.
Boîtes et guides pour les passages N° 10 à 17 et supports des boîtes.
Boxes and guides for grooves N° 10 to 17 and support.

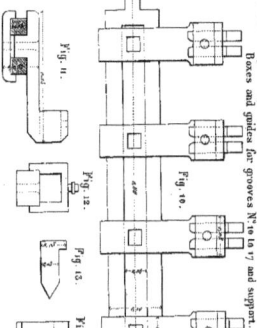

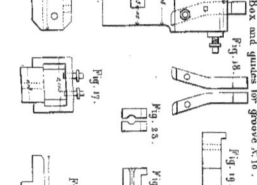

Fig. 15 - 19.
Boîte et guides pour le passage 18.
Box and guides for groove N° 18.

Fig. 20 - 24.
Boîte et guides pour le passage 19.
Box and guides for groove N° 19.

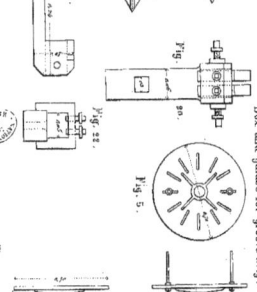

Fig. 4 - 7.
Tambour pour enrouler les ronds.
Coiling reed.

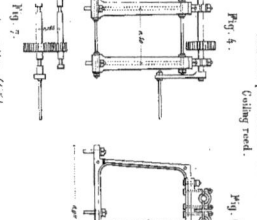

Fig. 2. Colonne d'une cage à cylindres.

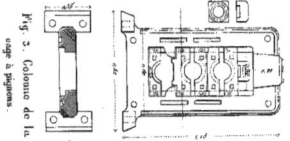

Fig. 3. Colonne de la cage à pignons.

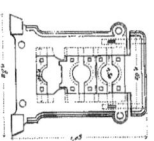

WIRE RODS MANUFACTURE — WIRE GUIDE ROLLING MILL.

PL. CIII.

TRAIN DE FENDERIE ANGLAISE. (USINE DE DOWLAIS.)

Fig. 1. Élévation de l'ensemble du train.
Général view.

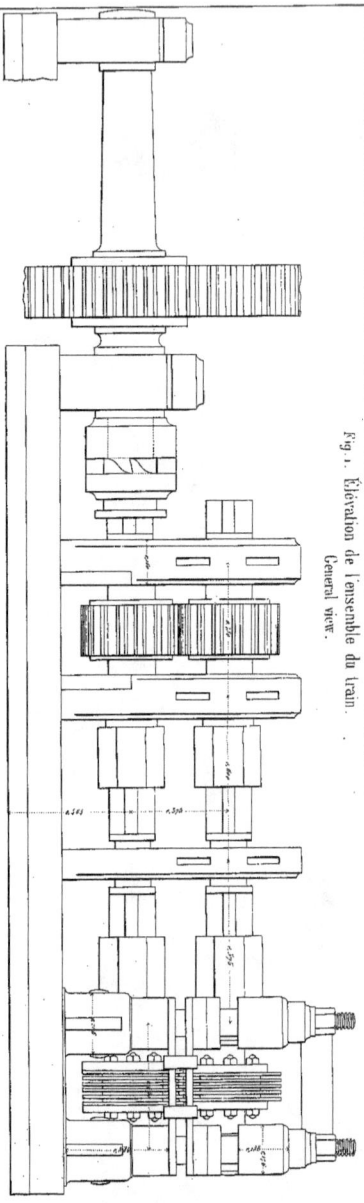

Fig. 2. Élévation latérale.

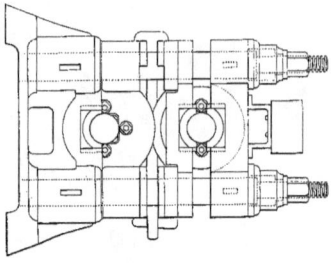

Fig. 3. Coupe transversale.

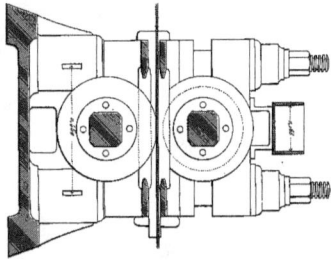

Fig. 4. Coupe longitudinale.

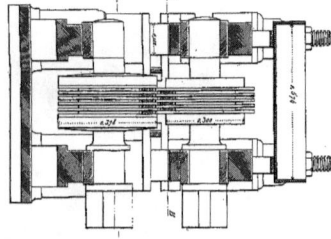

Fig. 5. Coupe horizontale A B.

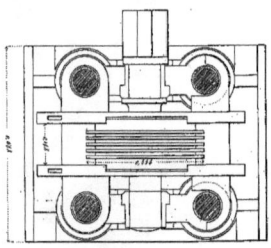

Fig. 6. Plan.

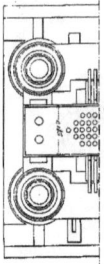

Fig. 7. Coupe horizontale C D.

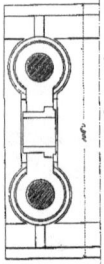

Fig. 8, 9. Cage à pignons.
Housing for pinions.
Fig. 8. Élévation.

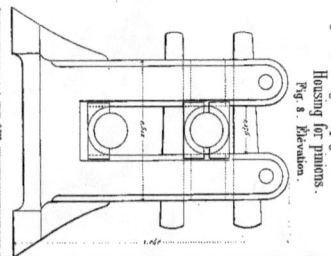

Fig. 9. Coupe horizontale.

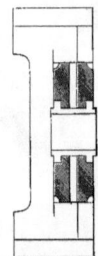

Fig. 10. Pignon.
Pinon.

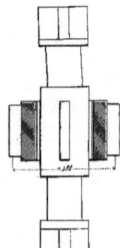

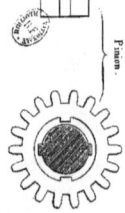

Fig. 11. Manchon.
Coupling box.

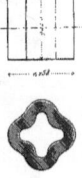

Fig. 12. Allonge.
Breaking spindle.

SLITTING ROLLING MILL. (DOWLAIS IRON WORKS.)

Réduit à 1 sept de l'échelle de l'atelier.

PL. CIV.

CISAILLES DIVERSES.

Fig. 1, 2, 3, 4. Cisaille à excentrique pour gros fers.
Excentric shears for large bars.

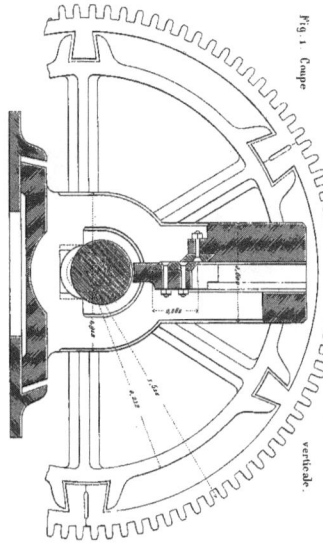

Fig. 1. Coupe verticale.

Fig. 2. Élévation.

Fig. 3. Coupe horizontale.

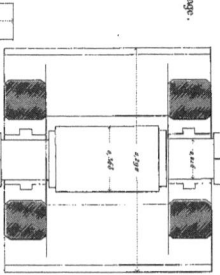

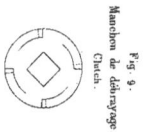

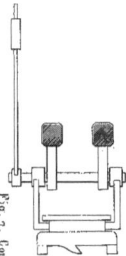

Fig. 4. Plan.

Fig. 5, 6, 7. Cisaille pour fers marchands.
Cropping-shears for merchant bars.

Fig. 5. Élévation.

Fig. 6. Plan.

Fig. 7. Coupe verticale.

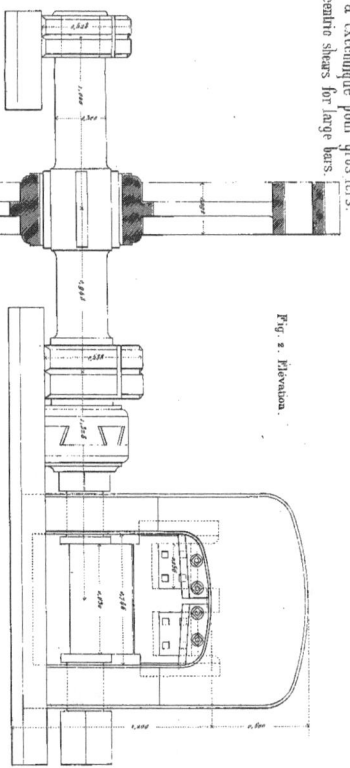

Fig. 9.
Manchon de débrayage.
Clutch.

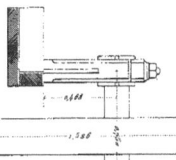

Fig. 8.

Fig. 8, 9, 10.
Transmission de la scie à rails de Dowlais.
Gearing for rail-saw at Dowlais works.

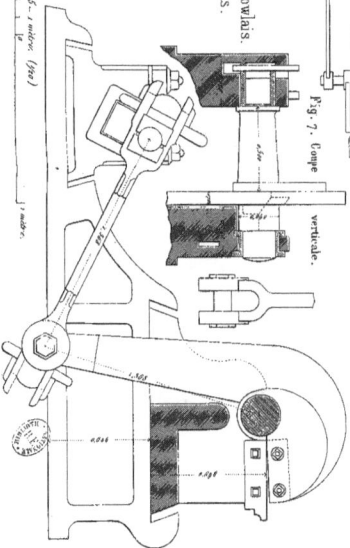

Fig. 10.
Plan du débrayage.
Clutch.

SCIE CIRCULAIRE A BATI OSCILLANT POUR AFFRANCHISSAGE DES FERS A POUTRELLES.

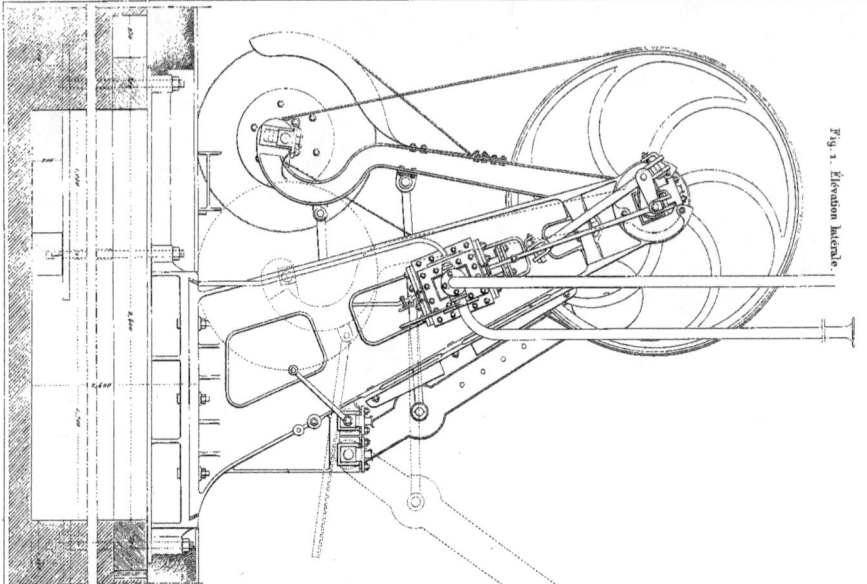

Fig. 1. Élévation latérale.

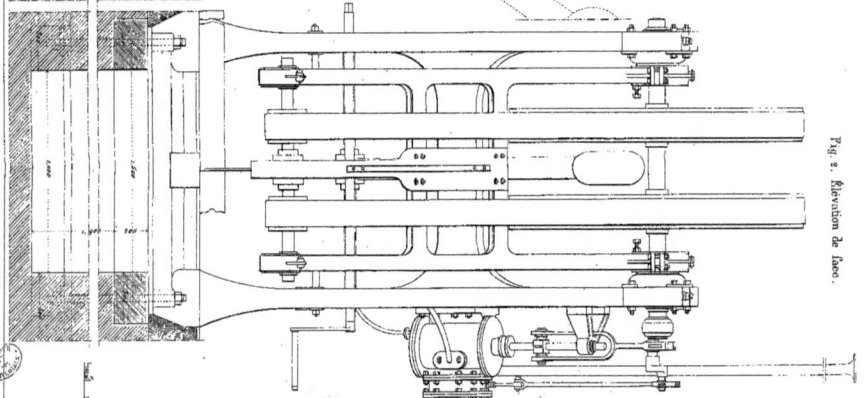

Fig. 2. Élévation de face.

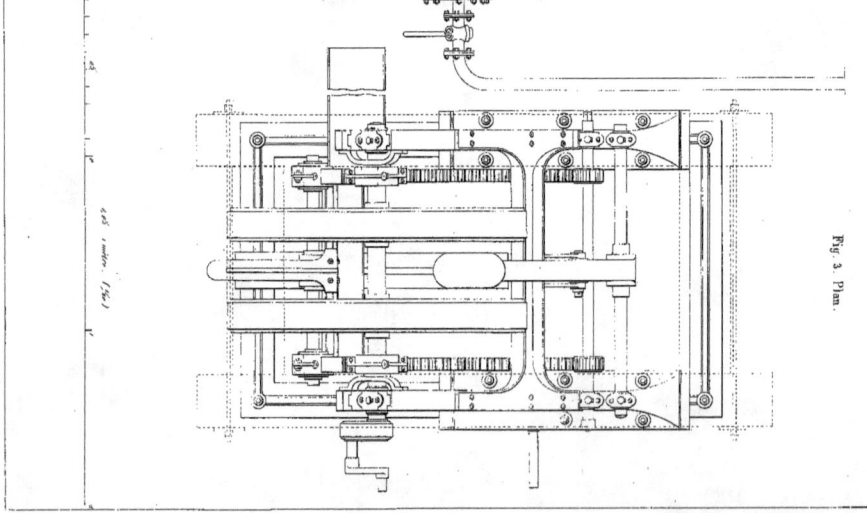

Fig. 3. Plan.

PENDULUM CIRCULAR SAW FOR END-CUTTING GIRDERS.

FABRICATION DES RAILS — AFFRANCHISSAGE.

Scie double à banc glissant. (Usine de Dowlais.)
Two bladed saw with sliding bench (Dowlais works.)

Fig. 1. Élévation de la scie.
View of the saw.

Fig. 2. Plan du banc de scie.
Plan of saw bench.

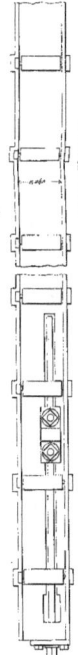

Fig. 3. Élévation du banc.
View of the bench.

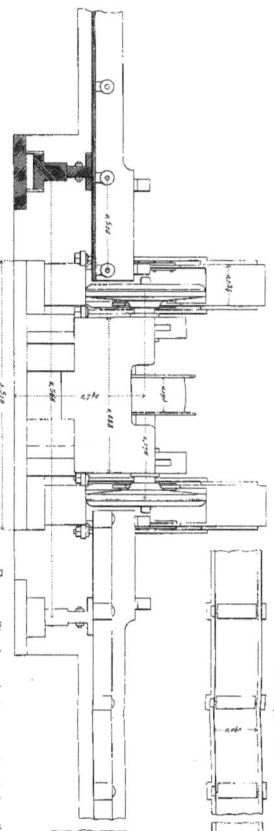

Fig. 4. Coupe A B du banc,
montrant l'arrêt pour ajustage de la longueur.
Section of saw bench showing
screw stop for adjusting length of rails.

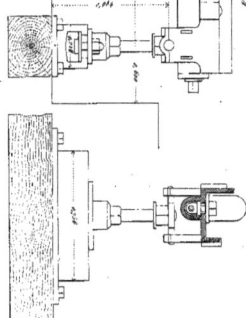

Fig. 5. Coupe du banc de scie.
Section of saw bench.

Fig. 6. Vue d'ensemble de la scie et de sa transmission.
General view of saw and gearing.

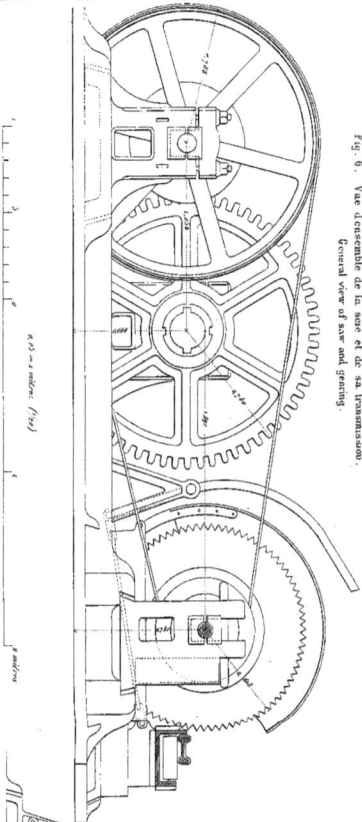

Fig. 7. Coupe par l'axe de la scie.
Section of the saw showing spindle,
spindle and cooling trough.

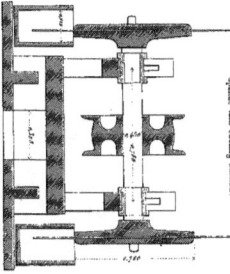

Fig. 8, 9. Arrêt pour maintenir le rail.
Stop for holding rail.

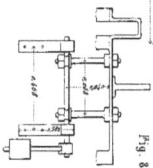

Fig. 10. Levier pour mouvoir le banc de scie.
Lever for moving saw bench.

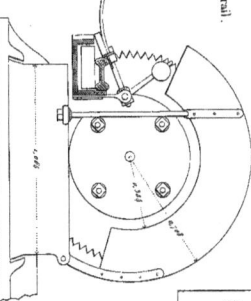

FABRICATION DES RAILS — AFFRANCHISSAGE.

Scie à banc oscillant. (Forges d'Aubin.)
Saw with oscillating bench. (Aubin iron works.)

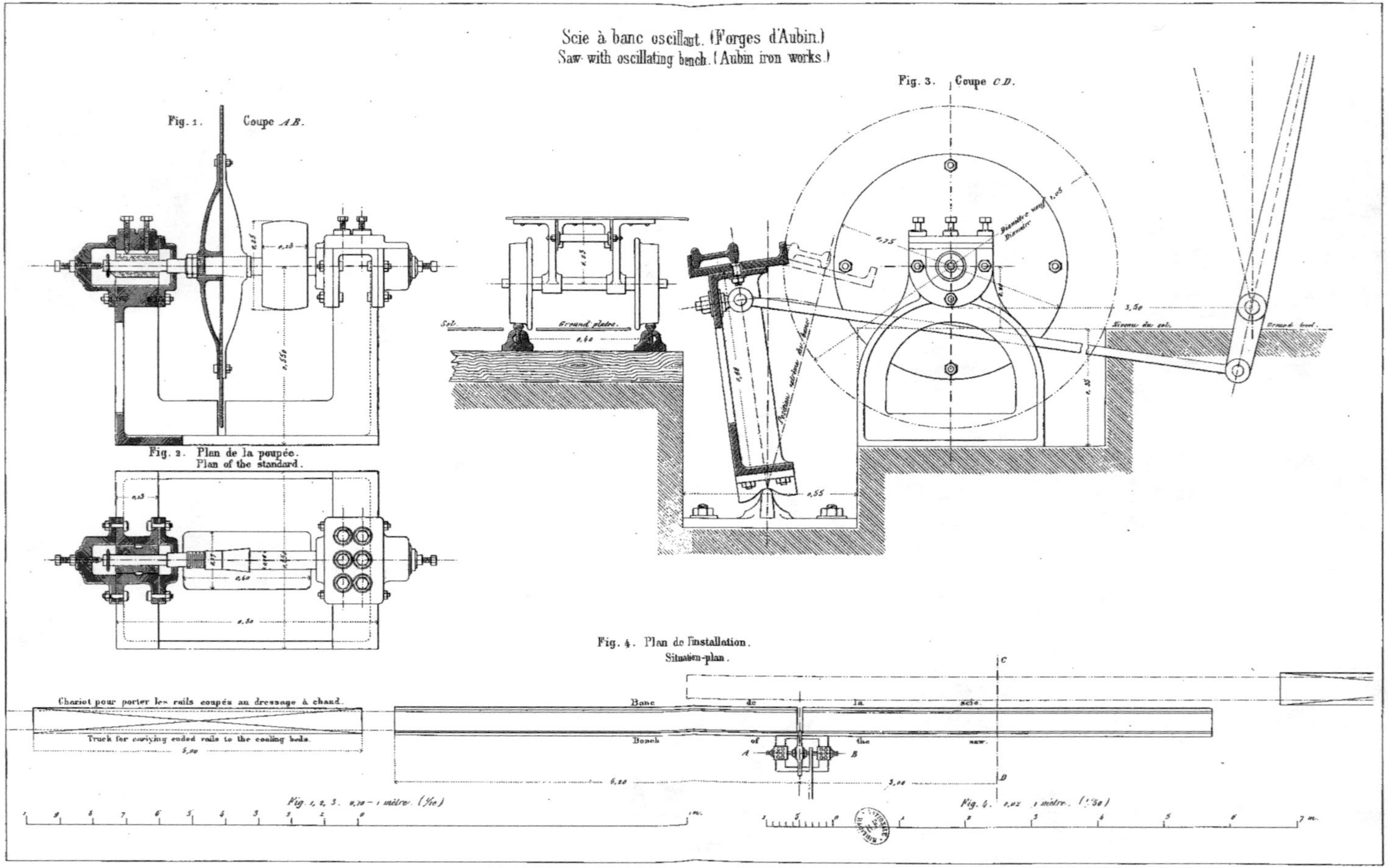
Fig. 1. Coupe A B.
Fig. 2. Plan de la poupée.
Plan of the standard.
Fig. 3. Coupe C D.
Sol.
Ground plate.
Niveau du sol.
Ground level.
Fig. 4. Plan de l'installation.
Situation-plan.
Chariot pour porter les rails coupés au dressage à chaud.
Truck for carrying ended rails to the cooling beds.
Banc de la scie.
Bench of the saw.
Fig. 1, 2, 3. 0,10 = 1 mètre. (1/10)
Fig. 4. 0,02 = 1 mètre. (1/50)

RAIL MANUFACTURE — END-CUTTING.

Publ. et imp. A. Baudry, à Liège.

FABRICATION DES RAILS — DRESSAGE A FROID.

PL. CIX.

Fig. 1—8. Presse à dresser conduite par engrenages. (Usine de Dowlais.)
Straightening press driven by gear.

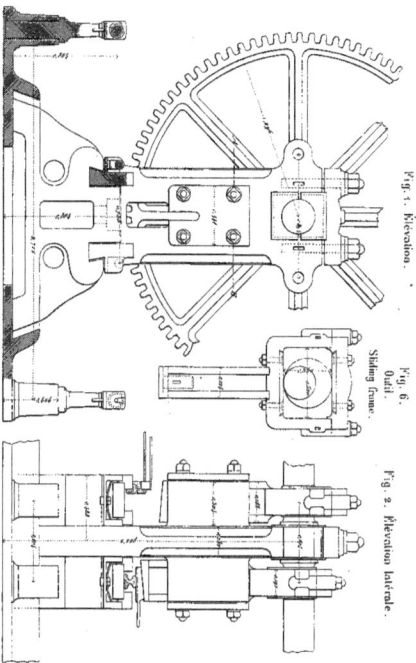

Fig. 1. Élevation.

Fig. 2. Élévation latérale.

Fig. 3. Plan de la presse.

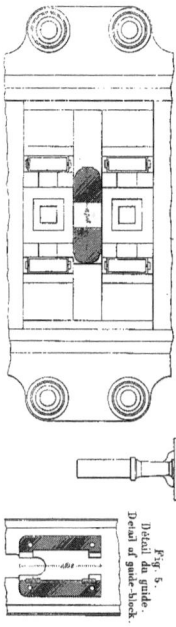

Fig. 4. Coupe A B.

Fig. 5. Détail du guide.
Detail of guide-block.

Fig. 6. Outil.
Sliding frame.

Fig. 7. Transmission.
Gearing.

Fig. 8. Galet.
Roller.

Fig. 9, 10. Presse à dresser conduite par courroie. (Usine de Dowlais.)
Straightening press driven by a band. (Dowlais works.)

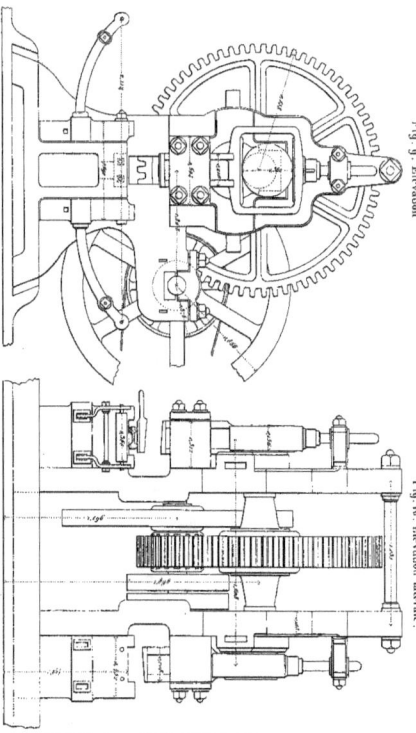

Fig. 9. Élévation.

Fig. 10. Élévation latérale.

Outils employés pour dresser les rails à la main.
Implements for straightening rails by hand.

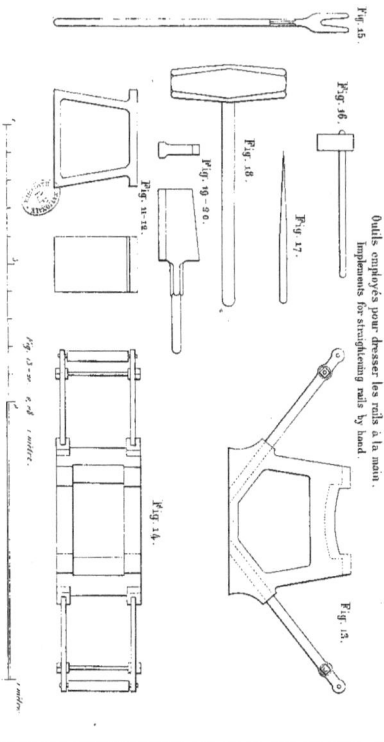

Fig. 15.

Fig. 16.

Fig. 18.

Fig. 19—20.

Fig. 17.

Fig. 11-12.

Fig. 13.

Fig. 14.

Pl. CX.

Fig. 1—6. Presse à dresser. (Usine de Cyfarhfa.)
Straightening press. (Cyfartha works.)

Fig. 1. Élévation latérale.

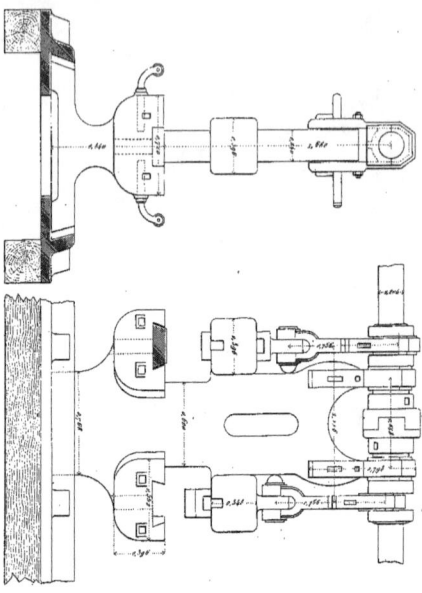

Fig. 2. Élévation principale.

Fig. 4. 5. 6.
Détails de la bielle et de l'outil.
Connecting rod and die-block.

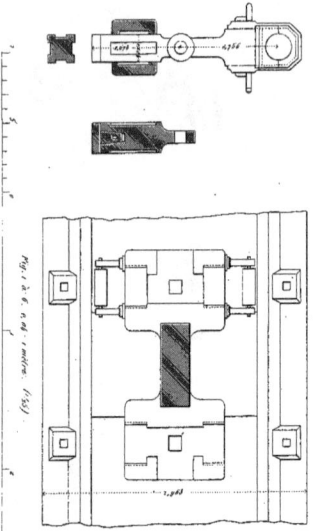

Fig. 3. Plan.

Fig. 7—10. Machine à fraiser. (Usine de Ruhrort.)
Rail ending machine. (Ruhrort works.)

Fig. 7. Élévation latérale.

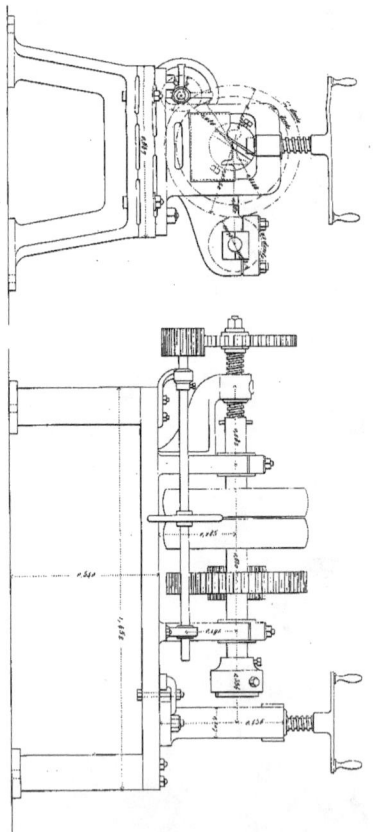

Fig. 8. Élévation principale.

Fig. 10. Lame de la fraise. (½.)
Cutting tool.

Coupe a b.

Coupe c d.

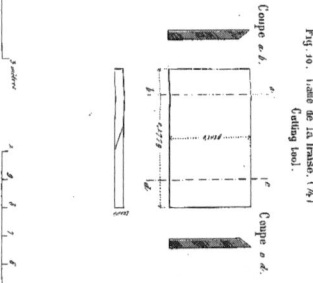

Fig. 9. Plan.

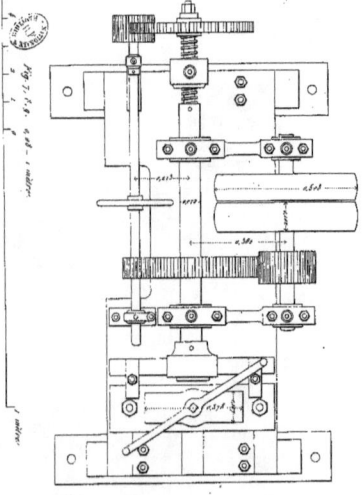

FOUR A RALLONGER ET A RECUIRE LES GROSSES TÔLES.

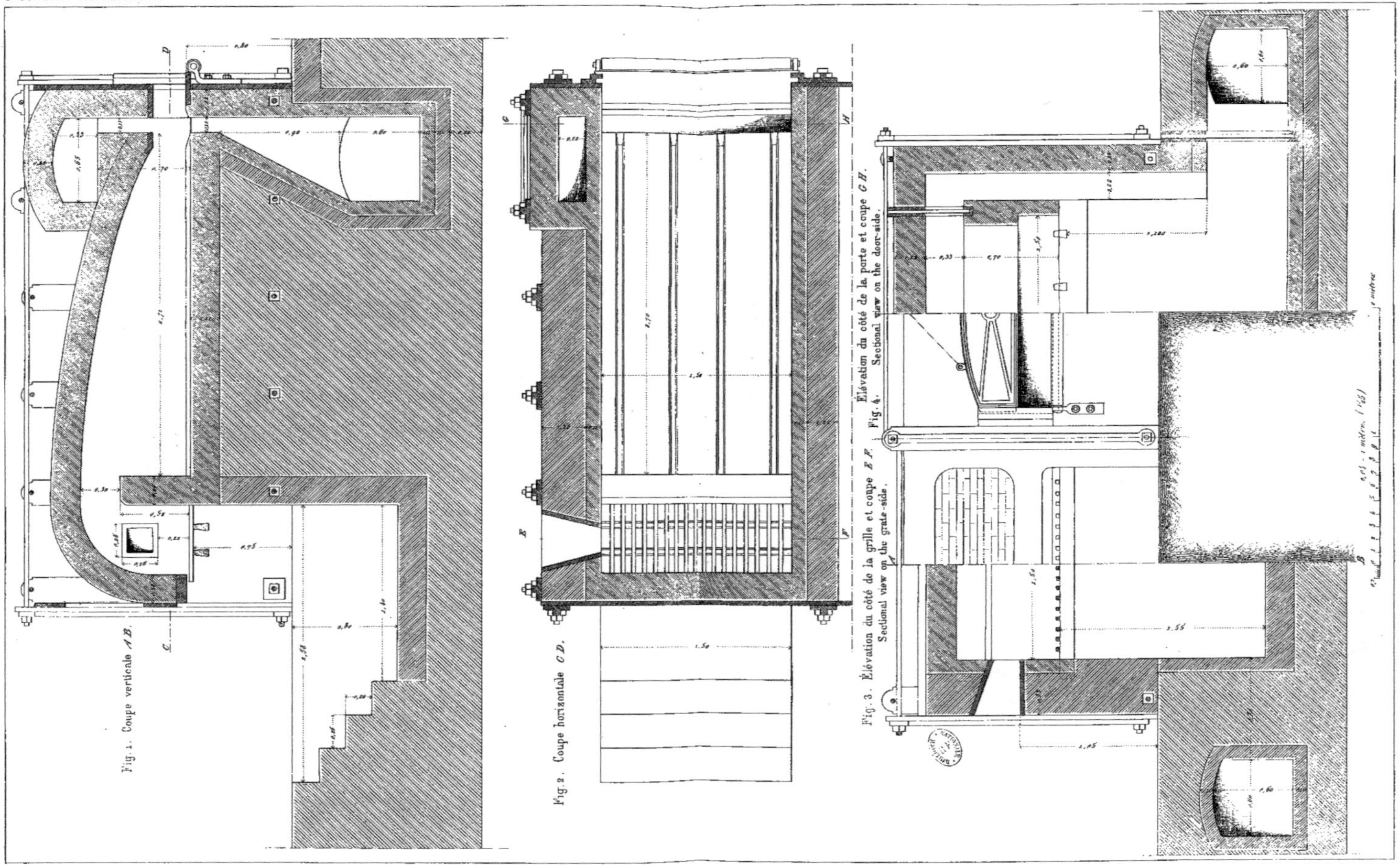
Fig. 1. Coupe verticale A B.
Fig. 2. Coupe horizontale C D.
Fig. 3. Élévation du côté de la grille et coupe E F.
Sectional view on the grate-side.
Fig. 4. Élévation du côté de la porte et coupe G H.
Sectional view on the door-side.
0,05 = 1 mètre. (1/20)
5 mètres

HEATING AND ANNEALING FURNACE FOR PLATES.

Etabl.t d'imp.ie de J. Baudry, à Liège.

FOURS DE TÔLERIE.

Four à double sole de l'Usine de Friedland. (Moravie.)
Furnace with two bottoms at Friedland huette. (Moravia.)

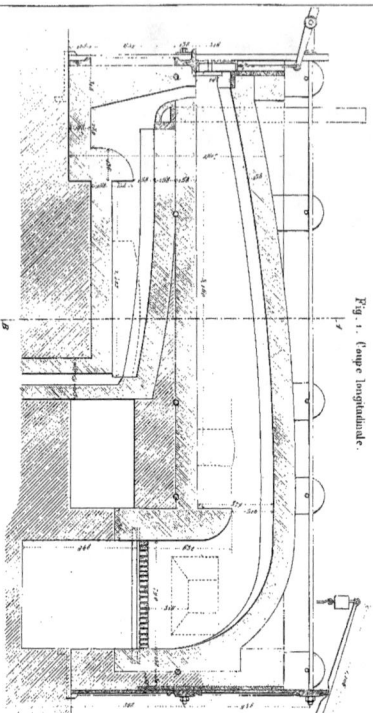

Fig. 1. Coupe longitudinale.

Fig. 2. Élévation latérale.

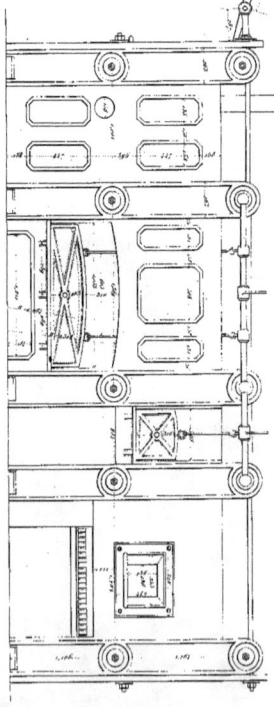

Fig. 3. Plan.

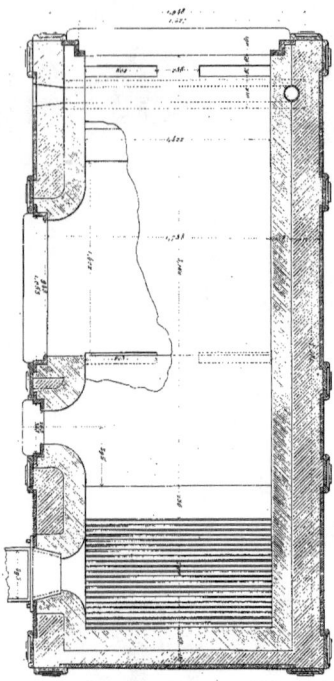

Fig. 4. Coupe transversale.

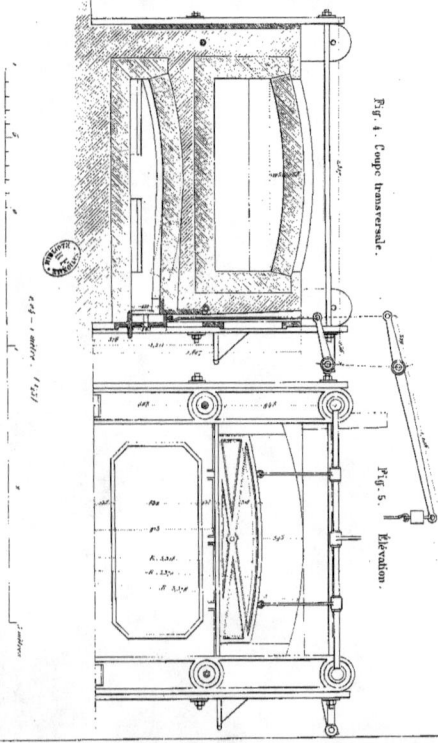

Fig. 5. Élévation.

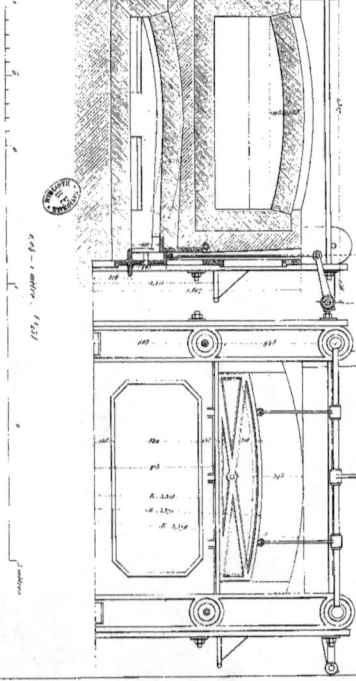

FURNACES FOR PLATE AND SHEET WORKS.

Fig. 1-4. Four à recuire en vase clos (A/B)
Case-annealing oven.

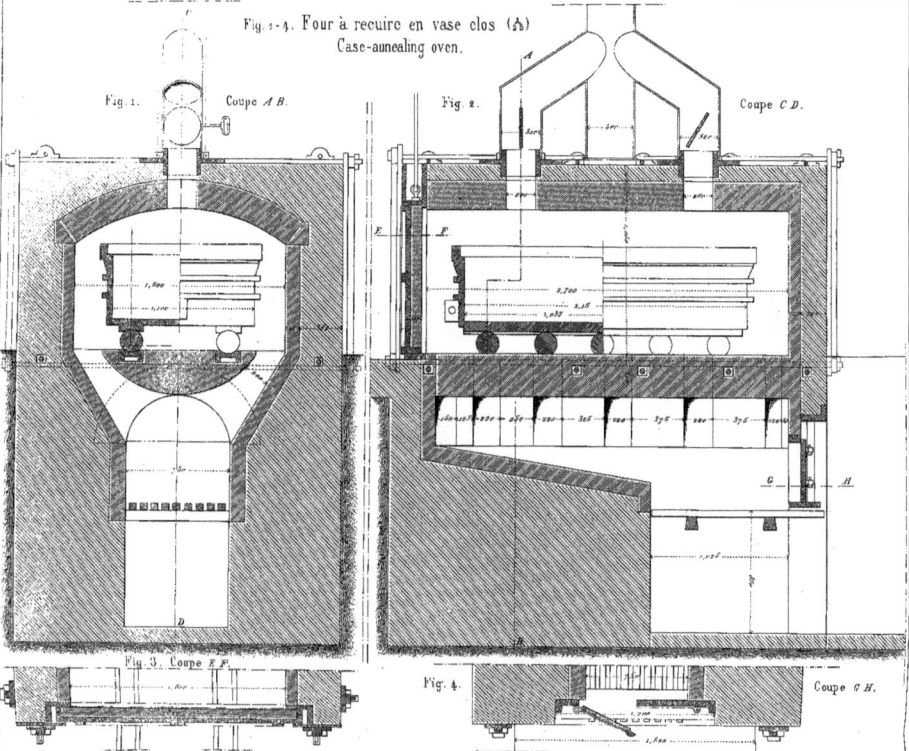

Fig. 1. Coupe A B.

Fig. 2. Coupe C D.

Fig. 3. Coupe E F.

Fig. 4. Coupe G H.

Fig 5-8. Four dormant. (A/B)
Sleeping furnace.

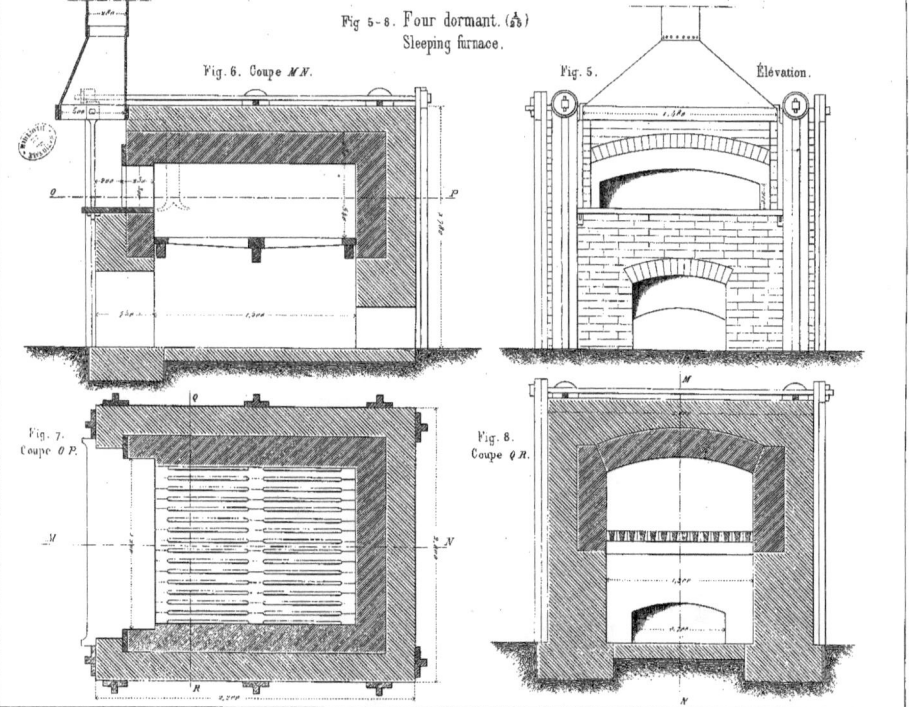

Fig. 6. Coupe M N.

Fig. 5. Élévation.

Fig. 7.
Coupe O P.

Fig. 8.
Coupe Q R.

TRAIN DE LAMINOIRS A GROSSES TÔLES. (USINE DE SERAING.)

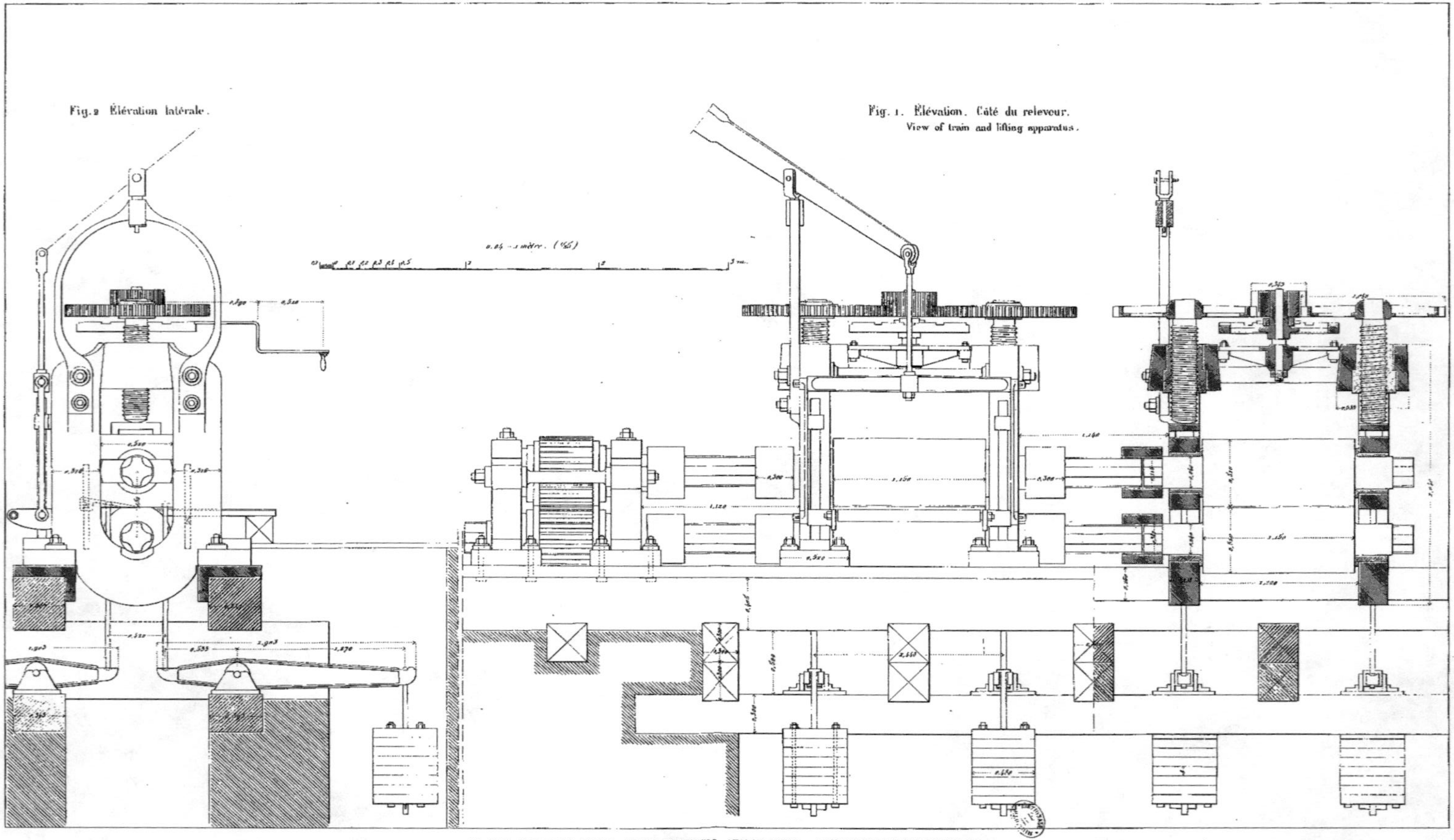

Fig. 2 Élévation latérale.

Fig. 1. Élévation. Côté du releveur.
View of train and lifting apparatus.

PLATE ROLLING MILL WITH LIFTING APPARATUS. (SERAING IRON WORKS.)

Établ.t et impr.ie de J. Baudry, à Liége.

TRAIN DE LAMINOIRS A GROSSES TÔLES. (USINE DE SERAING.)

Fig. 4. Élévation latérale de la cage à pignons.
Standard for pinions.

Fig. 5. Détails du releveur.
Details of lift.

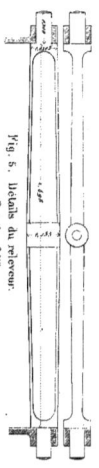

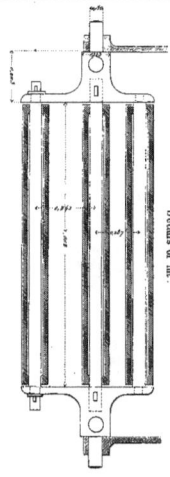

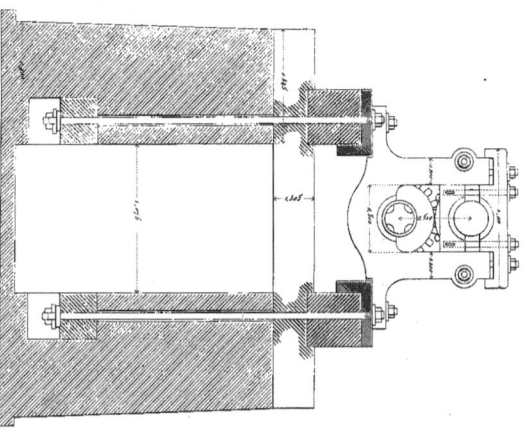

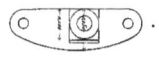

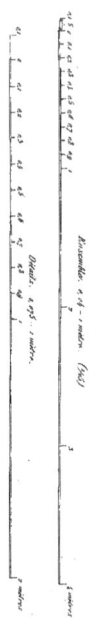

Fig. 3. Plan et coupe horizontale.

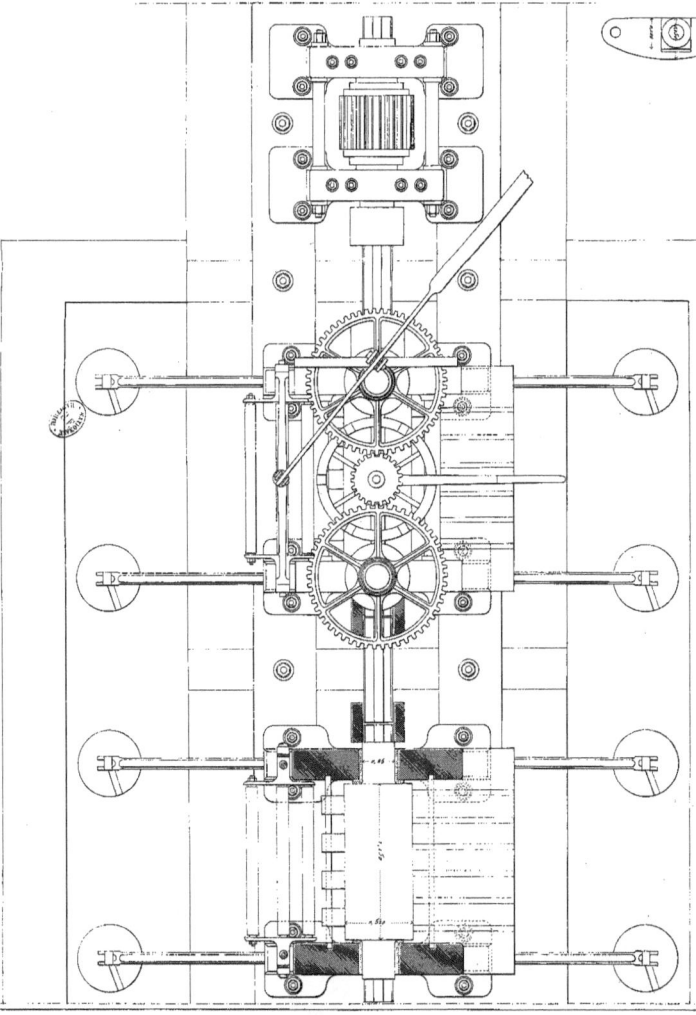

Ensemble. 1/15 : 1 mètre. (1/15)

Détails. 1/5 : 1 mètre.

PLATE ROLLING MILL WITH LIFTING APPARATUS. (SERAING IRON WORKS.)

Pl. CXVI.

Fig 1. Coupe transversale montrant le chariot porteur et le tablier releveur.

Transverse section showing the fore-truck and the lifting-table-frame.

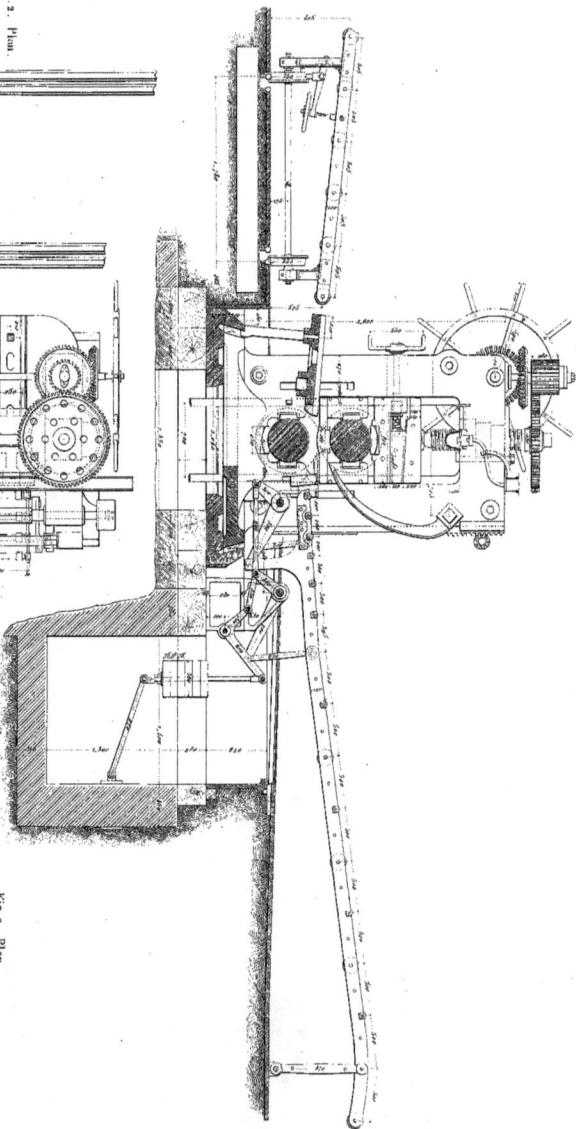

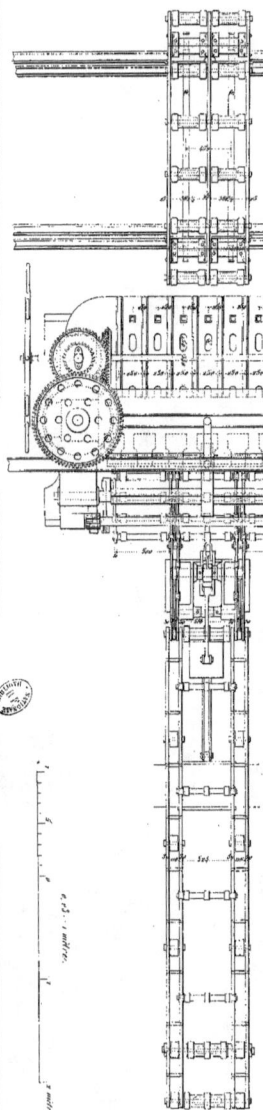

Fig 2. Plan.

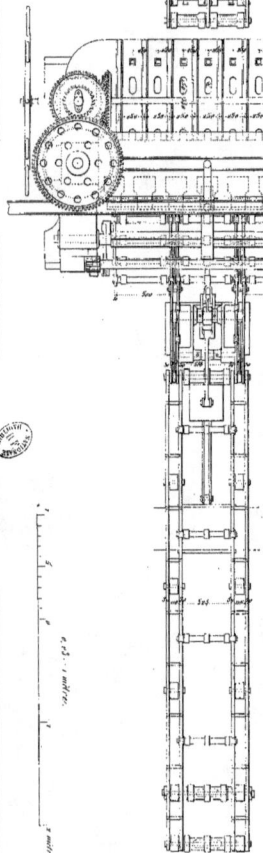

Fig 3. Plan.

PLATE MILL WITH LIFTING TABLE. (CREUSOT IRON WORKS)

Fig. 8. Coupe *A B*.

Fig. 7, 8, 9. Tablier. - Table.

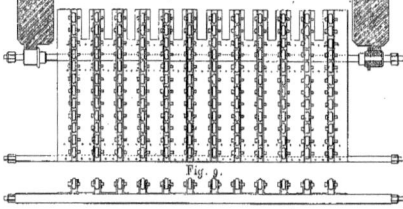

Fig. 7.

Fig. 9.

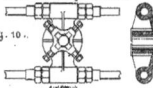

Fig. 6. Plan de la traverse du releveur.
Cross frame of the lifting apparatus.

Fig. 5. Support du cylindre à vapeur.
Girder bearing the steam-cylinder.

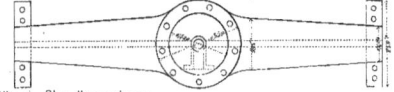

Fig. 3. Plan d'une colonne.
Standard.

Fig. 4. Coupe *C D*.

Fig. 1. Vue générale de la cage.

General view   of housings.

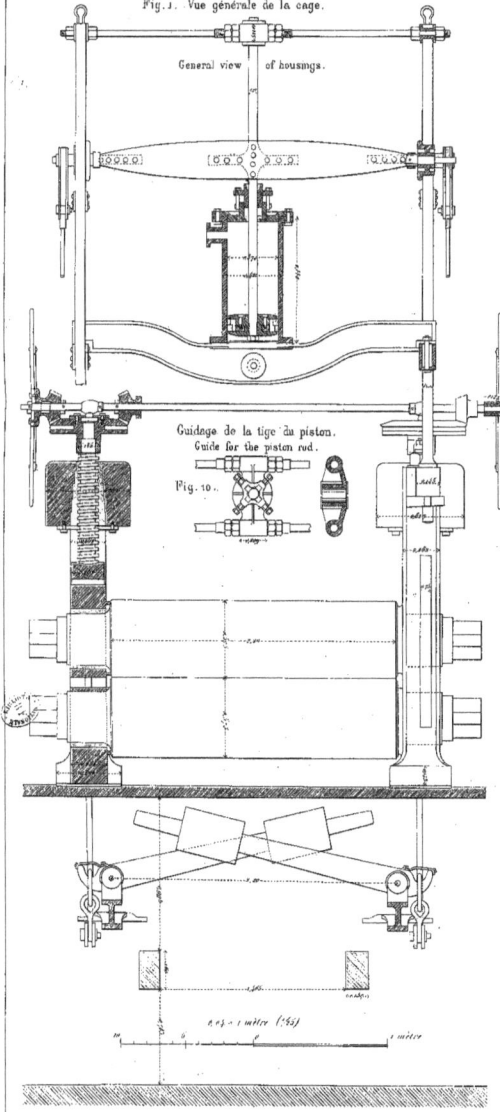

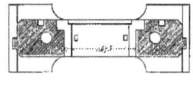

Fig. 2. Élévation   latérale.

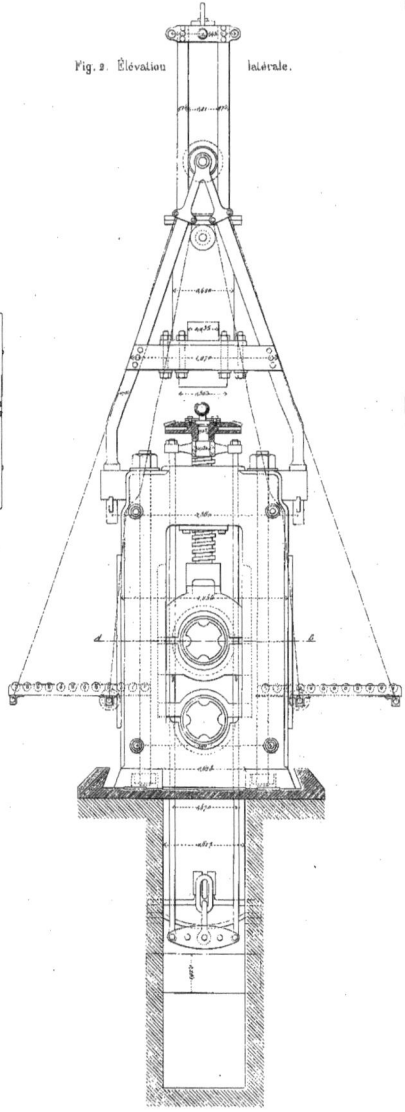

Guidage de la tige du piston.
Guide for the piston rod.

Fig. 10.

0.63 = 1 mètre (1/55)

Pl. CXVII.

PLATE MILL WITH LIFTING APPARATUS — BORSIG'S SYSTEM.

CISAILLE A COUPER LES TÔLES EN TRAVERS. SYSTÈME DETHOMBAY.

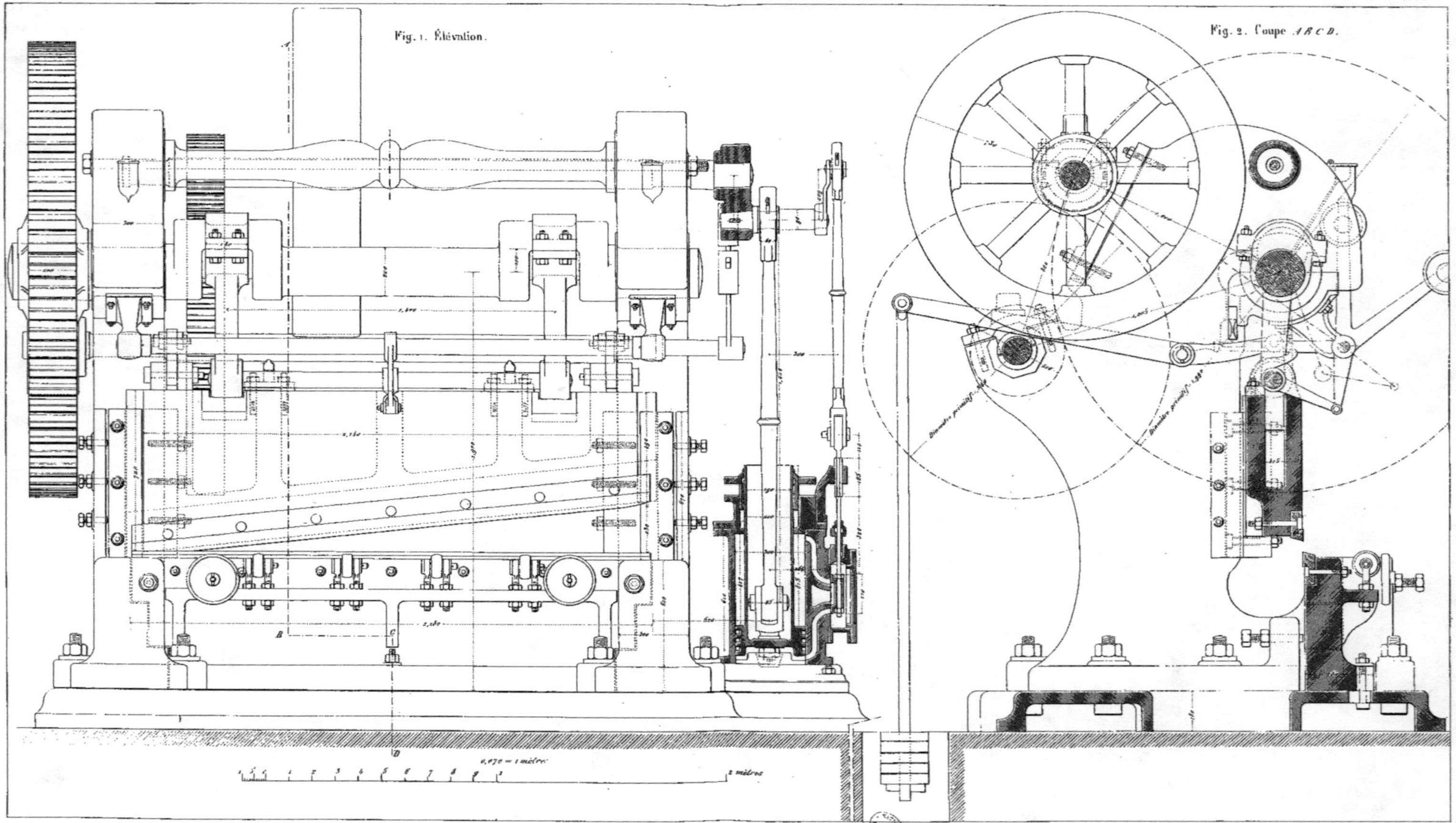

Fig. 1. Élévation.
Fig. 2. Coupe A B C D.
0,070 = 1 mètre
2 mètres

DETHOMBAY'S PLATE SHEARS.

Etabl. et impr. de J. Baudry, à Liège.

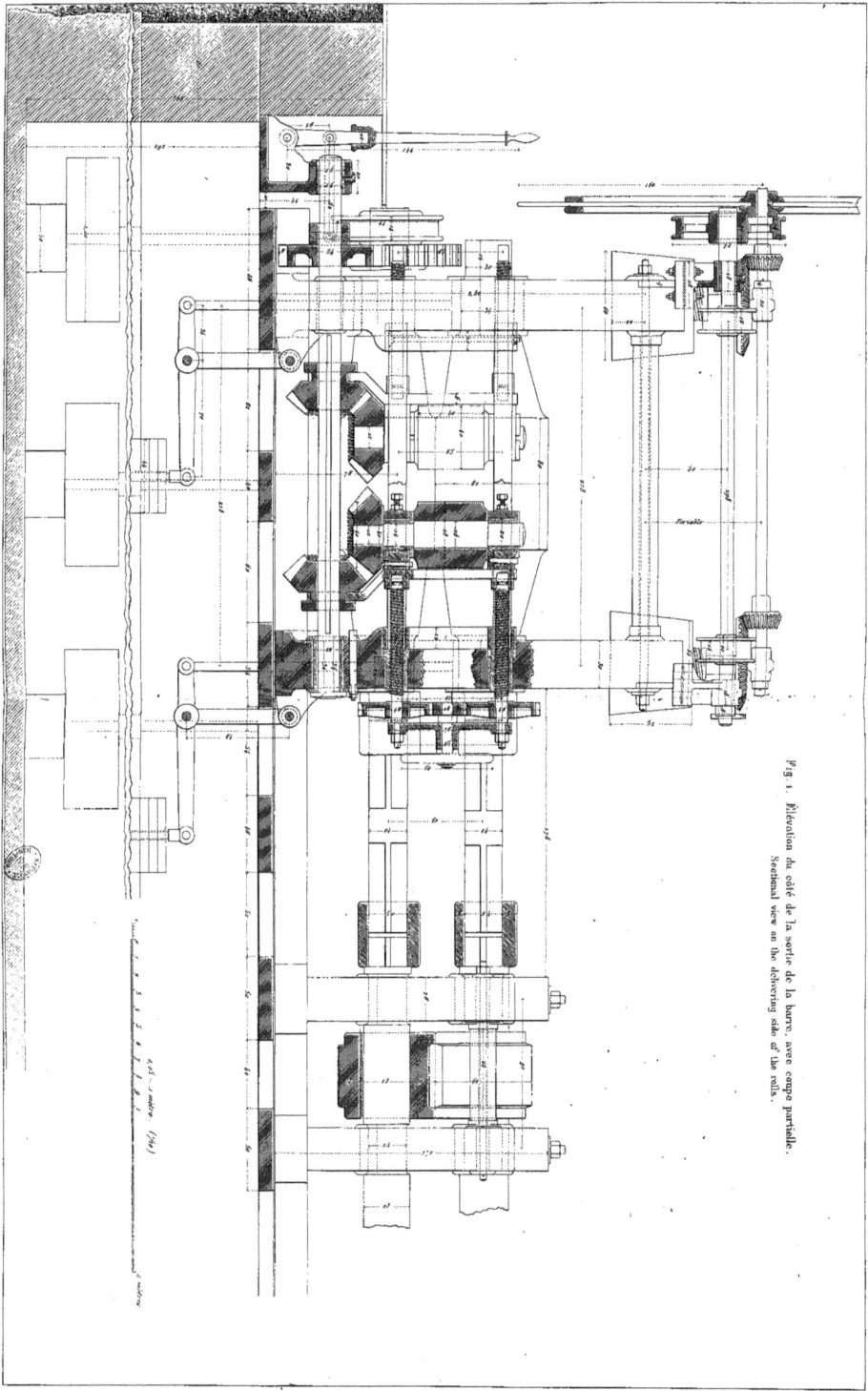

Fig. 1. Élévation du côté de la sortie de la barre, avec coupe partielle.

Sectional view on the delivering side of the rolls.

UNIVERSAL ROLLING MILL FOR LARGE FLAT BARS AND GIRDERS.

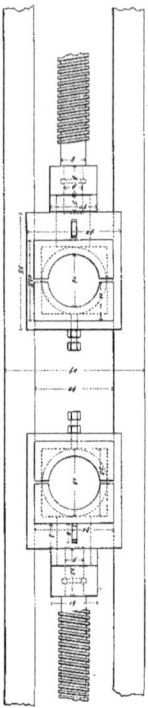

Fig. 3.   Plan des guides et des attaches des cylindres verticaux.
Plan of the slide bars and of the vertical rolls collars.

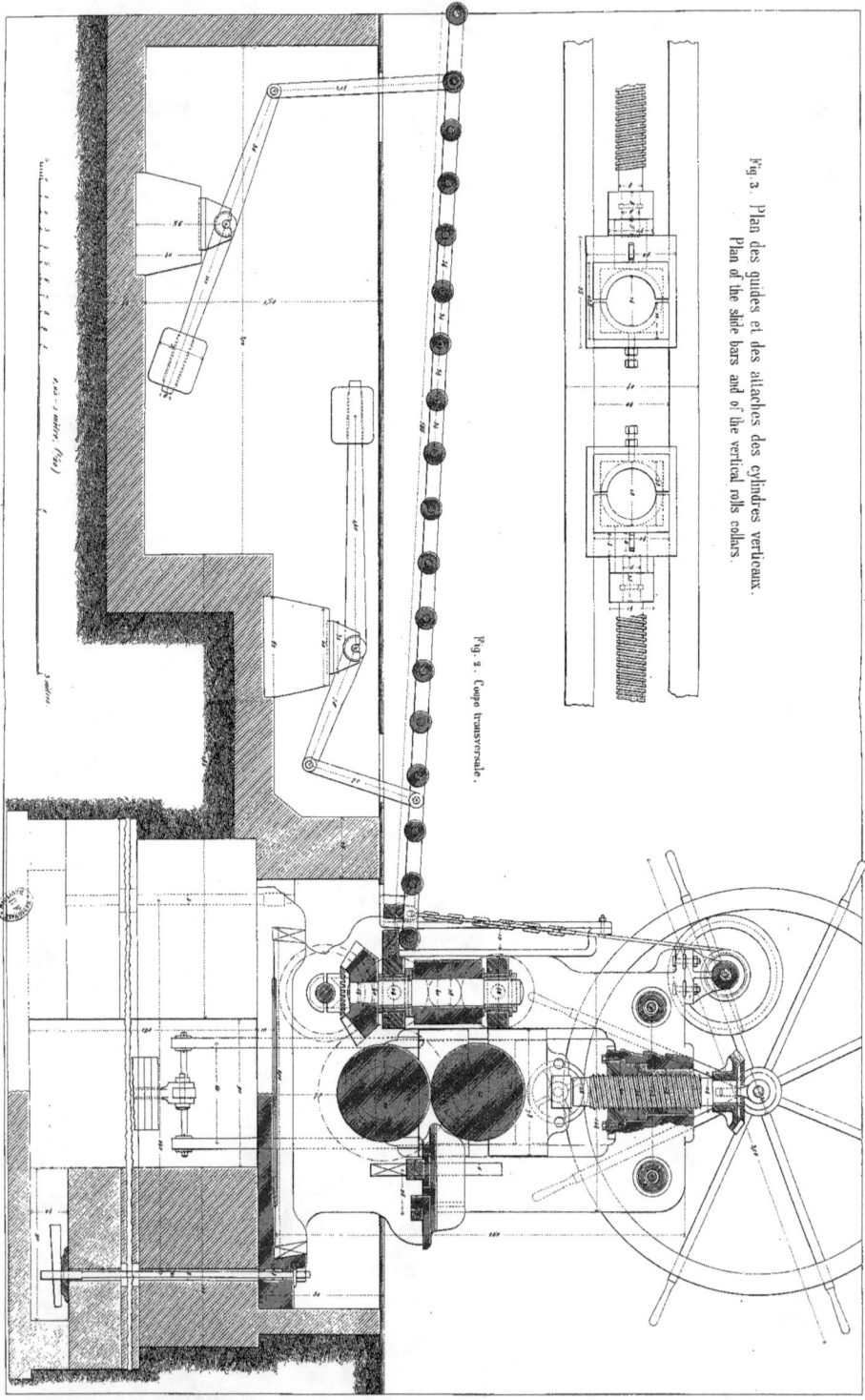

Fig. 2.   Coupe transversale.

UNIVERSAL ROLLING MILL FOR LARGE FLAT BARS AND GIRDERS.

TRAIN UNIVERSEL ALTERNATIF POUR BLINDAGES.

Fig. 1. Élévation générale.

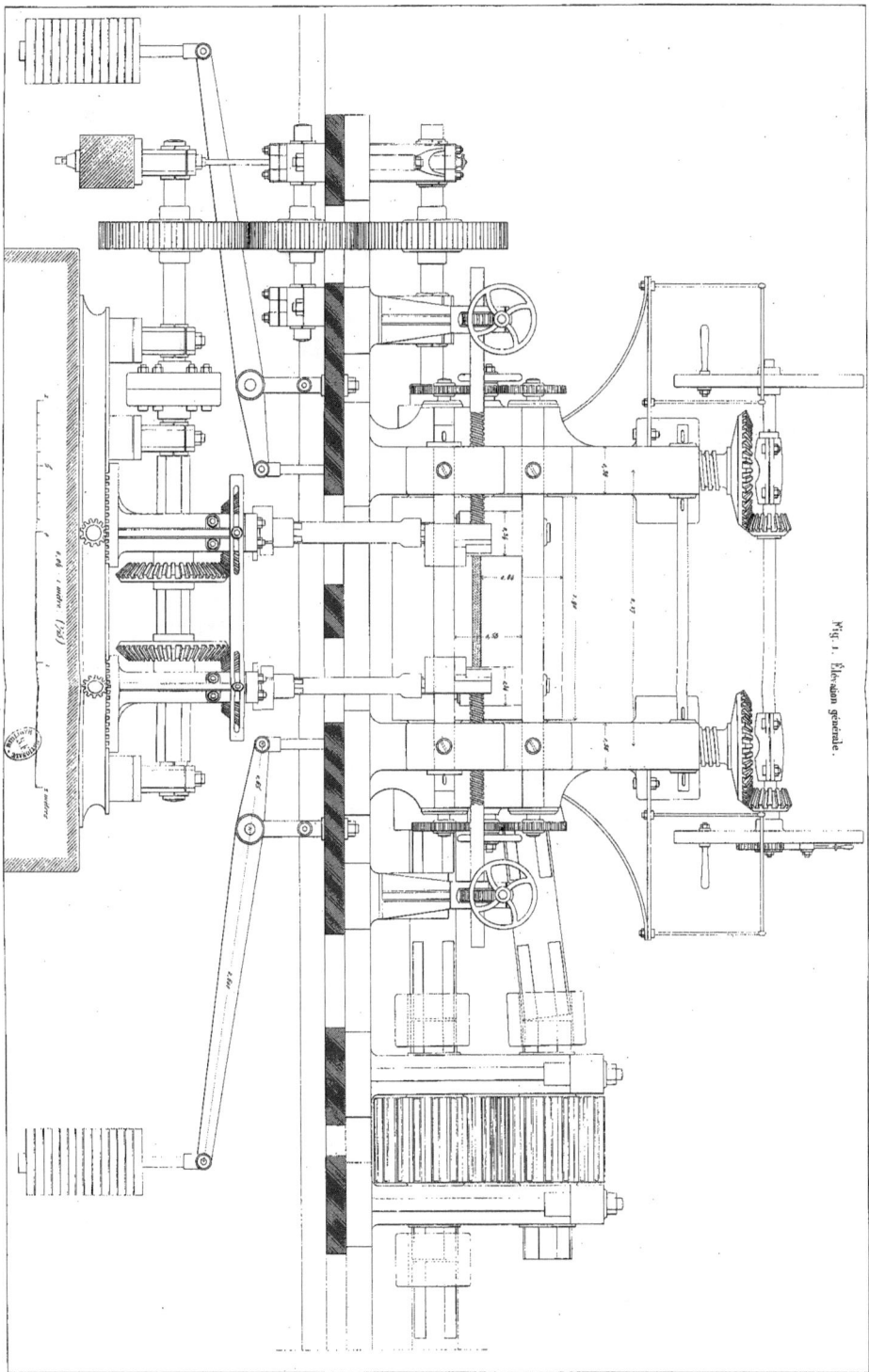

UNIVERSAL REVERSING ROLLING MILL FOR ARMOUR PLATES.

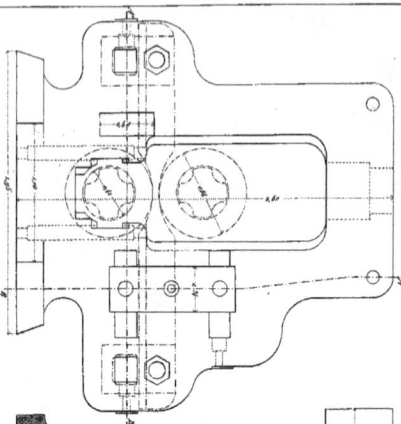

Fig. 2, 3, 4. Détails de la colonne.
Details of standard.

Fig. 3. Coupe A.B.

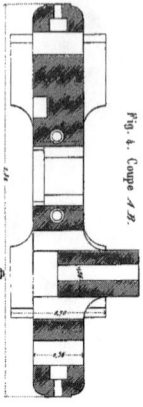

Fig. 4. Coupe A.B.

Fig. 2. Élévation.

Fig. 8. Roulement des galets.
Sliding gear of vertical rolls.

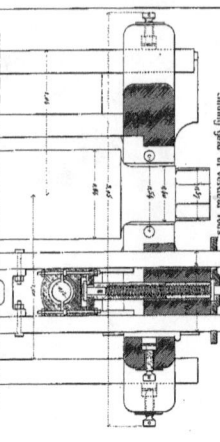

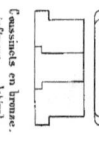

Brasses.

Coussinets en bronze,
inférieur, latéral.

Esquisse support du cyl. sup.
Bearing of upper roll.

Chapeau du cylindre supérieur.
Top chock.

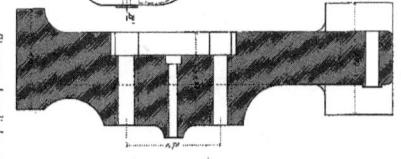

Fig. 3. Coupe A.B.

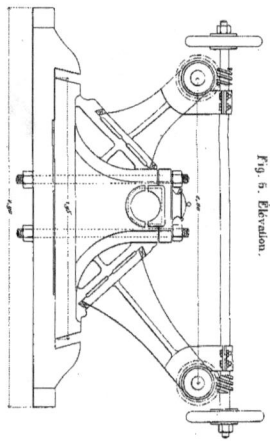

Fig. 5, 6, 7. Mouvement des guides.
Gearing of the guides.

Fig. 5. Élévation.

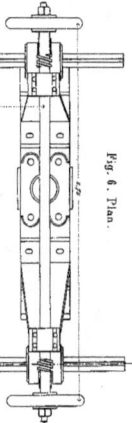

Fig. 6. Plan.

UNIVERSAL REVERSING ROLLING MILL FOR ARMOUR PLATES.

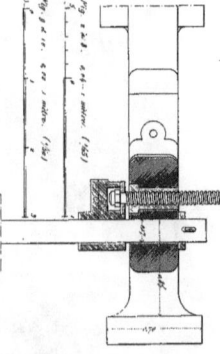

Fig. 7. Coupe verticale.

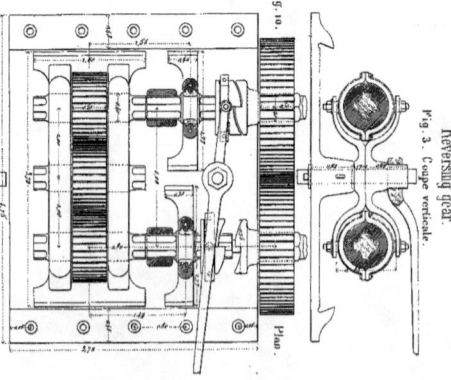

Fig. 9, 10. Changement de marche.
Reversing gear.

Fig. 3. Coupe verticale.

Fig. 10.

Plan.

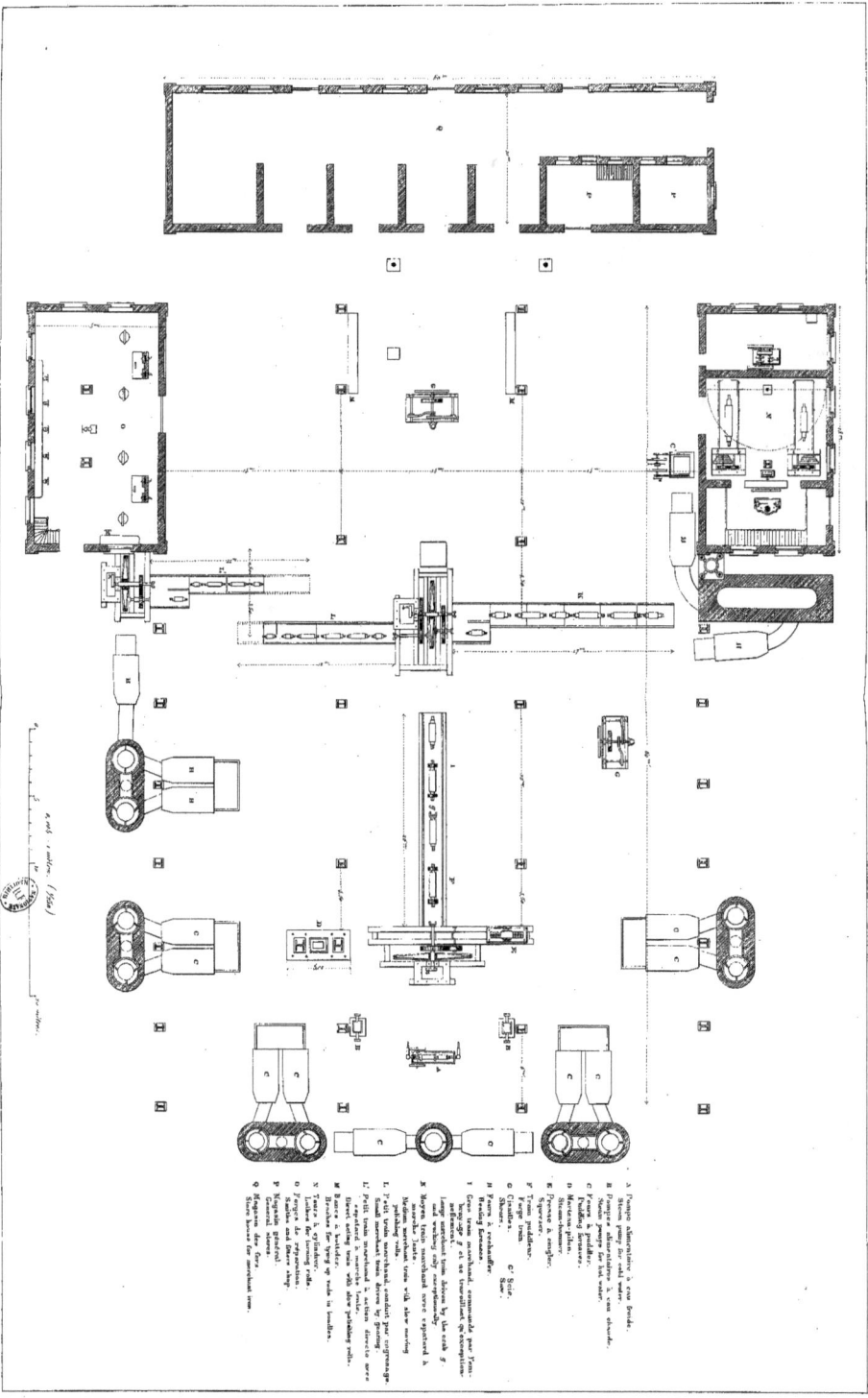

DISPOSITIONS GÉNÉRALES DES USINES A FER — FORGE A FERS MARCHANDS DE LA VIEILLE SAMBRE. (BELGIQUE.)

GENERAL PLAN OF THE VIEILLE SAMBRE — IRON WORKS. (BELGIUM.)

Scale ⅛ inch to 1 metre. (1/96)

A Pompe alimentaire à eau froide. / Steam pump for cold water.
B Pompe alimentaire à vapeur. / Steam pump for hot water.
C Fours à puddler. / Puddling furnaces.
D Marteau pilon. / Steam-hammer.
E Presse à cingler. / Squeezer.
F Cisaille. / Forge train.
G C° Scie. / C° Shear.
H Four à réchauffer. / Reheating furnace.
I Gros train marchand, commandé par l'extrémité et se travaillant de champagne. / Large merchant train, driven by the ends.
K Moyen train marchand, conduit par engrenage. / Small merchant train driven by grooving.
L Petit train marchand. / Small merchant train with slow moving rolls.
L' Petit train marchand à cannelures. / Small merchant train.
M Banc à tailloir. / Lathe for turning rolls.
N Tour à cylindres. / Lathe for turning rolls.
O Forges de réparations. / Fitting and fitters shop.
P Magasin général. / General stores.
Q Magasin des fers. / Stock house for merchant iron.

PLAN GÉNÉRAL DE L'USINE DE LA SOCIÉTÉ DU PHÉNIX A RUHRORT. (WESTPHALIE.)

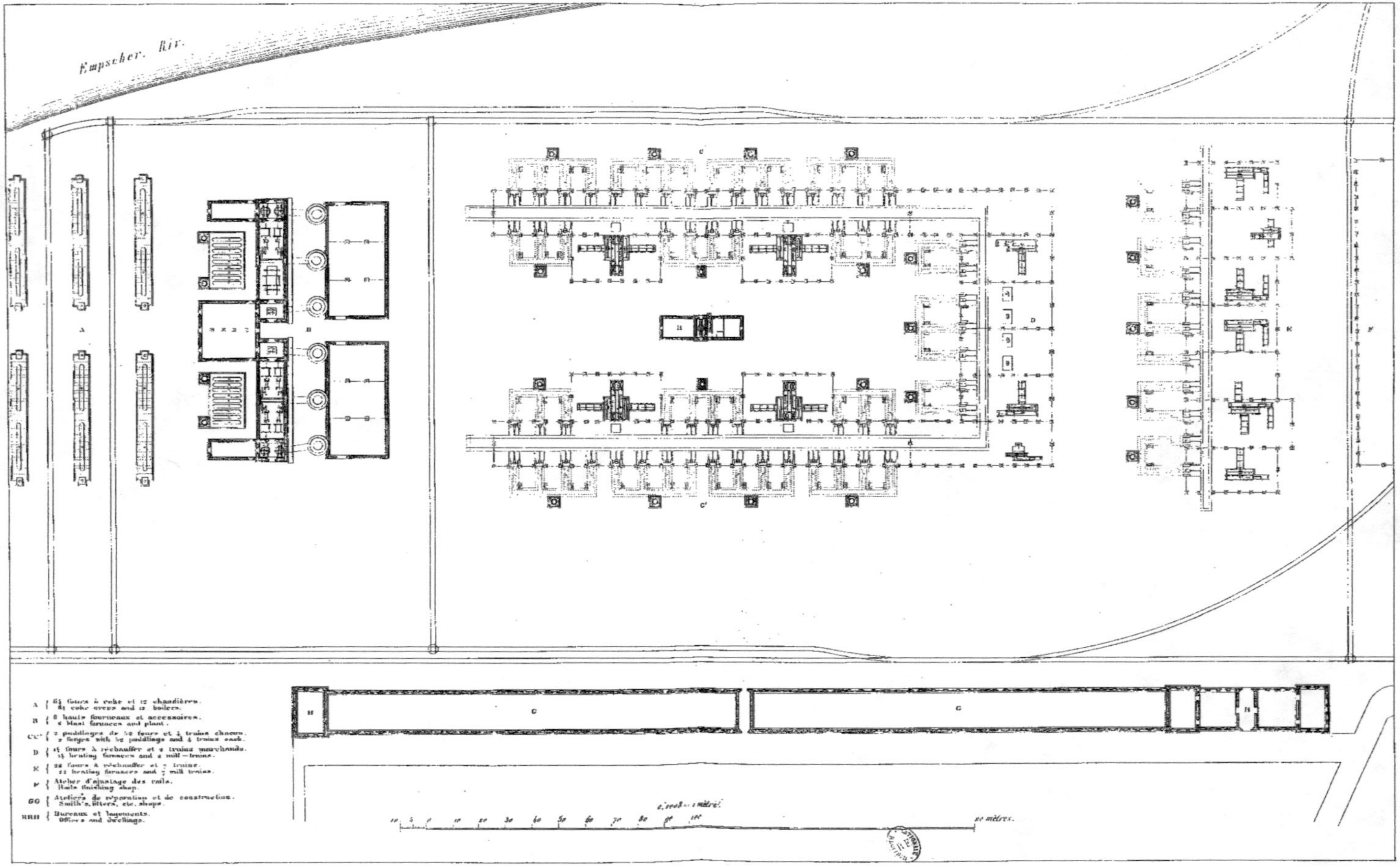

PL. CXXIV.

GENERAL PLAN OF THE PHŒNIX IRON WORKS, AT RUHRORT (WESTPHALIA.)

DISPOSITIONS GÉNÉRALES DES USINES A FER — FORGE DU CREUSOT.

Plan général de la nouvelle forge.
Situation plan of the new iron works.

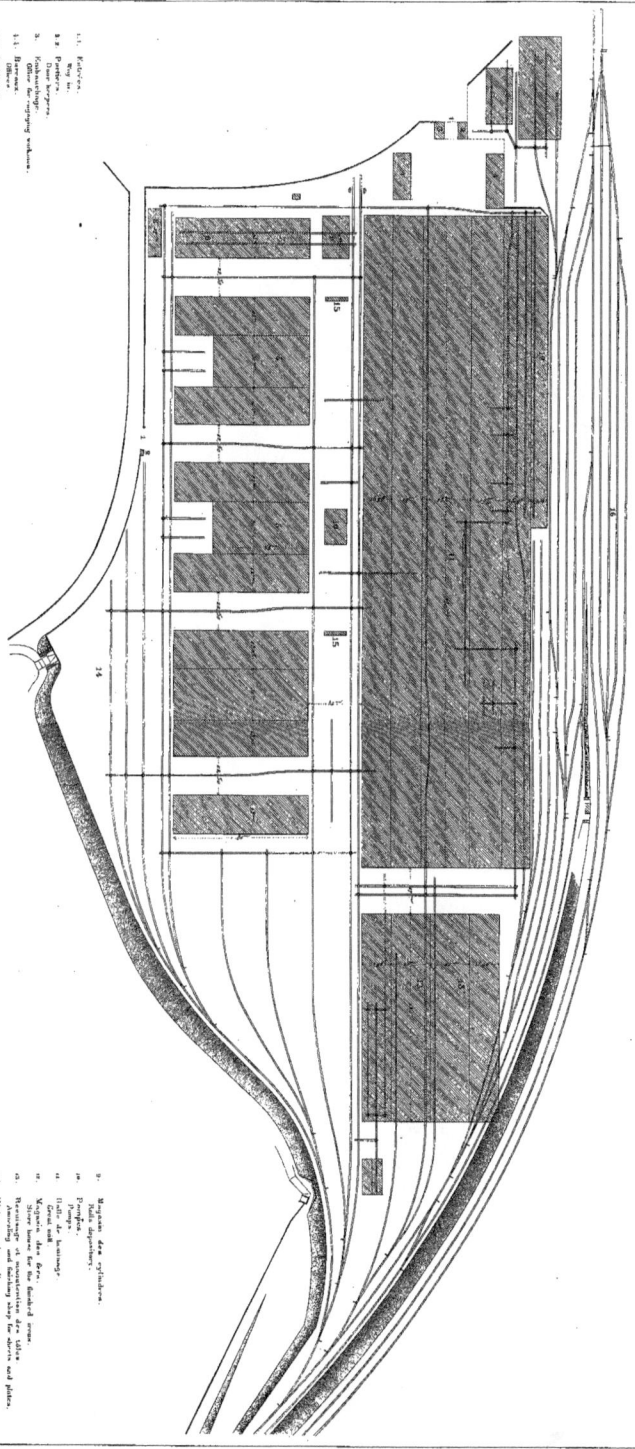

CREUSOT IRON WORKS.

DISPOSITIONS GÉNÉRALES DES USINES A FER — FORGE DU CREUSOT.

Plan de la nouvelle forge du Creusot.
Plan of the new Creusot bar iron works.

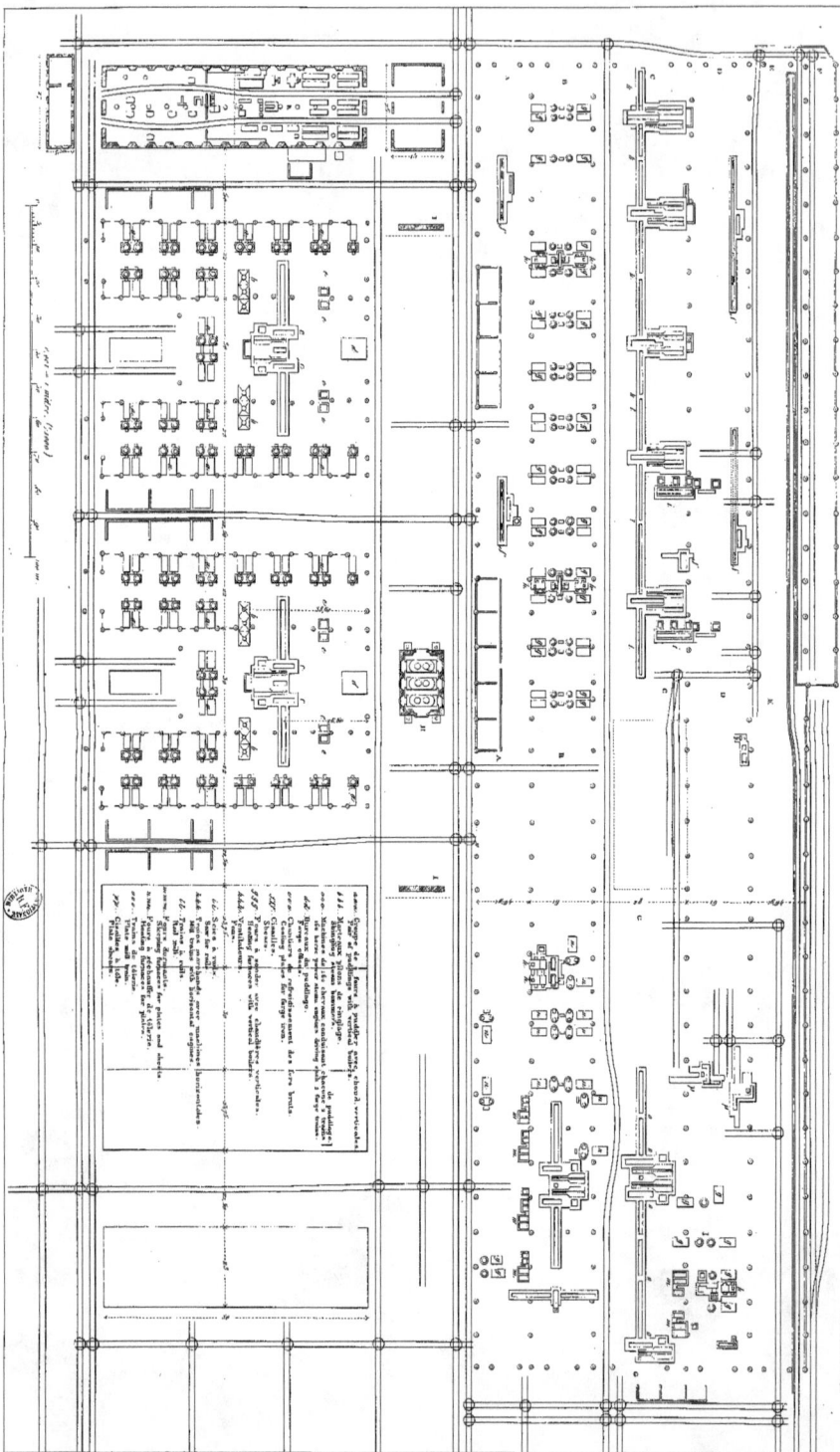

CREUSOT IRON WORKS.

DISPOSITIONS GÉNÉRALES DES USINES A FER. FORGE DU CREUSOT.

Grande halle de la nouvelle forge du Creusot.
Framing and roofing of the new Creusot bar-iron works.

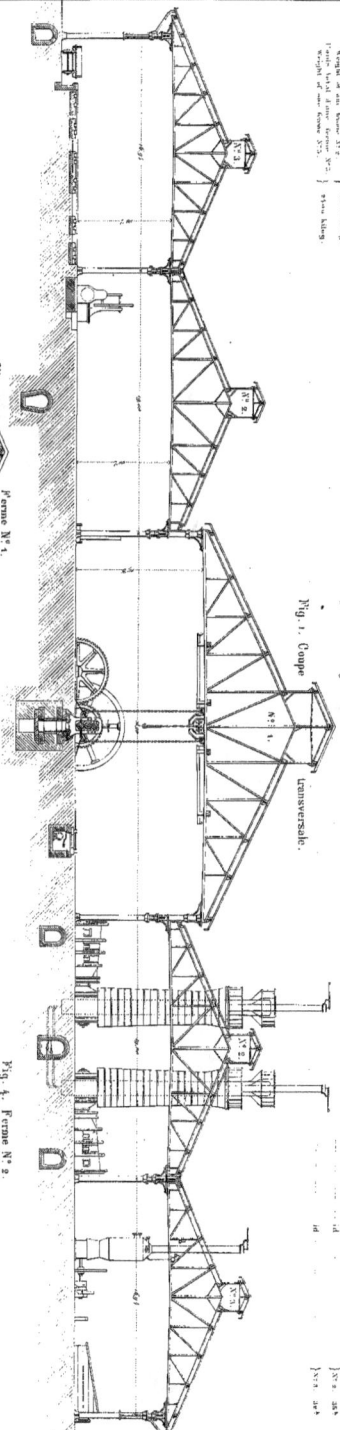

Fig. 1. Coupe transversale.

Fig. 2. Coupe longitudinale.

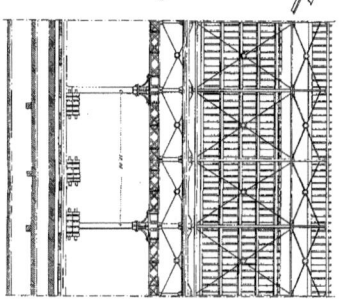

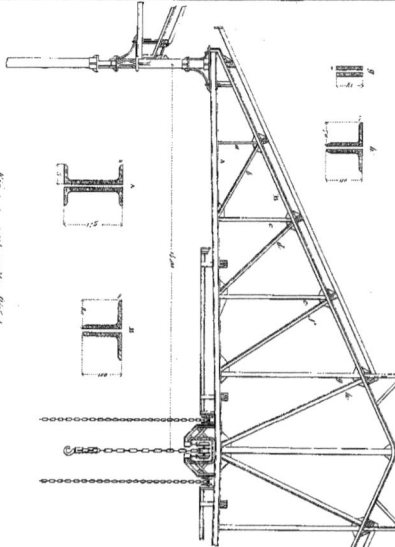

Fig. 3. Ferme N°. 1. Frame N°. 1.

Fig. 4. Ferme N°. 2. Frame N°. 2.

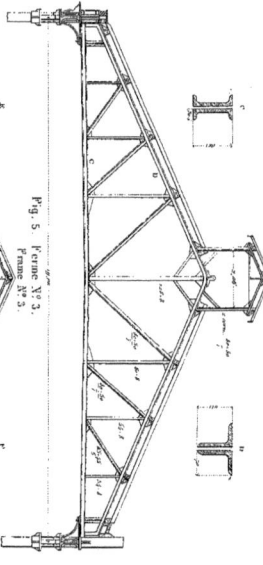

Fig. 5. Ferme N°. 3. Frame N°. 3.

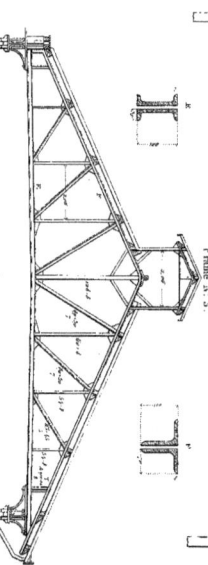

CREUSOT IRON WORKS.

FABRICATION DE L'ACIER BESSEMER. — APPAREILS SUÉDOIS.

Pl. CXXVIII.

Fig. 1-2. Convertisseur de l'usine de Backa.
Backa steel works converter.

Fig. 1. Coupe A B.

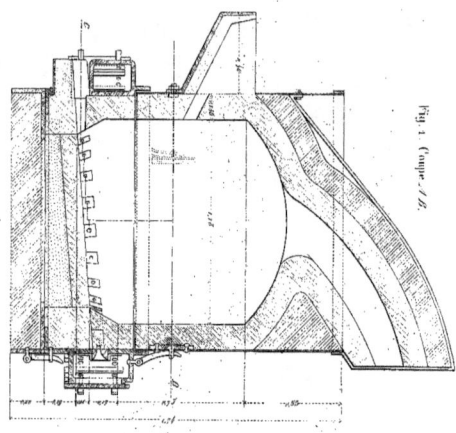

Fig. 2. Coupe C D.

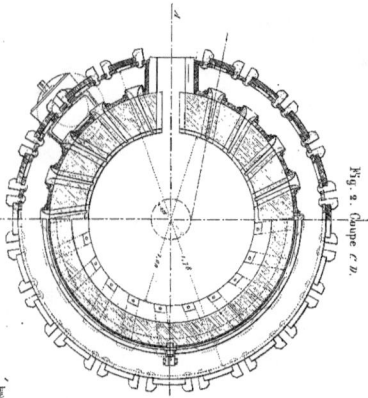

Fig. 3, 4. Poche de coulée.
Steel casting ladle.

Fig. 3.

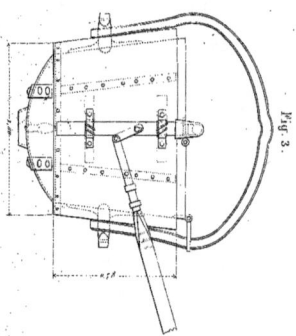

Fig. 4.

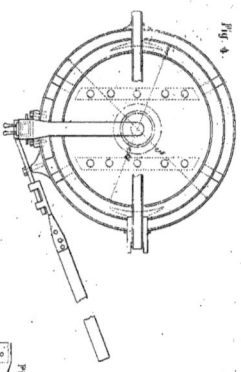

Fig. 5, 6. Poche de chargement
Pig iron charging ladle

Fig. 5.

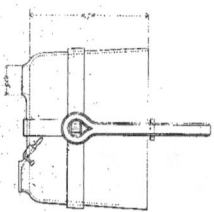

Fig. 6.

Fig. 7. Crochet pour enlever le tampon du trou de coulée.
Hook for the tapping of the converter.

Fig. 10. Crochet pour le guidage de la poche.
Hook for guiding the ladle collars.

Fig. 11. Crochet pour accrocher les déchets figés dans la poche.
Hook for drawing off the scraps solidified in the ladle.

Fig. 8. Clef pour manœuvrer la poche.
Key for manœuvring the ladle.

Fig. 9. Fraisier Bras.

Fig. 12. Crochet à scories pour débarrasser le convertisseur.
Slag hook for freeing the converter.

Fig. 13. Crochet de manœuvre.
Manœuvring hook.

Fig. 14. Crochet pour débarrasser le trou de la poche.
Hook for freeing the ladle tap-hole.

Fig. 15. Longue tenaille.
Angel moulds.

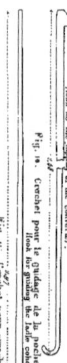

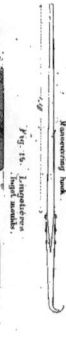

0,05 = 1 mètre. (1/20)

MANUFACTURE OF BESSEMER STEEL. — SWEDISH PLANT.

Imp. J. Desfossés à Paris.

S. JORDAN. MÉTALLURGIE.

FABRICATION DE L'ACIER BESSEMER — ENSEMBLE D'UNE INSTALLATION A L'ANGLAISE.

PL. CXXIX.

Fig. 1. Coupe longitudinale A B C D.

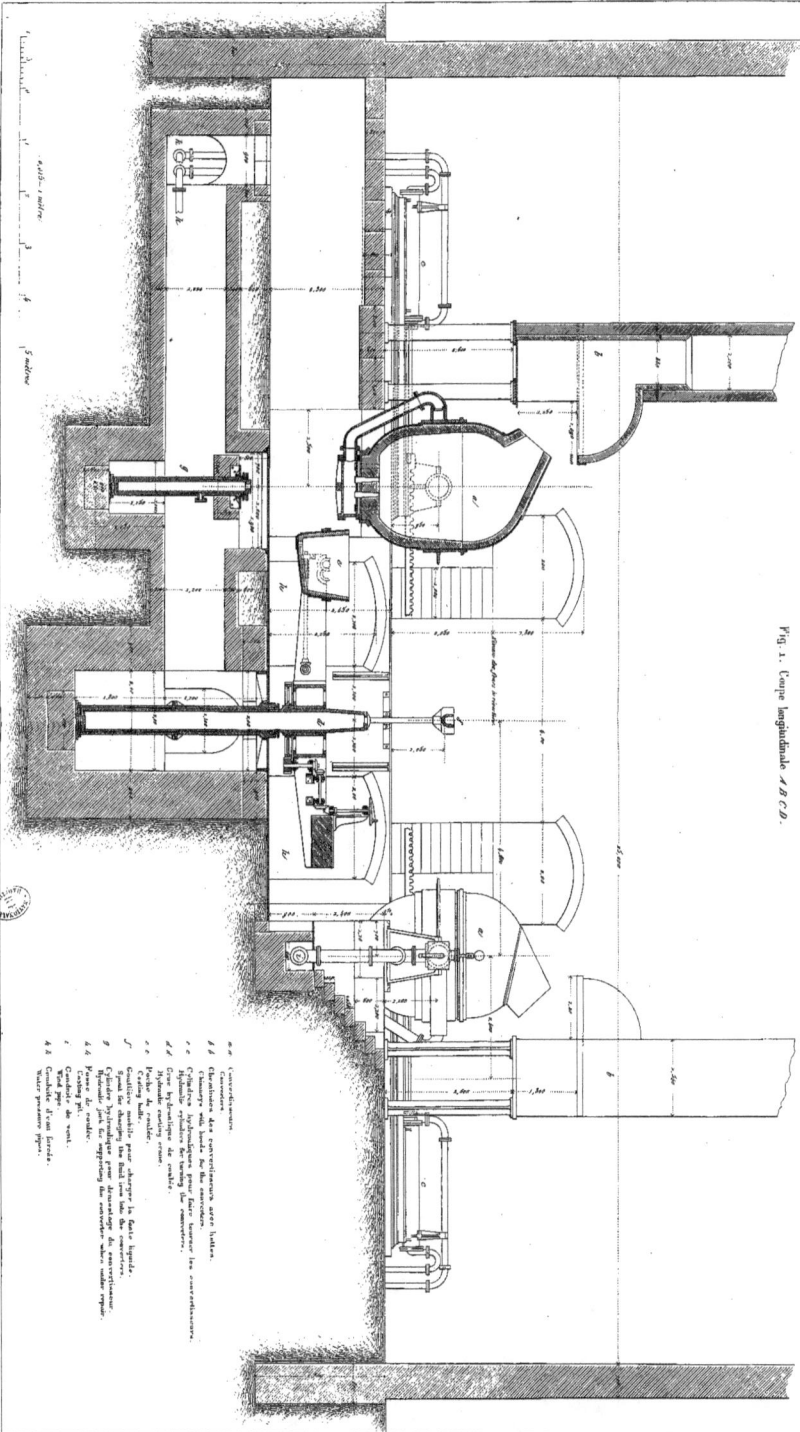

MANUFACTURE OF BESSEMER STEEL. — ENGLISH PLANT.

Échelle de 1 à 1 centième à l'âge.

a a Convertisseurs.
Converters.
b b Chariots des convertisseurs avec bottes.
Chariots with bogie for the converters.
c c Cylindres hydrauliques pour faire tourner les convertisseurs.
Hydraulic cylinders for turning the converters.
d d Grue hydraulique de coulée.
Hydraulic casting crane.
e Poche de coulée.
Casting ladle.
f Coulisses mobiles pour charger la fonte liquide.
Guides for charging the fluid iron into the converters.
g g Cylindre hydraulique pour descendage du convertisseur.
Hydraulic jack for supplying the converter when under repair.
h h Porte de vent.
Wind pipe.
i i Conduite d'eau forcée.
Water pressure pipe.

Fig. 2. Coupe par le milieu de l'atelier montrant les fours de fusion.

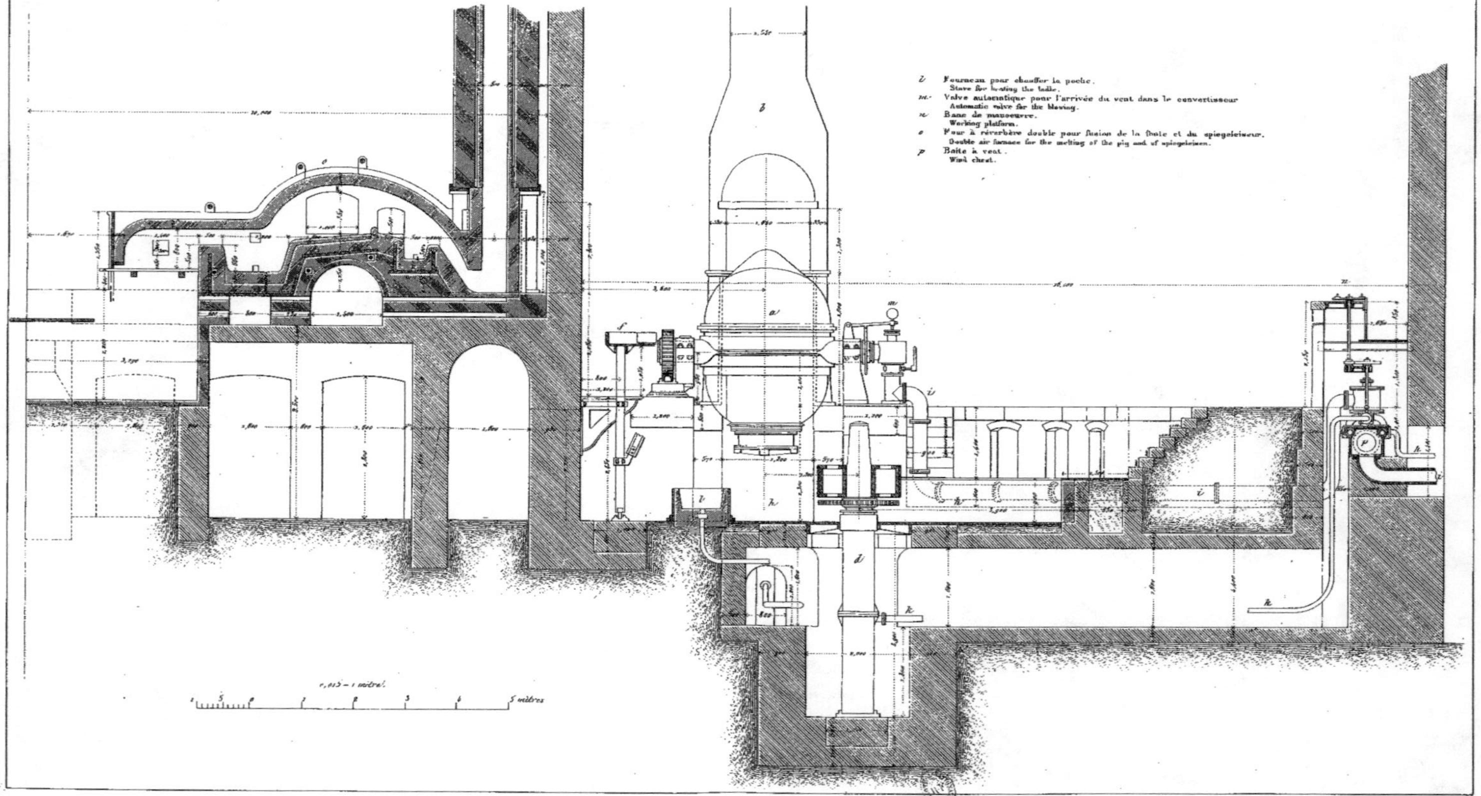

v.   Fourneau pour chauffer les poches.
     Stove for heating the ladle.
m.   Valve automatique pour l'arrivée du vent dans le convertisseur.
     Automatic valve for the blowing.
n.   Banc de manœuvre.
     Working platform.
o.   Pour le retroidissement double pour fusion de la fonte et du spiegeleisen.
     Double air furnace for the melting of the pig and of spiegeleisen.
p.   Boîte à vent.
     Wind chest.

MANUFACTURE OF BESSEMER STEEL. — ENGLISH PLANT.

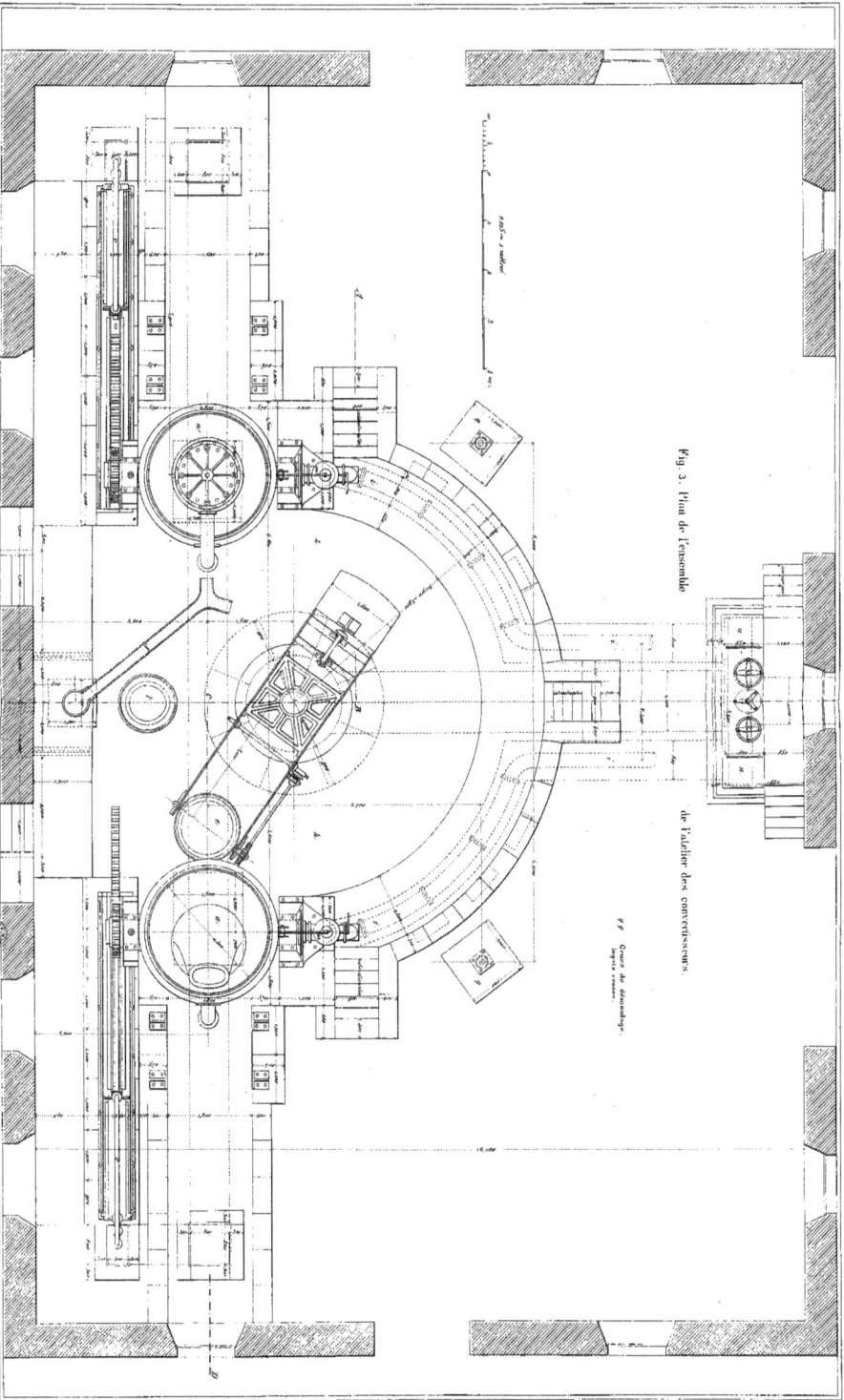

Fig. 3. Plan de l'ensemble

de l'atelier des convertisseurs.

FABRICATION DE L'ACIER BESSEMER — CONVERTISSEUR OSCILLANT POUR 5 A 6 TONNES D'ACIER.

Fig. 2.

Coupe A B.

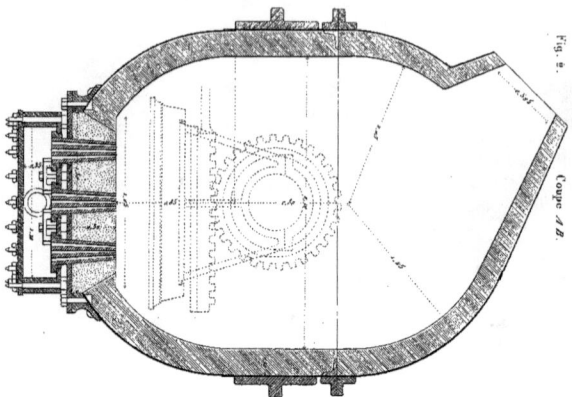

Fig. 4. Boîte à tuyères.
Tuyère box.

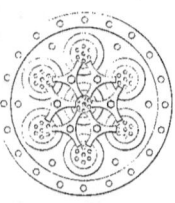

Fig. 1. Élévation

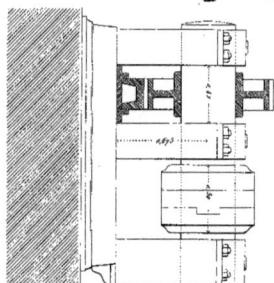

de face.

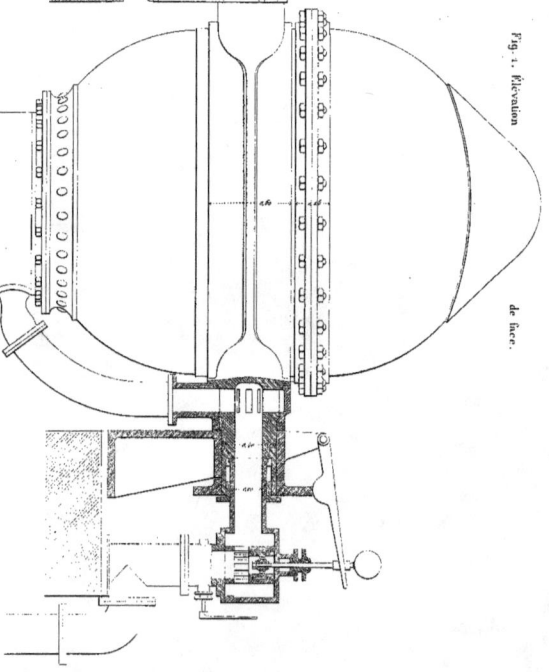

Fig. 3. Plan du convertisseur.

BESSEMER PLANT — FIVE TONS OSCILLATING CONVERTER.

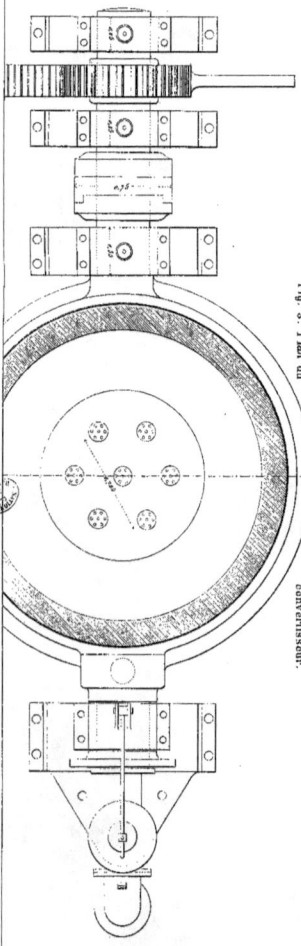

Fig. 1, 2, 3, 4.
Poche à tourillons pour 3000 kil. d'acier.
3 tons casting ladle with two journals.

Fig. 5, 6, 7, 8. Poche à queue pour 3000 kil. d'acier.
3 tons casting ladle held by one handle.

Fig. 1. Coupe A B.

Fig. 5. Coupe A' B'.

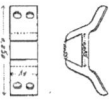

Fig. 3. Glissière.
Sliding bar.

Fig. 4.
Support de la glissière.
Slide.

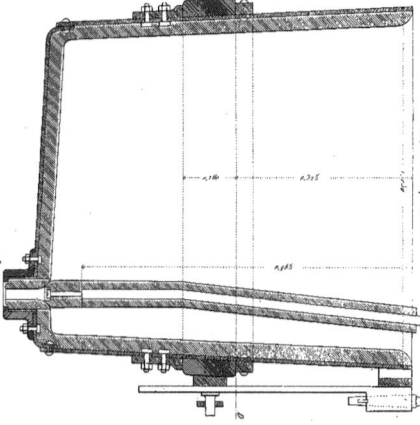

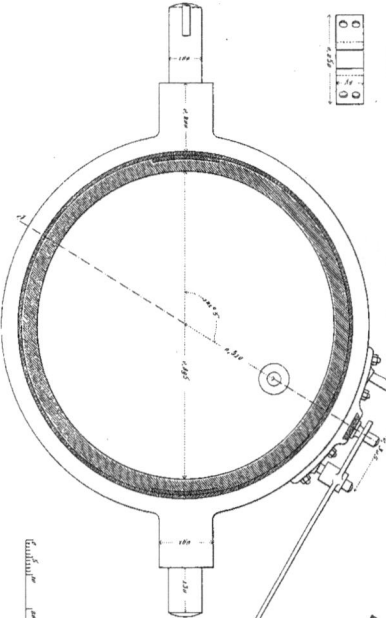

Fig. 2. Coupe C D.

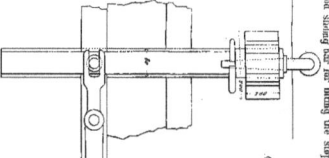

Fig. 7.
Mécanisme pour manœuvrer le tampon.
Lever and sliding bar for lifting the stopper.

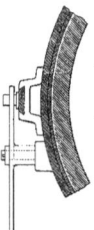

Fig. 8. Coupe J K.

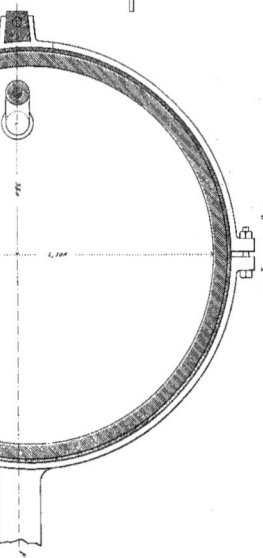

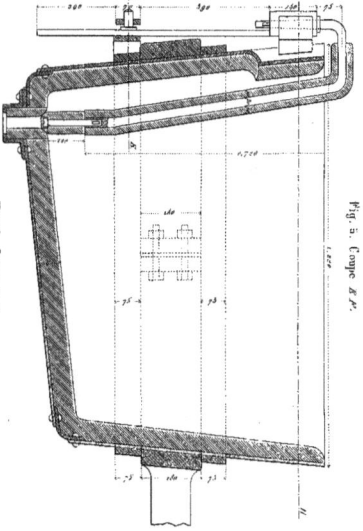

Fig. 6. Coupe G H.

Fig. 1, 2, 3, 4, 5. Grue de coulée pour une poche de 10 tonnes.

Fig. 1. Coupe longitudinale.

Fig. 3.

Fig. 4. Transmission par le renversement de la poche.

Fig. 5. Coupe C D.

Fig. 6, 7, 8, 9, 10. Grue de coulée pour une poche de 3 tonnes.

Fig. 6. Coupe longitudinale.

Fig. 7. Plan.

Fig. 8. Coupe E F.

Fig. 9. Coupe G H.

Fig. 10. Coupe I K.

Fig. 2. Plan.

BESSEMER PLANT—CASTING CRANES.

FABRICATION DE L'ACIER FONDU AU FOUR A RÉVERBÈRE — FOUR MARTIN-SIEMENS.

Four de l'usine de Sireuil pour 3 tonnes d'acier.
3 tons furnace at Sireuil steel works.

Pl. CXXXV.

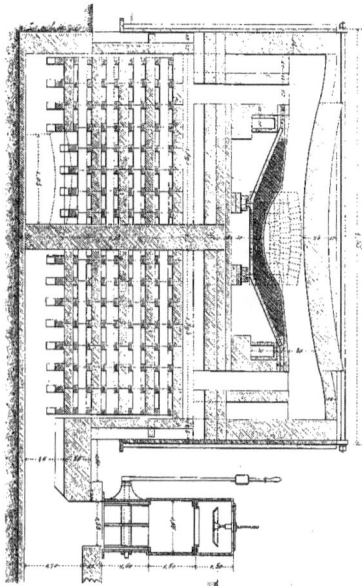

Fig. 1. Coupe 1 & 2.

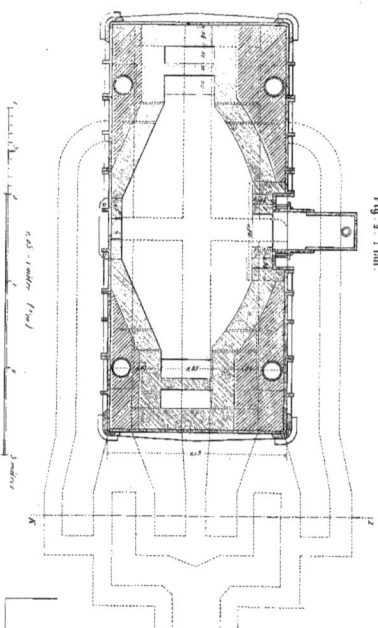

Fig. 2. Plan.

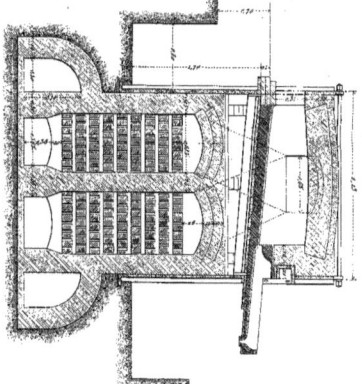

Fig. 3. Coupe E F C D.

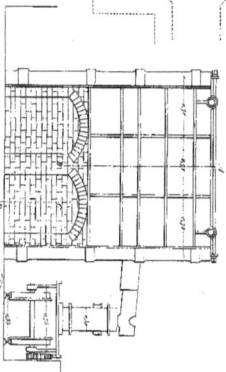

Fig. 6. Élévation latérale.

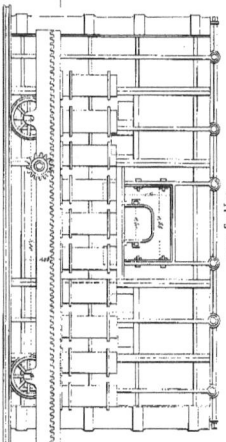

Fig. 4. Face de chargement.
Charging side.

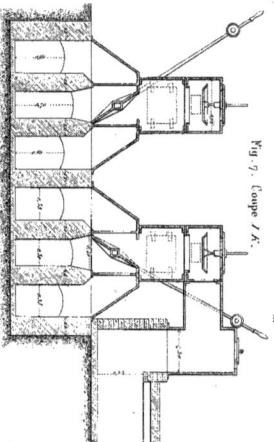

Fig. 5. Face de coulée.
Tapping side.

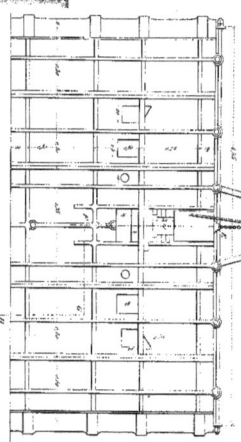

Fig. 7. Coupe A B.

MANUFACTURE OF CAST STEEL ON OPEN HEARTH — SIEMENS-MARTIN FURNACE.

FABRICATION DE L'ACIER CÉMENTÉ — POUR ANGLAIS DE CÉMENTATION

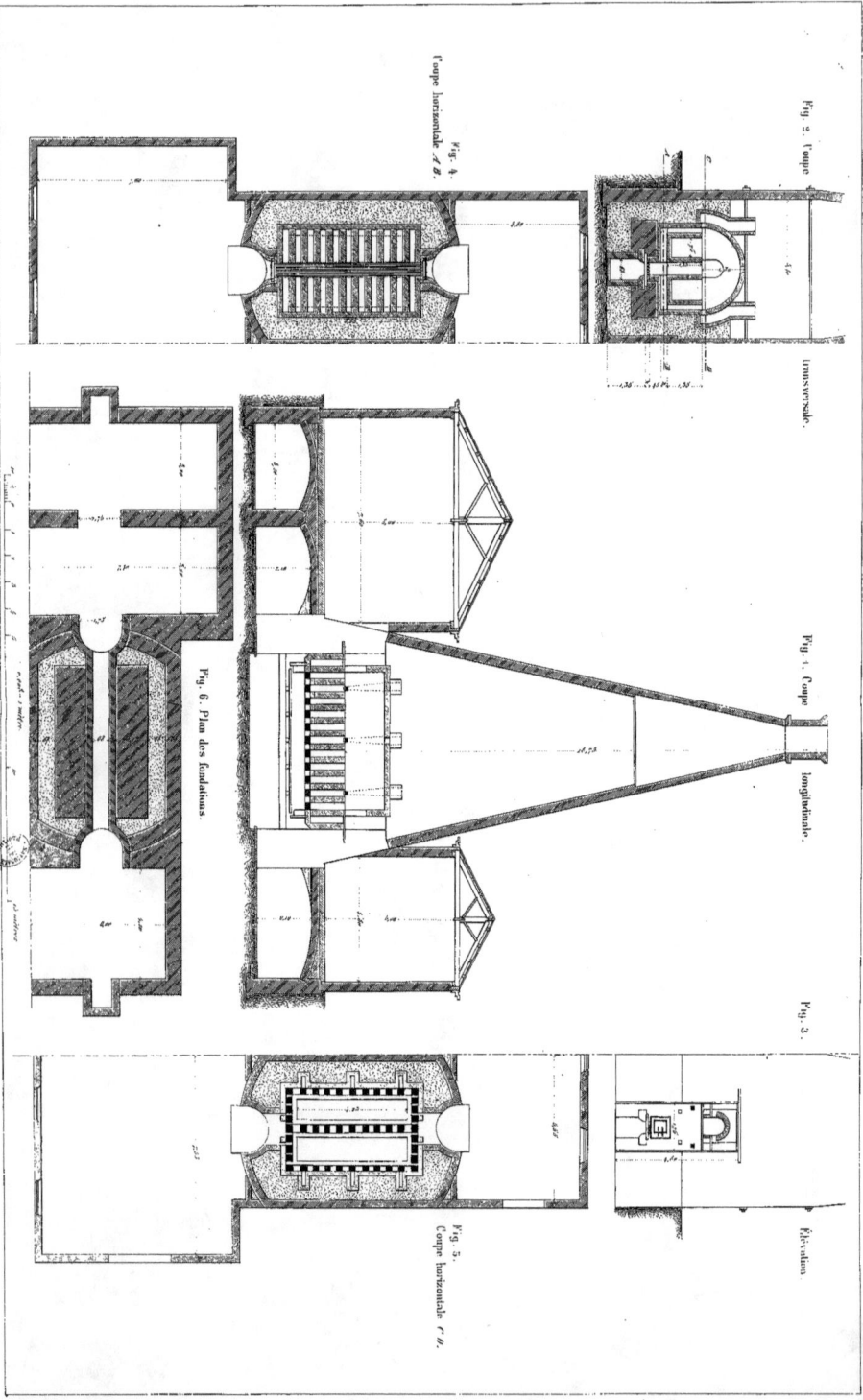

Fig. 2. Coupe.

Fig. 4.
Coupe horizontale A B.

transversale.

Fig. 1. Coupe.

longitudinale.

Fig. 3.

Fig. 6. Plan des fondations.

BLISTER STEEL MANUFACTURE. — CONVERTING FURNACE.

Fig. 5.
Coupe horizontale C D.

Élévation

FABRICATION DE L'ACIER FONDU — FONDERIE ANGLAISE AU COKE.

Fig 3. Coupe verticale E F.
Fig. 5, 6. Moule à creusets.
Pot mould.
Fig. 4. Coupe verticale G H.
Fig. 9. Entonnoir pour le chargement. Funnel for charging
Fig. 7. Creuset avec couvercle et fromage. Pot with lid and stand.
Fig. 8. Couvercle pour les fours. Cover for the melting holes.
Fig. 1. Coupe horizontale A B.
Cave du fourneau.
Furnace cellar.
Cave.
Cellar.
M (Fig. 2 et 4.) Grille pour le recuit des creusets. Annealing grate.
Fig. 10. Tenaille pour la coulée des creusets. Tongs for teeming.
Fig. 11. Tenaille pour arracher les creusets. Tongs for lifting.
Fig. 12. Tenaille pour enlever les couvercles. Tongs for taking off lids.
Bac à eau.
Water trough.
Aire des mélanges.
Mixing room.
Magasin d'argile.
Fire clay place.
Moulage des creusets.
Pot room.
Fonderie.
Fig. 2 Coupe horizontale C D.
Melting furnace.
Magasin à acier.
Steel room.
Magasin à coke.
Coke shed.

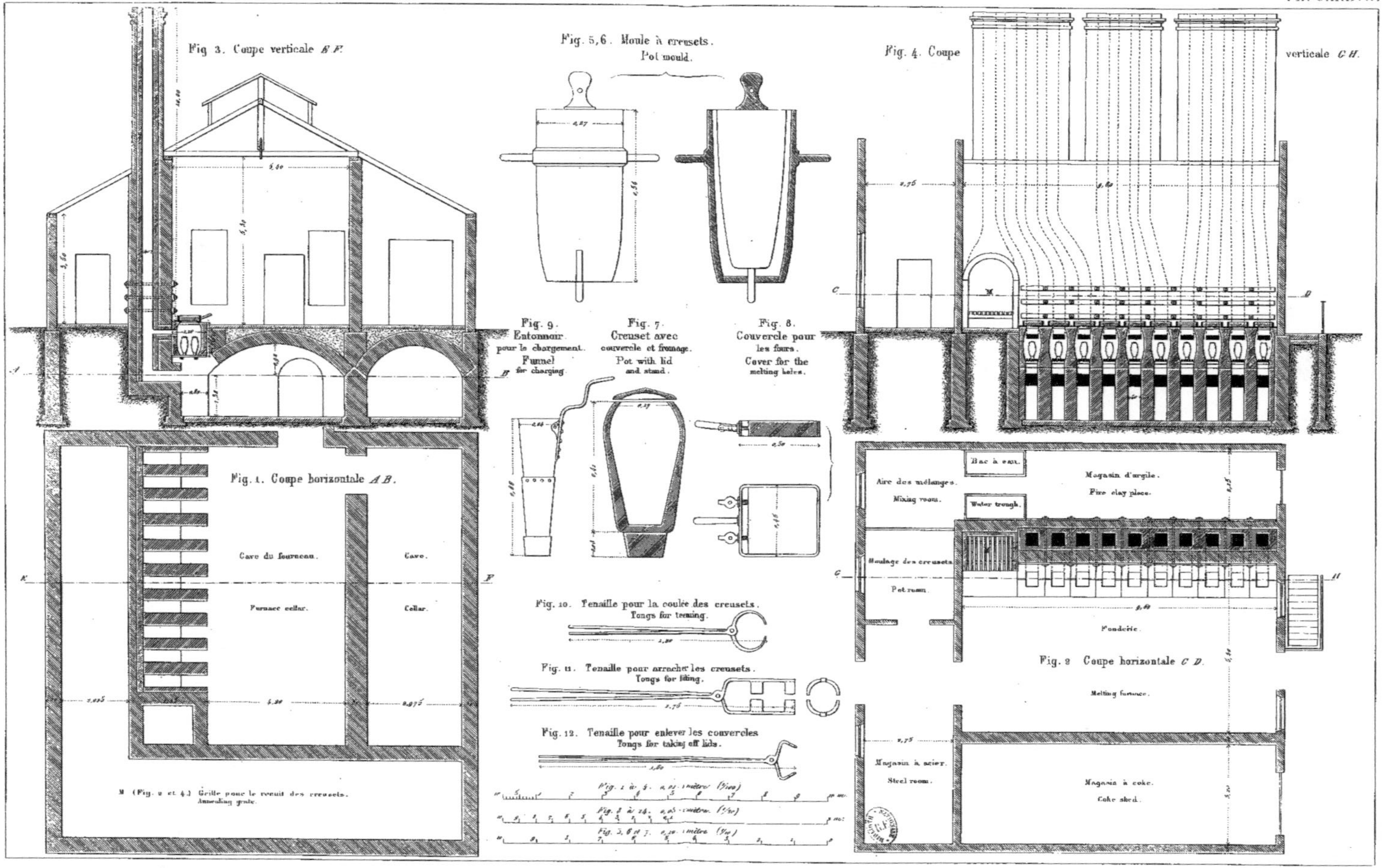

MANUFACTURE OF CAST STEEL — ENGLISH CASTING SHOP.

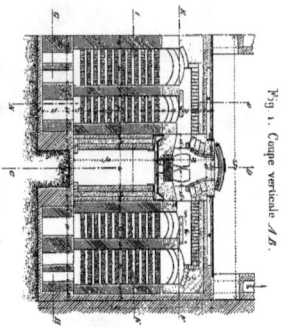

Fig. 1. Coupe verticale A B.

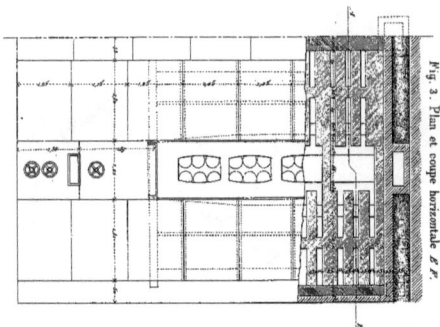

Fig. 2. Coupe verticale C D.

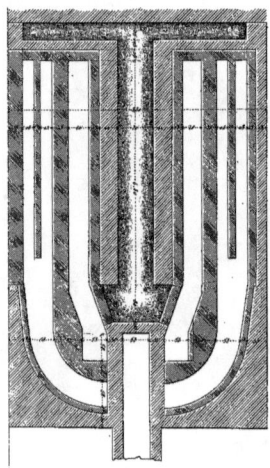

Fig. 3. Plan et coupe horizontale E F.

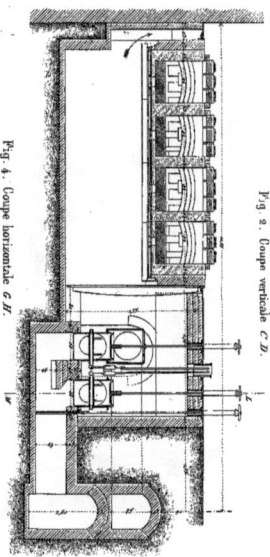

Fig. 4. Coupe horizontale G H.

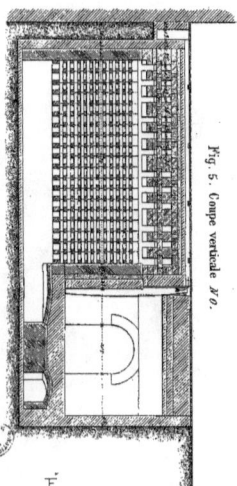

Fig. 5. Coupe verticale N O.

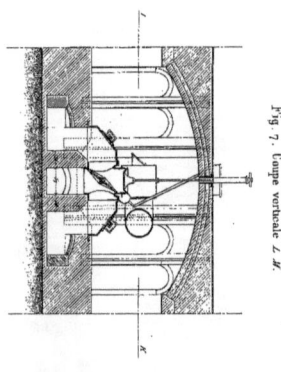

Fig. 7. Coupe verticale L M.

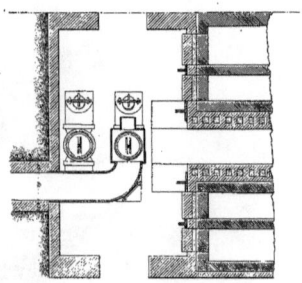

Fig. 8. Coupe horizontale I K.

MANUFACTURE OF CAST STEEL — SIEMEN'S CRUCIBLES FURNACE.

CORROYAGE DE L'ACIER.—GRAND FOUR D'ALLEVARD.

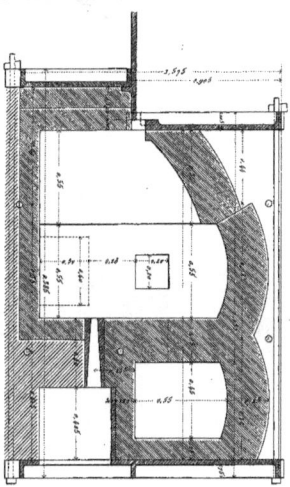

Fig. 1. Coupe A B.

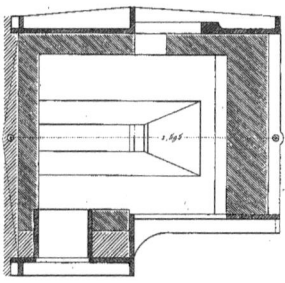

Fig. 2. Coupe C D.

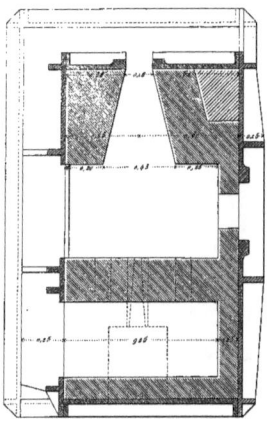

Fig. 5. Plan.

Fig. 6. Élévation du côté des portes de travail.
View on the working side.

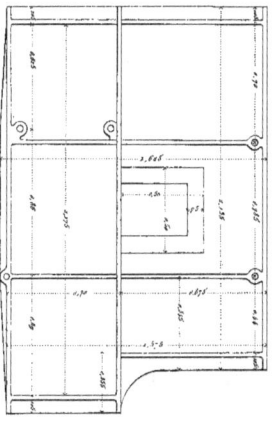

Fig. 7. Élévation de la face postérieure du four.
View on the back side.

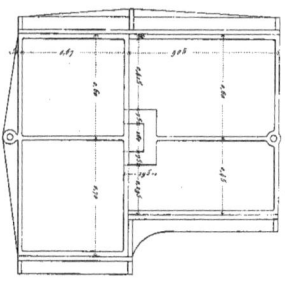

Fig. 3. Élévation du côté de la toquerie.
View on the firing hole side.

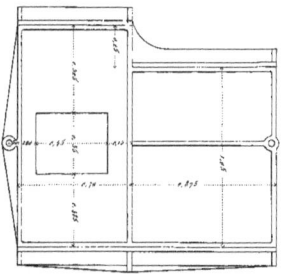

Fig. 4. Élévation du côté de la tuyère.
View on the tuyere side.

HOLLOW FIRE FOR HEATING STEEL.—ALLEVARD STEEL WORKS. (FRANCE.)

Échelle d'un 20.e de Millimètres.

S. JORDAN, MÉTALLURGIE.

CORROYAGE DE L'ACIER — MARTINET-PILON, SYSTÈME KELLER ET BANNING.

Pl. CXI.

Fig. 1. Vue de face.

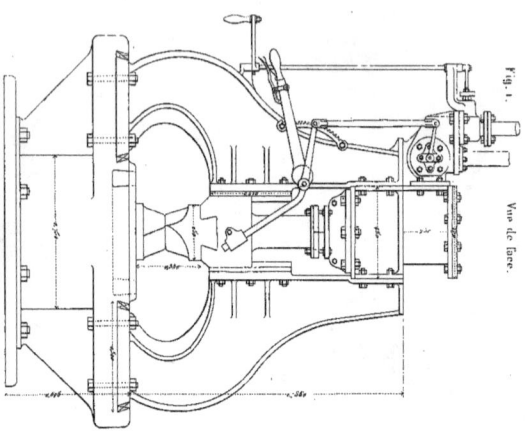

Fig. 2. Vue latérale.

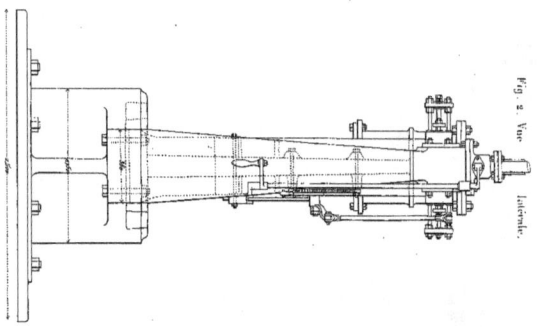

Fig. 3. Coupe transversale.

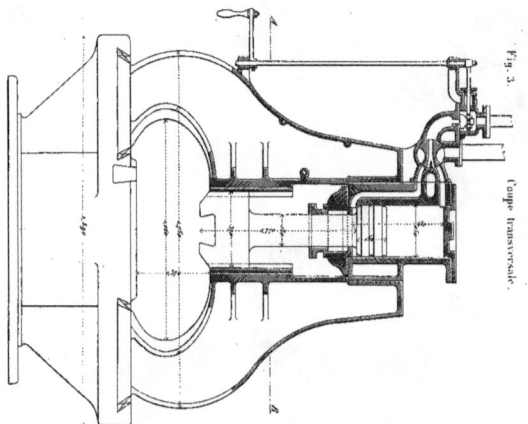

Fig. 4. Plan.

Fig. 5. Coupe horizontale A B.

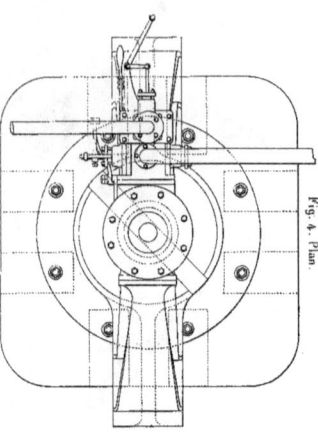

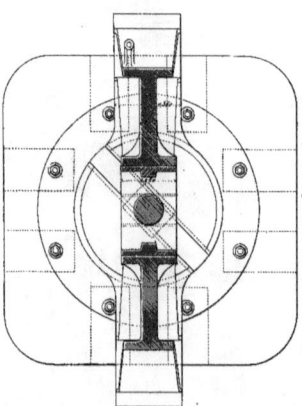

Fig. 6. Coupe horizontale par l'axe du rohiuet.

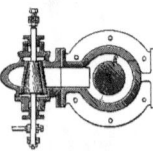

TILTING STEEL. — KELLER AND BANNING'S STEAM HAMMER.

www.ingramcontent.com/pod-product-compliance
Lightning Source LLC
Chambersburg PA
CBHW060951220326
41599CB00023B/3672